制药工程制图

主编　马山　朱日然　康怀兴　魏霞

吉林科学技术出版社

图书在版编目（CIP）数据

制药工程制图 / 马山等主编. -- 长春 : 吉林科学技术出版社, 2020.9
ISBN 978-7-5578-7477-3

Ⅰ. ①制… Ⅱ. ①马… Ⅲ. ①制药工业－工程制图－高等学校－教材 Ⅳ. ①TQ46

中国版本图书馆 CIP 数据核字(2020)第 168600 号

制药工程制图

主　　编　马　山　朱日然　康怀兴　魏　霞
出 版 人　宛　霞
责任编辑　程　程
助理编辑　米庆红
封面设计　济南华睿文化传播有限公司
制　　版　济南华睿文化传播有限公司
幅面尺寸　185mm×260mm　1/16
字　　数　422 千字
页　　数　256
印　　张　16
印　　张　1-1500册
版　　次　2020 年 9 月第 1 版
印　　次　2021 年 5 月第 2 次印刷

出　　版　吉林科学技术出版社
发　　行　吉林科学技术出版社
地　　址　长春市净月区福祉大路 5788 号
邮　　编　130118
编辑部电话　0431-81629509
网　　址　www.jlstp.net
印　　刷　保定市铭泰达印刷有限公司

书　　号　ISBN 978-7-5578-7477-3
定　　价　65.00 元

编 委 会

主　编　马　山　朱日然　康怀兴　魏　霞

副主编　王　芳　高　燕　张宏萌　鲍　霞　万新焕

王　伟　陈　智　张玉娟

编　委　褚国红　魏　巍　宫春博　唐楚俊　岳宝强

高丽娜　菅广峰　金秀梅　杨龙飞　满　震

徐凯勇　阚东方　王瑜亮　常现兵　张龙霏

刘　珊

前　言

随着制药技术的发展及制药机械设备的不断更新，制药工业需要大批懂工艺、又懂设备及机械的复合型人才，以满足药品生产的需求。制药工程制图课程作为《化工原理》《制药工程学》《制药机械设备与车间工艺设计》等课程的专业基础课，要求学生在初步熟悉《技术制图》及《机械制图》国家标准的基础上，掌握绘图、读图的基本理论及方法，并初步掌握制药工程工艺图、药厂厂房建筑图的绘制及阅读方法。

全书分为13章，以《机械制图》及《技术制图》的最新国家标准为基准，系统介绍了制图基本知识、点线面的投影、立体和组合体的三视图、轴测图、机件常用表达方法、标准件常用件、零件图和装配图、制药工程工艺图、药厂厂房建筑图、计算机绘图等内容。

该教材具有以下特点：

1. 以培养制药工业复合型人才为目标，精心选择和组织教材内容，可满足高等院校制药工程、药物制剂、生物工程等专业工程制图课程的教学需要。

2. 采用了最新的《机械制图》《技术制图》国家标准及机械、制药、化工等行业标准。

3. 结合多年教学及科研工作经验，精选点、线、面、立体的投影内容，精辟分析绘图及读图的方法，强化视图表达方法的训练，增强学生的分析能力及空间思维能力。

4. 结合制药工业实例，讲解制药机械、制药设备、制药工艺图的绘制及识读方法。

5. 全书插图均由计算机生成与处理，图形清晰、形象逼真，有利于教与学。

《制药工程制图》适合作为普通高等院校制药工程、生物工程、药物制剂、应用化学、生物技术等专业及制药相关专业学生的制图课程教材，也可供其他非机类专业师生和相关工程技术人员参考。

由于编者水平有限，书中疏漏之处在所难免，敬请广大读者及同行指正。

编　者

2020年7月

目　录

绪　论

一、本课程的研究对象

图形是人类社会生活与生产过程中进行信息交流的重要媒体。能准确地表达物体的形状、尺寸及技术要求的图形，称为图样。在现代工业生产中，各种机器、设备，都是根据图样来加工制造的。设计者通过图样来表达设计对象；制造者通过图样来了解设计要求和设计对象，依据图样进行制造；使用者通过阅读图样了解设备的结构、工作原理、工作性能、安装要求以及依据图样进行维修等。所以在加工制造使用过程中，人们离不开图样，就像生活中离不开语言一样。因此说，图样不但是指导生产的重要技术文件，而且是进行技术交流的重要工具，是工程技术人员必须掌握的"工程界的技术语言"。本课程就是一门研究绘制和阅读机械工程图样，图解空间几何问题的理论和方法的技术基础课。

二、本课程的学习目的和任务

本课程是工科院校学生必修的一门技术基础课。学习本课程的主要目的是培养绘制和阅读图样的能力及空间想象的能力，所以本课程的主要目的和任务是：

(1) 掌握正投影法的基本理论、方法和应用。

(2) 掌握用仪器绘图和手工画图的方法，具有查阅和使用国家标准及有关手册的能力。

(3) 能够绘制和阅读比较简单的零件图和装配图。

(4) 学习计算机绘图的基本知识，初步掌握计算机绘图的技能。

(5) 培养空间想象和空间分析的初步能力。

(6) 培养耐心细致的工作作风和严肃认真的工作态度。

三、本课程的主要内容

根据专业教学和专业发展的需要，本书主要讨论以下几部分内容。

(1) 画法几何

画法几何的内容归纳为图示法和图解法两个方面。图示法是利用投影法将空间几何元素及其相对位置在平面上表示的基本理论和方法；图解法是在平面上解决空间几何问题的基本理论和方法。画法几何是学习工程制图的理论基础，通过学习画法几何来培养和发展空间想象能力与空间构思能力。

(2) 技术制图和机械制图

技术制图和机械制图的主要内容有制图基本知识、图样表示方法、尺寸标注与技术要求等。制图基础知识有绘图工具和仪器的使用、几何作图、国家标准中《技术制图》和《机械制图》标准的基本规定等；图样表示方法有国家标准中规定的投影法和图样画法；尺寸标注与技术要求有国家标准规定的尺寸标注方法、尺寸合理标注的基本知识、零件及其装配工艺结构的合理性简介和国家标准中的极限与配合、表面粗糙度简介等。

(3) 制药工程图

制药工程图的主要内容有制药设备的结构特点、制药设备图、制药生产工艺流程图、制药设备布置图、管路布置图和药厂厂房建筑图的阅读等。

(4) 计算机绘图

本书对 Auto CAD 的基本功能、图形绘制与编辑的基本命令的应用等进行了介绍，熟练运用计算机绘制符合国家标准和工程规范要求的工程图样，这是工程技术人员动手能力的体现。

四、本课程的学习方法

(1) 认真听课，及时复习，扎实掌握正投影的基本理论，学会形体分析、线面和结构分析等分析问题的方法。

(2) 认真完成作业。在完成作业过程中，必须严格遵守机械制图国家标准的规定，注意正确使用制图仪器和工具，采用正确的作图方法和步骤。作图不但要正确，而且图面要整洁。

(3) 注意画图和看图相结合、物体和图样相结合。要多画多看，注意培养空间想象能力和空间构思能力。

第一章　制图基本知识和技能

图样是工程技术界的语言，是表达设计思想、进行技术交流的重要工具。因此，在学习制药工程制图过程中，必须重视制图基本技能的训练，正确使用绘图工具和仪器，认真学习和遵守国家标准《技术制图》和《机械制图》的有关规定。

本章主要介绍绘图工具和仪器的使用；介绍国家标准《技术制图》和《机械制图》中的部分有关内容；介绍几何图形绘制的方法和技能。

通过对本章的学习，能正确使用绘图工具和仪器；能掌握国家标准的有关规定；能较熟练地绘制平面团形。

第一节　绘图工具与仪器

正确地使用绘图工具和仪器，既能保证绘图质量，又能提高绘图速度。下面简要介绍几种常用的绘图工具和仪器。

一、绘图工具

常用的绘图工具有铅笔、图板、丁字尺、三角板、比例尺等，如图1－1。

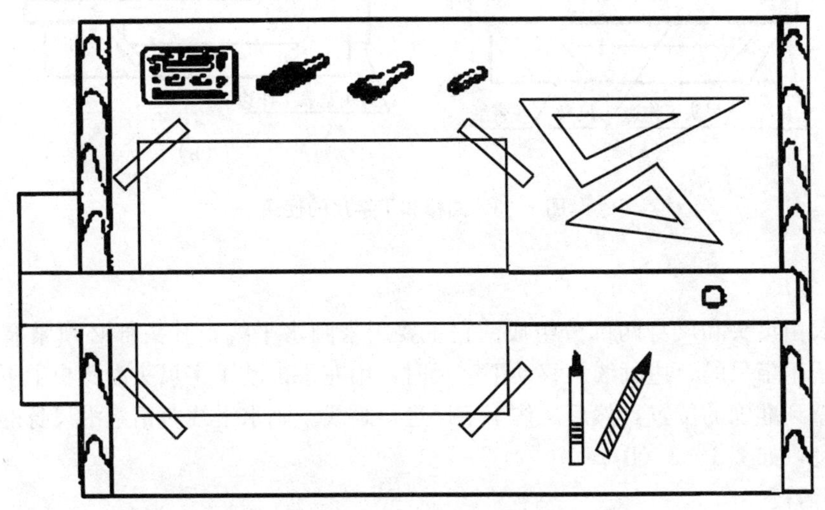

图1－1　绘图工具

1. 铅笔

建议采用B、HB、H等中华高级绘图铅笔。H表示硬，B表示软。H前面的数字值越大，铅心越硬；B前面的数字值越大，铅心越软；通常打底稿时选用H～2H；写字时选用H或HB；加深图线时选用HB—B。加深圆弧时，圆规用铅心选用B～2B。铅心最好削成如图1－2所示。

削铅笔时应从无标记的一端开始，以便保留标记，识别铅心硬度。铅心露出长度一般以6～8mm为宜。

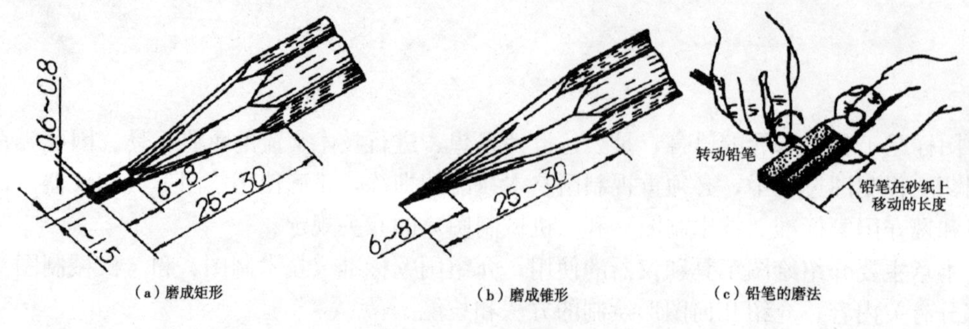

图1－2　绘图铅笔

2. 图板

图板为矩形木版，供固定图纸用。图纸用胶带纸固定其上。图板表面必须平坦、光滑，左右两边必须平直，如图1－3（a）。

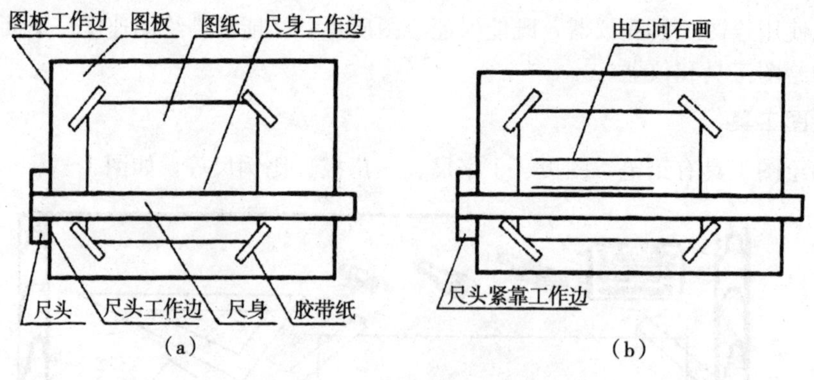

图1－3　图板和丁字尺的使用

3. 丁字尺

丁字尺由尺头和尺身两部分组成。它主要用来画水平线，其头部必须紧靠绘图板左边，然后用丁字尺的上边画线。移动丁字尺时，用左手推动丁字尺头沿图板上下移动，把丁字尺调整到准确的位置，然后压住丁字尺进行画线。画水平线时铅笔沿尺身的工作边从左到右移动，如图1－3（b）。

4. 三角板

一副三角板分45°和30°、60°两块，可配合丁字尺画铅垂线及15°倍角的斜线；或用两块三角板配合画任意角度的平行线或垂直线，如图1－4。

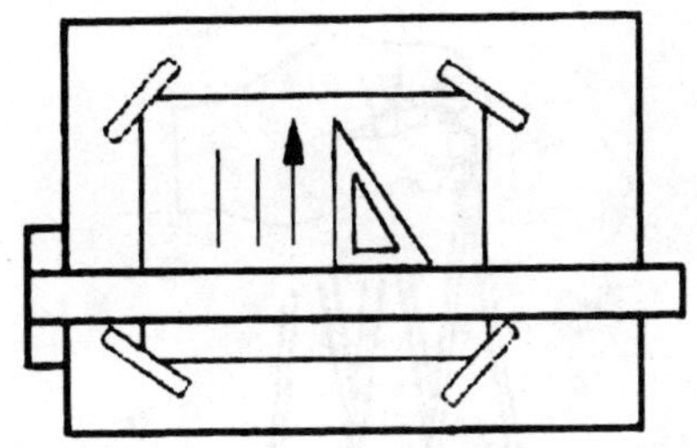

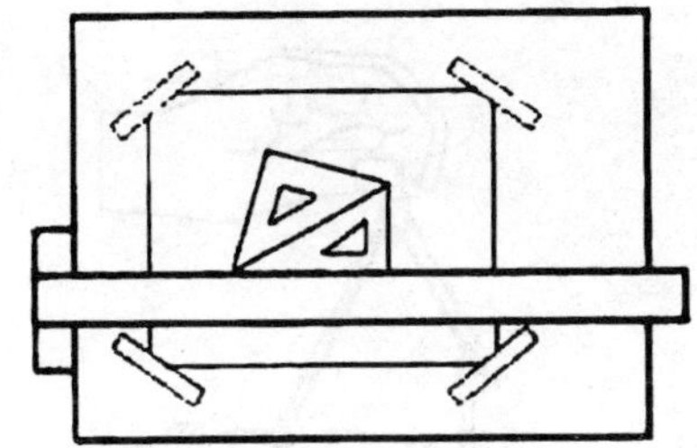

图 1－4　三角板和丁字尺的联合使用

5. 比例尺

比例尺是一种刻有不同比例的量尺，最常见的形式如图 1－5 所示。因形状为三棱柱形，又称为三棱尺。三棱尺的三个棱面共有六种不同的刻度，表示六种比例的尺寸。我们平常用的比例尺多为土木工程制图所通用的比例尺，所以在绘制机械图时，对其刻度 1∶100（或 1∶10 000)的刻度可作为 1∶1 使用。比例尺的使用方法有两种，一是直接把比例尺放在已画出的直线上量取长度，二是用分规在比例尺上截取长度。

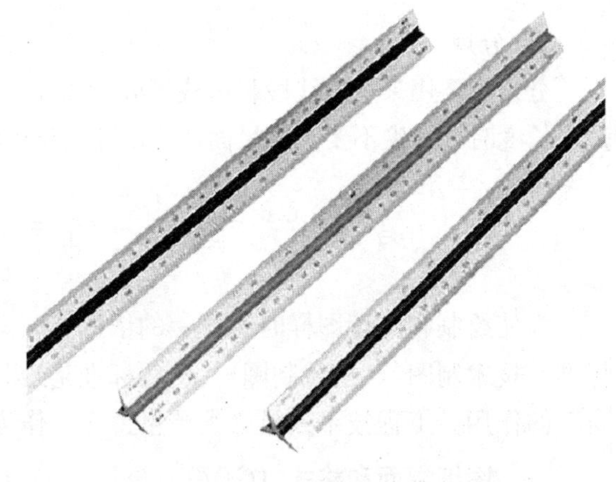

图 1－5　比例尺

二、绘图仪器

1. 圆规

圆规是用来画圆和圆弧的绘图仪器。圆规在使用前应先调整针脚，使针尖长于铅心，如图 1－6。画图时应尽量使钢针和铅芯都垂直于纸面，钢针的台阶与铅芯尖应平齐将钢针插入图板内，使圆规前进方向稍微倾斜，并要用力均匀，转动平稳。当画较大图时，应使圆规两脚均与纸面垂直，如图 1－7。

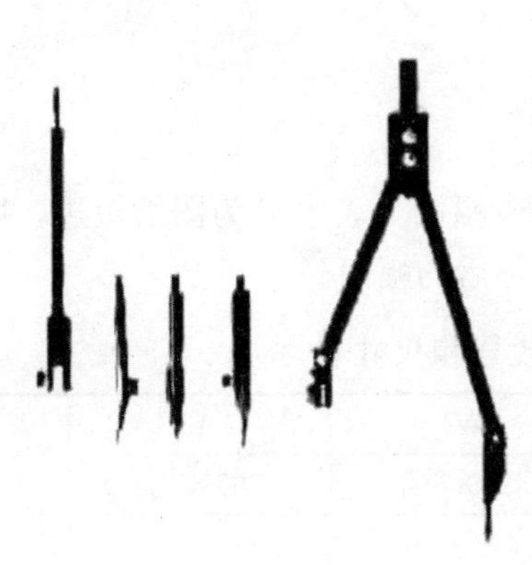

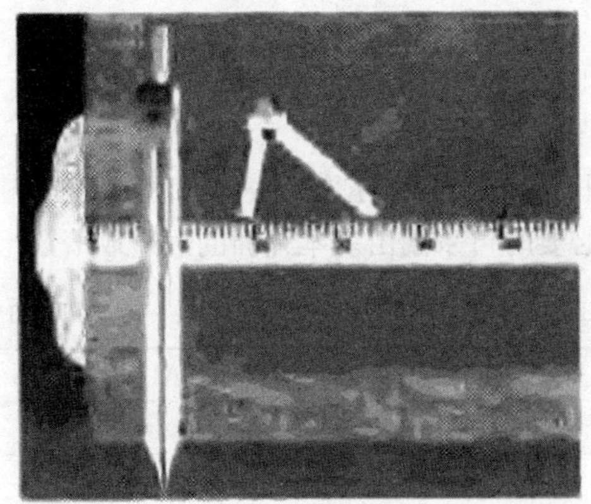

图 1－6　圆规、分规

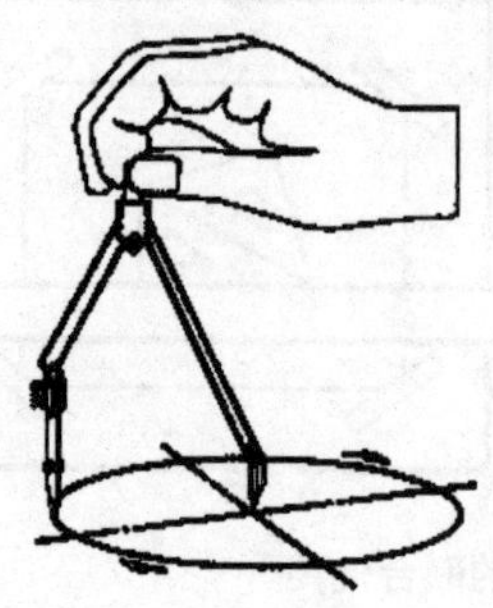
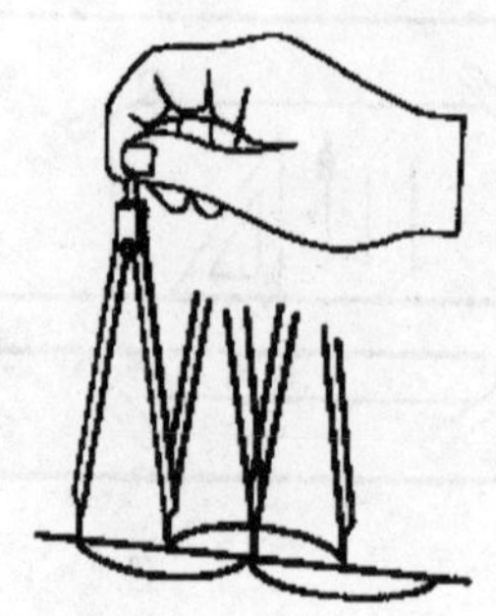

图 1－7　圆规与分规的使用

2. 分规

分规主要用来量取线段长度或等分已知线段。分规的两个针尖应调整平齐。从比例尺上量取长度时，针尖不要正对尺面，应使针尖与尺面保持倾斜。分规的用法如图 1－7 所示。

第二节　国家标准有关制图的基本规定

为使绘制和阅读图样时有统一的依据，国家有关部门制定了相应的制图标准，如国家标准《技术制图》《机械制图》。这些标准是绘制工程图样的技术法规，起着统一工程“语言”的作用。工程技术人员必须严格遵守，作为进行技术工作的基本准则。

一、图纸幅面和格式（GB/T14689－1993)

图纸幅面指图纸宽度与长度组成的图面。GB/T14689－93 是《技术制图》中图纸幅面和格式的标准代号。

“GB”——国家标准中“国”与“标”的第一个汉语拼音字母的组合；

“T”——为“推荐”中推的第一个汉语拼音字母；

“GB/T”——表示是推荐性国家标准；

“14689”——是国家标准的编号；

“－”——是分隔号；

“ 1993 ”——是发布该标准的公元年号。

1. 图纸幅面尺寸

绘制图样时，应优先采用表 1－l 所规定的基本幅面（表中 B 为图纸短边，L 为图纸长边)，必要时可采用由基本幅面的短边成倍数增加后的幅面。

表 1－1　基本幅面代号和尺寸

幅面代号	A0	A1	A2	A3	A4
B×L	841×1189	594×841	420×594	297×420	210×297
e	20		10		
c	10			5	
a	25				

2. 图框格式

无论图纸是否装订，在图纸上必须画出图框，其格式分为不留装订边和留有装订边两种，但同一产品的图样只能采用一种格式。

(1) 留有装订边图纸的图框格式如图 1—8 所示，图中的尺寸 a 和 c 按表 1—1 的规定选用。一般采用 A4 幅面竖装，A3 幅面横装。

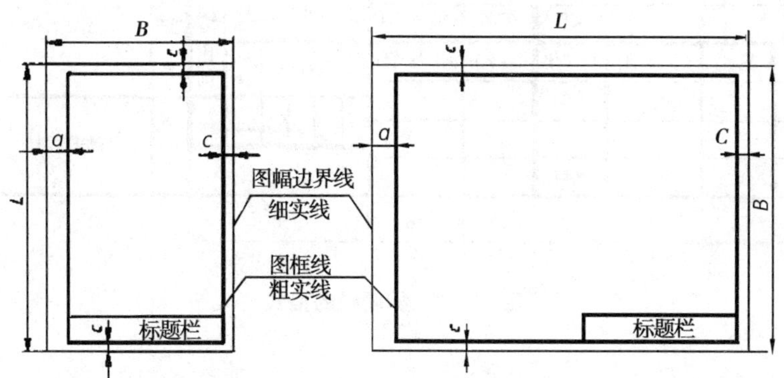

图 1—8　留有装订边的图纸格式

(2) 不留装订边图纸的图框格式如图 1—9 所示，图中 e 的尺寸按表 1—1 的规定选用。

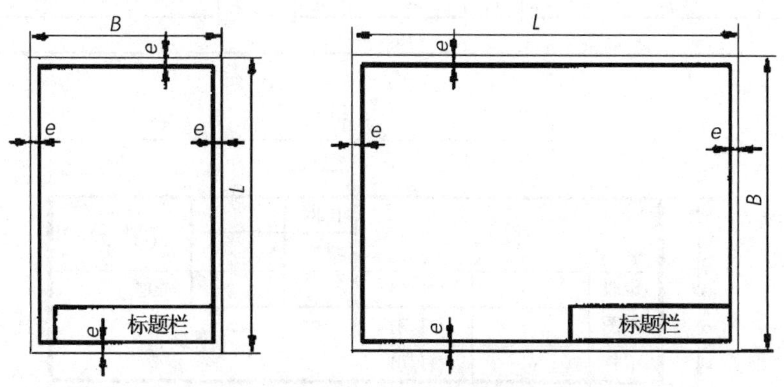

图 1—9　不留装订边的图纸格式

二、标题栏的方位及格式

每张图纸都必须画出标题栏。标题栏的位置通常位于图纸的右下角，如图 1—8、图 1—9 所示。标题栏的文字方向为看图方向。

标题栏的格式已由国标（GB/T10609.1—1989）作出规定，如图 1—10 所示。学校的制图作业可采用图 1—11 (a) 或 (b) 所示格式。

此外，标题栏的线型、字体（签字除外）和年、月、日的填写格式均应符合相应国家标准的规定。

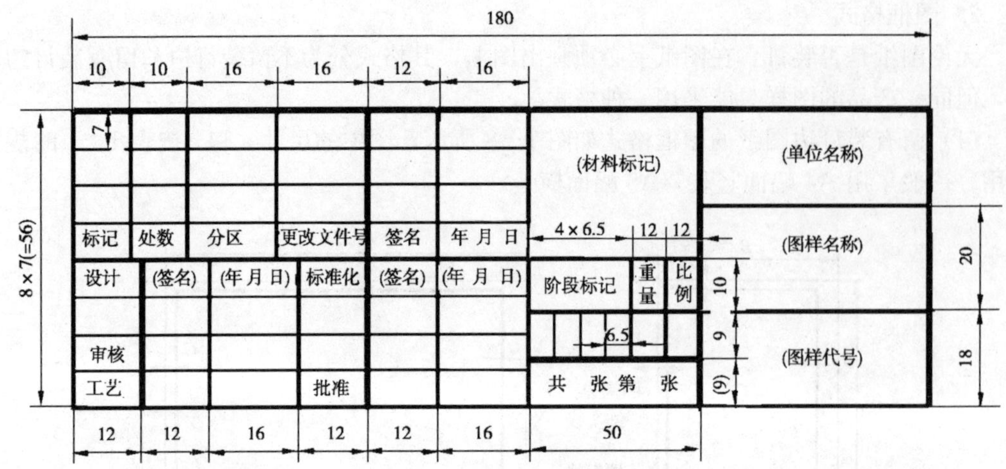

图 1—10　标题栏的格式

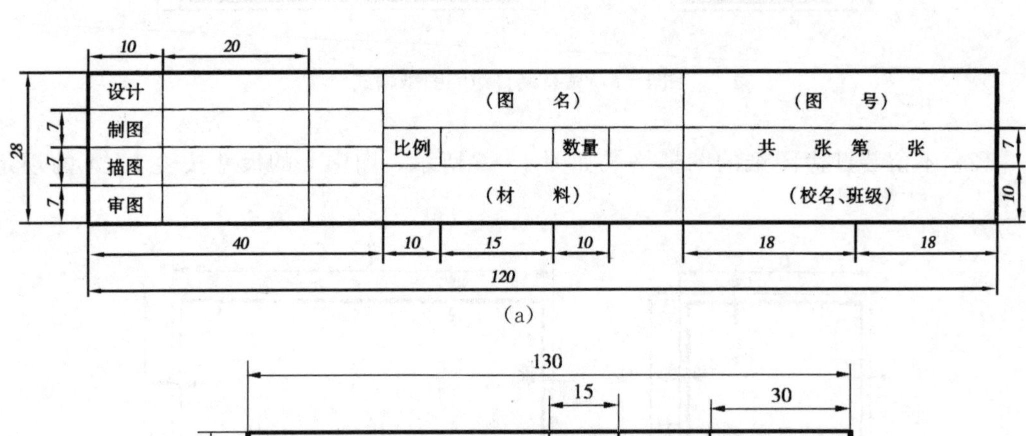

(a)

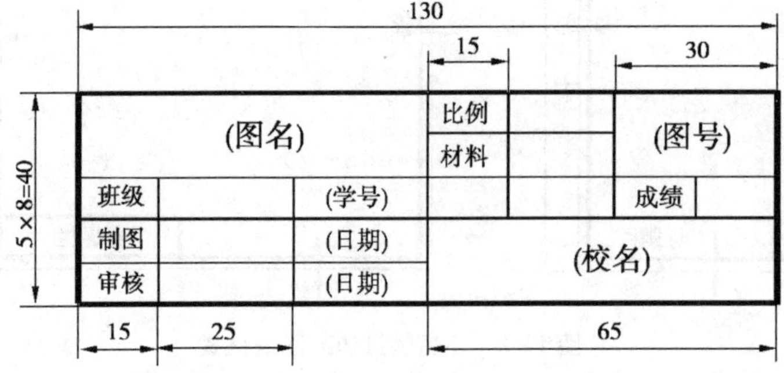

(b)

图 1—11　简化标题栏

三、比例（GB/T14690—1993）

绘制图样时所采用的比例，是图样中机件要素的线性尺寸与实际机件相应要素的线性尺寸之比。简单地说，图样上所画图形与其实物相应要素的线性尺寸之比称作比例。比值为 1 的比例，即 1∶1，称为原值比例；比值大于 1 的比例，如 2∶1 等，称为放大比例；比值小于 1 的比例，如 1∶2 等，称为缩小比例。

绘制图样时，应尽可能按机件的实际大小画出，以方便看图，如果机件太大或太小，则可用表 1—2 中所规定的第一系列中选取适当的比例，必要时也允许选取表 1—3 第二系列的比例。

表 1—2　比例系列（一）

种　　类	比　　例
原值比例	1:1
放大比例	2:1，5:1，1×10^n:1，2×10^n:1，5×10^n:1
缩小比例	1:2，1:5，1:1×10· 1:2×10^n，1:5×10^n

表 1—3　比例系列（二）

种　　类	比　　例
放大比例	2.5:1，4:1，2.5×10^n:1，4×10^n:1
缩小比例	1:1.5，1:2.5，1:3，1:4，1:6，1:1.5×10^n，1:2.5×10^n，1:3×10^n，1:4×10^n，1:6×10^n

绘制同一机件的各个视图时应尽量采用相同的比例，当某个视图需要采用不同比例时，必须另行标注。

比例一般应标注在标题栏中的比例栏内。必要时，可在视图名称的下方或右侧标注比例。

四、字体（GB/T 14691—1993）

国家标准《技术制图》字体 GB/T14691—93 中，规定了汉字、字母和数字的结构形式。

书写字体的基本要求是：

1. 图样中书写的汉字、数字、字母必须做到：字体端正、笔画清楚、排列整齐、间隔均匀。

2. 字体的大小以号数表示，字体的号数就是字体的高度（单位为 mm），字体高度（用 h 表示）的公称尺寸系列为：1.8、2.5、3.5、5、7、10、14、20。如需要书写更大的字，其字体高度应按$\sqrt{2}$的比率递增。用作指数、分数、注脚和尺寸偏差数值，一般采用小一号字体。

3. 汉字应写成长仿宋体字，并应采用中华人民共和国国务院正式推行的《汉字简化方案》中规定的简化字。长仿宋体字的书写要领是：横平竖直、注意起落、结构均匀、填满方格。汉字的高度 h 不应小于 3.5mm，其字宽一般为 $h/\sqrt{2}$。

4. 字母和数字分为 A 型和 B 型。字体的笔画宽度用 d 表示。A 型字体的笔画宽度 $d=h/14$，B 型字体的笔画宽度 $d=h/10$。

5. 字母和数字可写成斜体和直体。斜体字字头向右倾斜，与水平基准线成 75°。绘图时，一般用 B 型斜体字。在同一图样上，只允许选用一种字体。

图 1—12、1—13 所示的是图样上常见字体的书写示例。

10号字 字体工整 笔画清楚 间隔均匀 排列整齐

7号字 横平竖直 注意起落 结构均匀 填满方格

5号字 技术制图 机械电子 汽车船舶 土木建筑

3.5号字 螺纹齿轮 航空工业 施工排水 供暖通风 矿山港口

图 1－12 长仿宋字书写示例

拉丁字母大写斜体：

ABCDEFGHIJKLMNOPQRSTUVWXYZ

拉丁字母小写斜体：

abcdefghijklmnopqrstuvwxyz

阿拉伯数字斜体：

0123456789

罗马数字斜体：

I II III IV V VI VII VIII IX X

拉丁字母大写直体：

ABCDEFGHIJKLMNOPQRSTUVWXYZ

拉丁字母小写直体：

abcdefghijklmnopqrstuvwxyz

图 1－13 字母和数字书写示例

五、图线（GB/T 17450－1998）

绘制技术图样时，应遵循国标《技术制图 图线》的规定。

所有图线的图线宽度 d 应按图样的类型和尺寸大小在下列系数中选择：

0. 13mm；0. 18mm；0. 25mm；0. 35mm；0. 5mm；0. 7mm；1mm；1. 4mm；2mm。

粗线、中粗线和细线的宽度比率为 4∶2∶1。

基本图线适用于各种技术图样。表 1－4 列出的是机械制图的图线型式及应用说明。图 1－14 所示为常用图线应用举例。

表 1—4　图线的名称、型式、宽度及其用途

图线名称	图线型式	图线宽度	应用举例
粗实线	——	d=0.5—0.7（mm）	可见轮廓线、可见过渡线
细实线	——	约 d/2	尺寸线、尺寸界面、剖面线、引出线
波浪线	～	约 d/2	断裂处的边界线、视图和剖视的分界线
双折线	—\/—	约 d/2	断裂处的边界线
虚　线	12d　3d	约 d/2	不可见轮廓线、不可见过渡线
点画线	24d　0.5d　3d	约 d/2	轴线、对称中心线
双点画线	24d　0.5d　3d	约 d/2	相邻辅助零件的轮廓线、假想投影轮廓线

注：1. 表中虚线、细点画线、双点画线的线段长度和间隔的数值可供参考。

2. 粗实线的宽度应根据图形的大小和复杂程度选取，一般取 0.7mm。

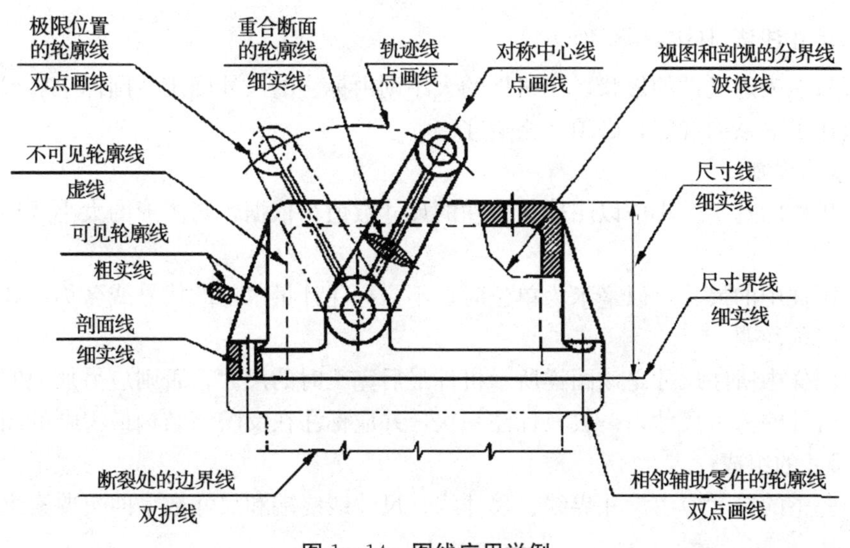

图 1—14　图线应用举例

绘制图样时，应注意：

1. 同一图样中，同类图线的宽度应基本一致。虚线、点画线及双点画线的线段长短间隔应各自大致相等。

2. 两条平行线之间的距离应不小于粗实线的两倍宽度，其最小距离不得小于 0.7mm。

3. 绘制圆的对称中心线（细点画线）时，圆心应为线段的交点。点画线和双点画线的首末两端应是线段而不是短画，同时其两端应超出图形的轮廓线 3～5mm。在较小的图形上绘制点画线或双点画线有困难时，可用细实线代替，如图 1－15（a）所示。

4. 虚线及点画线与其他图线相交时，都应以线段相交，不应在空隙或短画处相交；当虚线是粗实线的延长线时，粗实线应画到分界点，而虚线应留有空隙；当虚线圆弧和虚线直线相切时，虚线圆弧的线段应画到切点，而虚线直线需留有空隙，如图 1－15（b）所示。

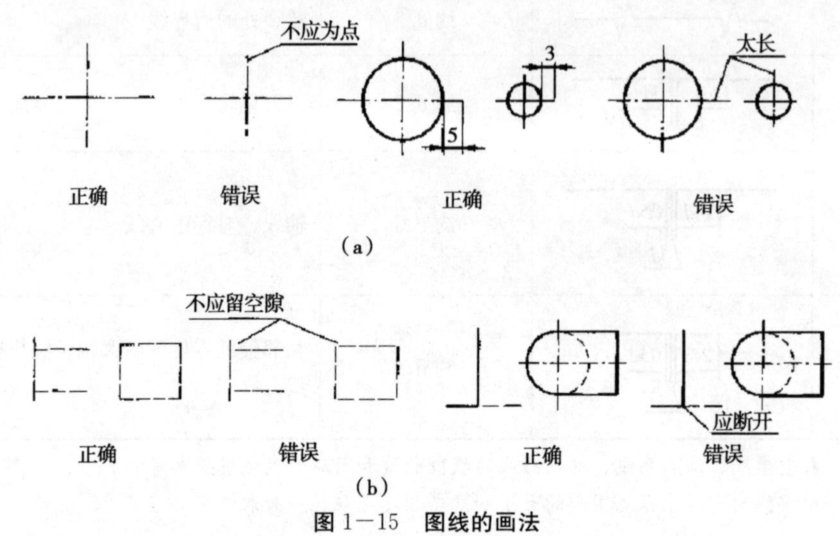

图 1－15　图线的画法

六、尺寸注法（GB4458.4－84）

图形只能表达机件的形状，而机件的大小则由标注的尺寸确定。国标中对尺寸标注的基本方法作了一系列规定，必须严格遵守。

1. 基本规则

（1）机件的真实大小应以图样上所注的尺寸数值为依据，与图形的大小及绘图的准确度无关。

（2）图样中的尺寸，以毫米为单位时，不需标注计量单位的代号或名称，如采用其他单位，则必须注明。

（3）图样中所注尺寸是该图样所示机件最后完工时的尺寸，否则应另加说明。

（4）机件的每一尺寸，一般只标注一次，并应标注在反映该结构最清晰的图形上。

2. 尺寸的组成

一个完整的尺寸应由尺寸界线、尺寸线、尺寸线终端和尺寸数字四个要素组成，如图 1－16 所示。

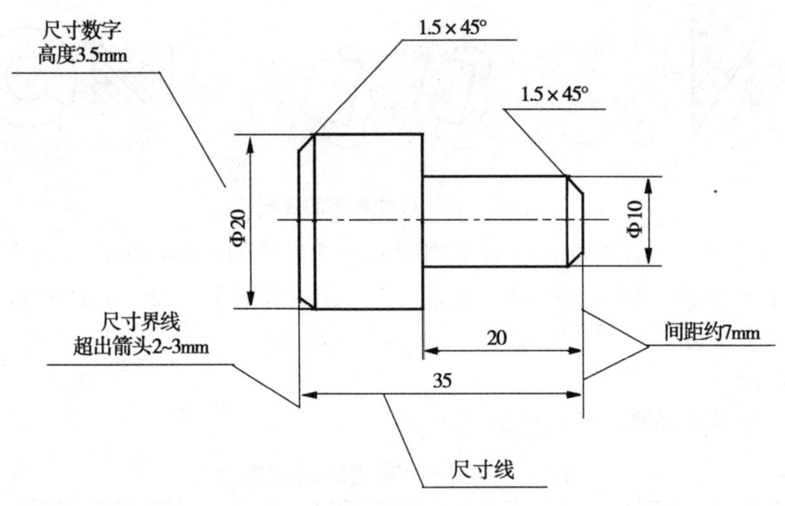

图 1－16　**尺寸要素**

（1）尺寸界线

尺寸界线用细实线绘制，并应由图形的轮廓线、轴线或对称中心线处引出。也可利用轮廓线、轴线或对称中心线作尺寸界线。尺寸界线一般应与尺寸线垂直，并超出尺寸线终端 2mm 左右。

（2）尺寸线

尺寸线用细实线绘制。尺寸线必须单独画出，不能与图线重合或在其延长线上。

尺寸线终端有两种形式，如图 1－17 所示，箭头适用于各种类型的图样，箭头尖端与尺寸界线接触，不得超出也不得离开。

斜线用细实线绘制，图中 h 为字体高度。当尺寸线终端采用斜线形式时，尺寸线与尺寸界线必须相互垂直，并且同一图样中只能采用一种尺寸线终端形式。

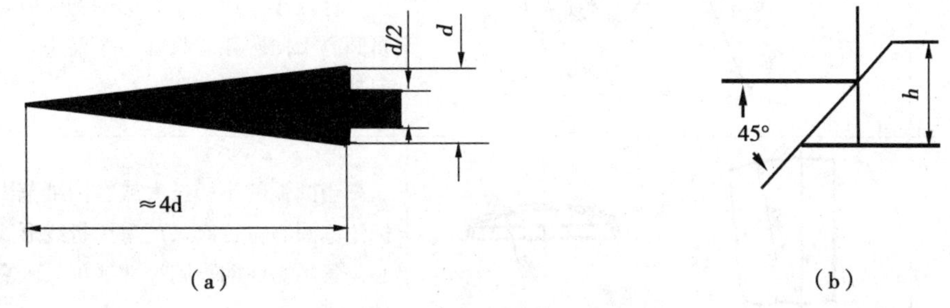

图 1－17　**尺寸线终端**

（3）尺寸数字

线性尺寸的数字一般应注写在尺寸线的上方，也允许注写在尺寸线的中断处，同一图样内大小一致，位置不够可引出标注。尺寸数字不可被任何图线所通过，否则必须把图线断开，如图 1－18 所示。

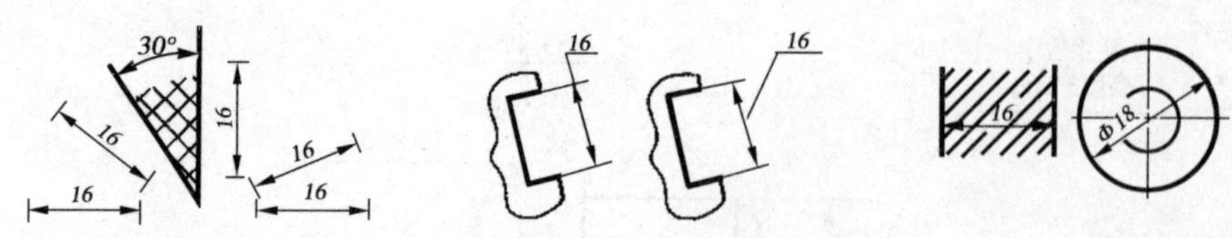

图 1—18　尺寸数字的注写

国标还规定了一些注写在尺寸数字周围的标注尺寸的符号，用以区分不同类型的尺寸：Φ——表示直径；R——表示半径；S——表示球面；δ——表示板状零件厚度；□——表示正方形等。

3．尺寸注法

尺寸注法的基本规则，参见表 1—5。

表 1—5　尺寸注法的基本规则

标注内容	示　　例	说　　明
线性尺寸	30° 16 36 30 数字放在尺寸线上方 30 数字放在尺寸线中断处 Φ10	尺寸线必须与所标注的线段平行，大尺寸要注在小尺寸外面，尺寸数字应按图中所示的方向注写，图示，尽可能避免在图示30°范围内标注尺寸。在不致引起误解时，对于非水平方向的尺寸，其数字可水平地注写在尺寸线的中断处。
圆弧　直径尺寸	Φ48 (a) Φ54 Φ36 (b)	标注圆或大于半圆的圆弧时，尺寸线通过圆心，以圆周为尺寸界线，尺寸数字前加注直径符号“Φ”。
圆弧　半径尺寸	R20 R40 R33	标注小于或等于半圆的圆弧时，尺寸线自圆心引向圆弧，只画一个箭头，尺寸数字前加注半径符号“R”。
大圆弧	R80 (a) SR64 (b)	当圆弧的半径过大或在图纸范围内无法标注其圆心位置时，可采用折线形式，若圆心位置不需注明，则尺寸线可只画靠近箭头的一段。
小尺寸	5 3 1 3 3 3 3 2 4 Φ10 Φ10 Φ10 Φ5 Φ5 Φ5 Φ5 Φ5 R5 R5 R5 R5 R5 R3	对于小尺寸在没有足够的位置画箭头或注写数字时，箭头可画在外面，或用小圆点代替两个箭头；尺寸数字也可采用旁注或引出标注。

（续表）

标注内容	示例	说明
球面	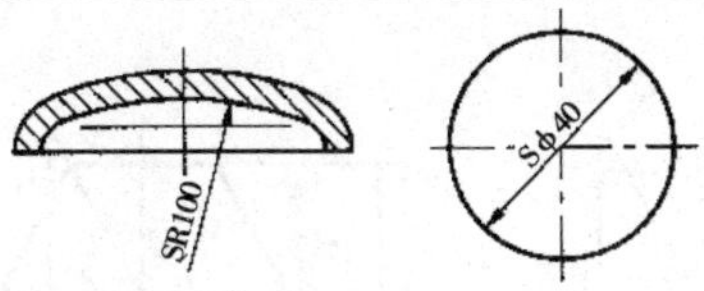 SR100　Sϕ40	标注球面的直径或半径时，应在尺寸数字前分别加注符号“SΦ”或“SR”。
角度	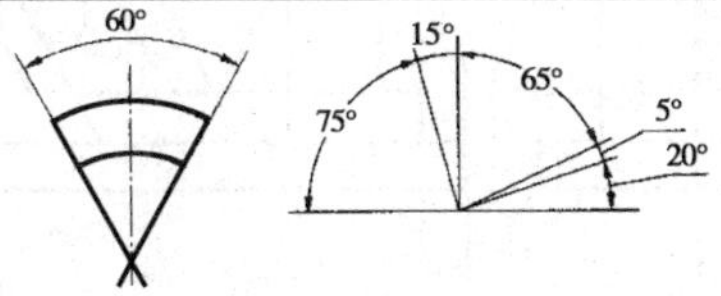 60°　15°　65°　75°　5°　20°	尺寸界线应沿径向引出，尺寸线画成圆弧，圆心是角的顶点。尺寸数字一律水平书写，一般注写在尺寸线的中断处，必要时也可按右图的形式标注。
弦长和弧长	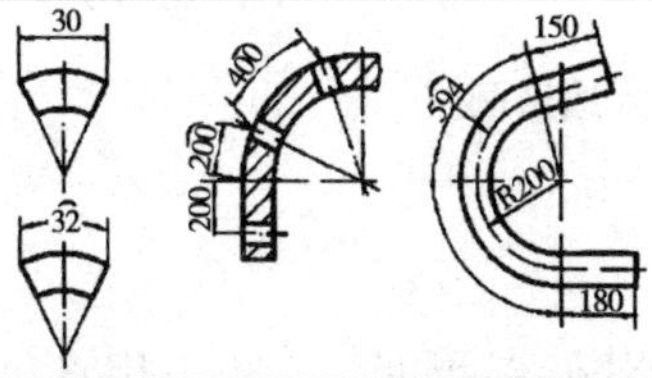 30　32　400　200　200　150　504　R200　180	标注弦长和弧长时，尺寸界线应平行于弦的垂直平分线。弧长的尺寸线为同心弧，并应在尺寸数字上方加注符号“⌒”。
只画一半或大于一半时的对称机件	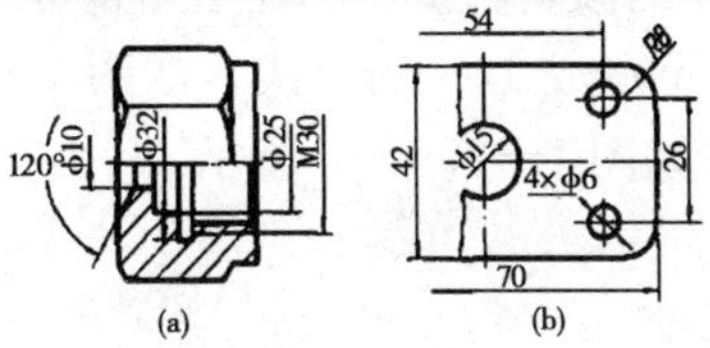 120°　ϕ10　ϕ32　ϕ25　M30　(a)　54　ϕ8　42　ϕ15　4×ϕ6　26　70　(b)	尺寸线应略超过对称中心线或断裂处的边界线，仅在尺寸线的一端画出箭头。
板状零件	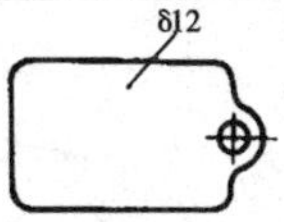 δ12	标注板状零件的尺寸时，在厚度的尺寸数字前加注符号“δ”。
光滑过渡处的尺寸	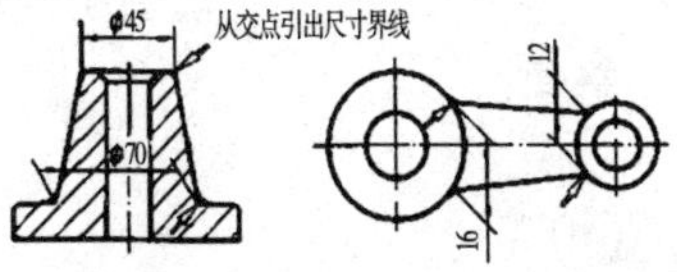 ϕ45　从交点引出尺寸界线　ϕ70　12　16	在光滑过渡处，必须用细实线将轮廓线延长，并从它们的交点引出尺寸界线。 尺寸界线一般应与尺寸线垂直，必要时允许倾斜。
正方形结构	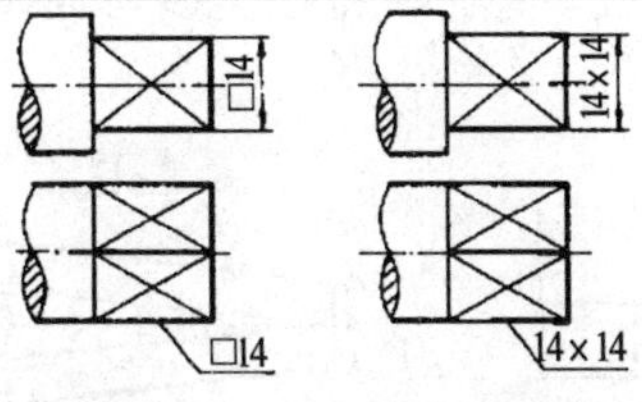 □14　14×14　□14　14×14 注：方形或矩形小平面可用对角线交叉细实线表示	标注机件的剖面为正方形结构的尺寸时，可在边长尺寸数字前加注符号“□”，或用“14×14”代替“□14”。图中相交的两条细实线是平面符号（当图形不能充分表达平面时，可用这个符号表达平面）。

第三节　几何作图

几何作图是指工程图样中常见的正多边形、斜度和锥度、椭圆及包含圆弧连接等基本图形的作图方法。

一、正六边形的画法

绘制正六边形，一般利用正六边形的边长等于外接圆半径的原理，绘制步骤如图 1—19 所示。

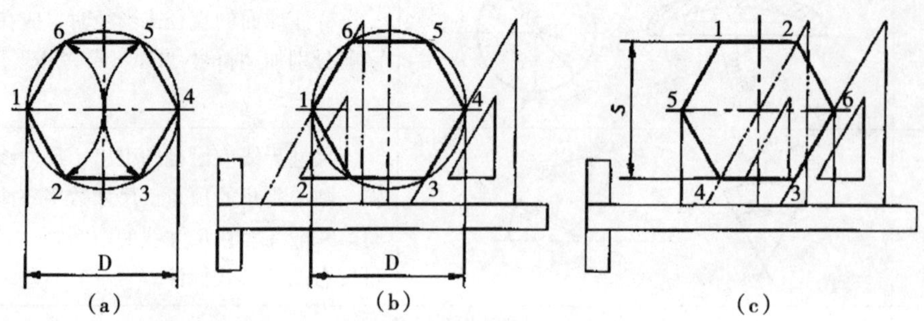

图 1—19 正六边形画法

二、斜度与锥度

1. 斜度

斜度是指一直线或平面对另一直线或平面的倾斜程度。工程上用直角三角形对边与邻边的比值来表示，并固定把比例前项化为 1 而写成 1∶n 的形式，如图 1—20（a）所示。若已知直线段 AC 的斜度为 1∶5，其作图方法如图 1—20（b）所示。

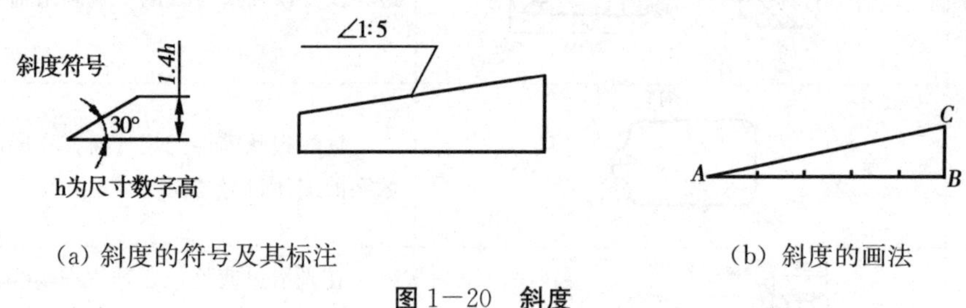

（a）斜度的符号及其标注　　（b）斜度的画法

图 1—20 斜度

2. 锥度

锥度是指圆锥的底圆直径 D 与高度 L 之比，通常，锥度也要写成 1∶n 的形式。锥度的作图方法如图 1—21 所示。

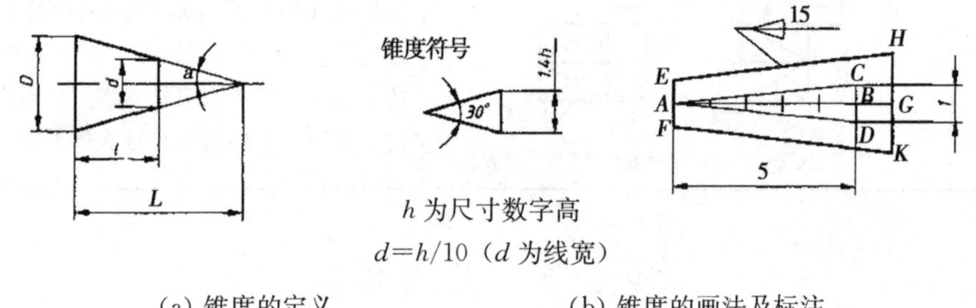

h 为尺寸数字高

d=*h*/10（*d* 为线宽）

（a）锥度的定义　　（b）锥度的画法及标注

图 1—21 锥度

三、圆弧连接

用已知半径的圆弧连接两已知直线或圆弧，称为圆弧连接。所谓光滑连接就是平面几何中的相切。连接已知直线或圆弧的圆弧称为连接弧，连接点就是切点。圆弧的光滑连接，关键在于正确找出连接圆弧的圆心以及切点的位置。由初等几何知识可知：当两圆弧以内切方式相连接时，连接弧的圆心要用 $R-R_0$ 来确定；当两圆弧以外切方式相连接时，连接弧的圆心要用 $R+R_0$ 来确定。用仪器绘图时，各种圆弧连接的画法如图 1－22 所示。

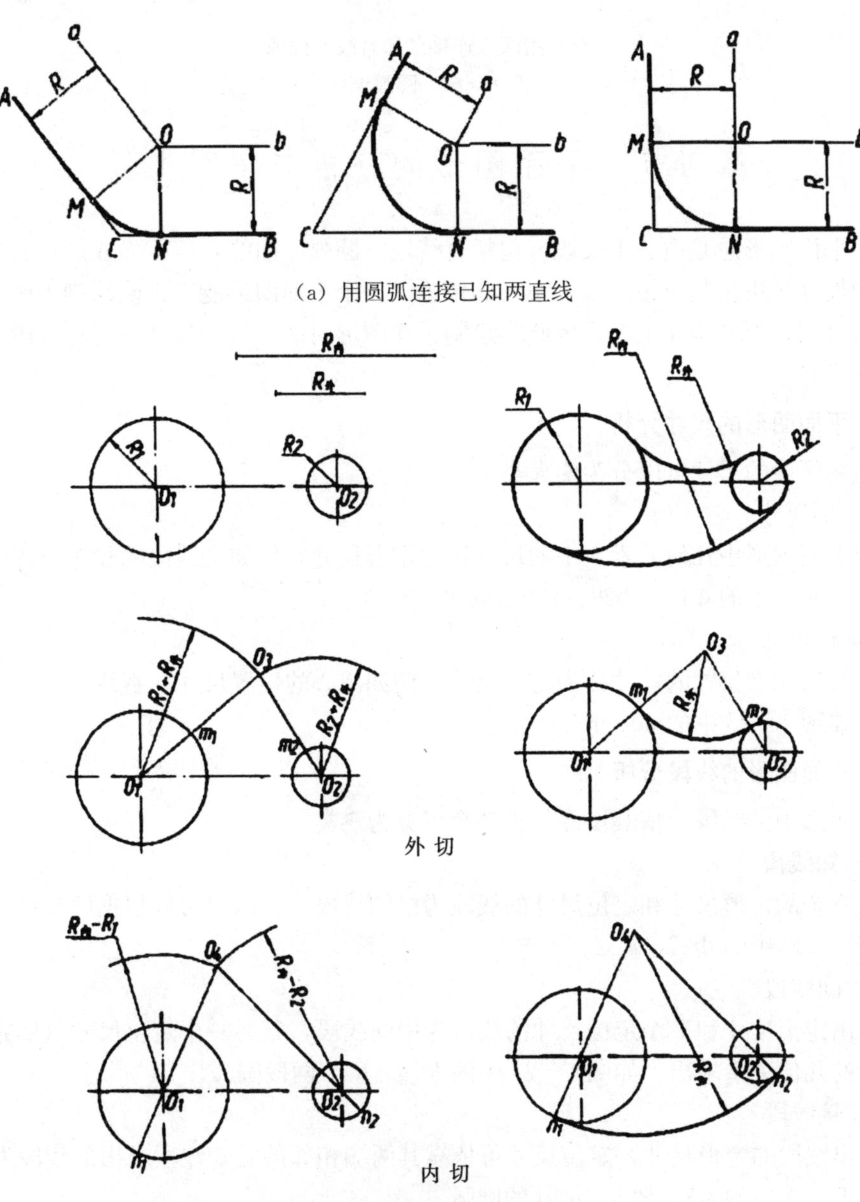

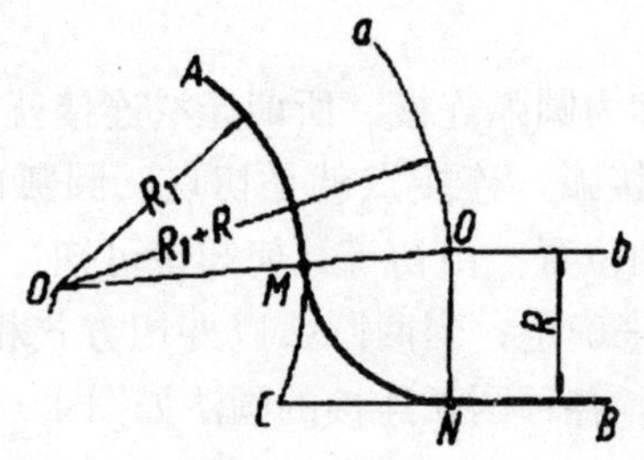

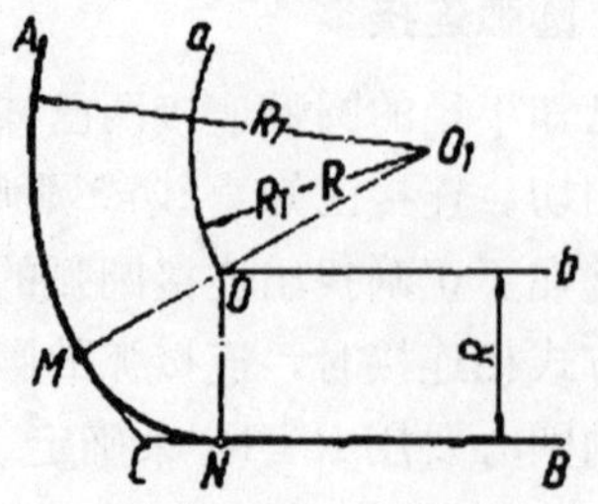

(c) 用圆弧连接已知直线及圆弧

图 1—22 圆弧连接

第四节 平面图形的分析与作图步骤

任何平面图形总是由若干线段（包括直线段、圆弧、曲线）连接而成的，每条线段又由相应的尺寸来决定其长短（或大小）和位置。一个平面图形能否正确绘制出来，要看图中所给的尺寸是否齐全和正确。因此，绘制平面图形时应先进行尺寸分析和线段分析，以明确作图步骤

一、平面图形的尺寸分析

平面图形中的尺寸可以分为两大类：

1. 定形尺寸

确定平面图形中几何元素大小的尺寸称为定形尺寸，例如直线段的长度，圆弧的半径等。如图 1—23 中的 Φ15、Φ20、R28、R40、20 等。

2. 定位尺寸

确定几何元素位置的尺寸称为定位尺寸，例如圆心的位置尺寸，直线与中心线的距离尺寸等。如图 1—23 中的 60、10、6 等。

二、平面图形的线段分析

平面图形中的线段，依其尺寸是否齐全可分为三类：

1. 已知线段

具有齐全的定形尺寸和定位尺寸的线段为已知线段，作图时可以根据已知尺寸直接绘出。如图 1—23 中的 Φ27、*R*32。

2. 中间线段

只给出定形尺寸和一个定位尺寸的线段为中间线段，其另一个定位尺寸可依靠与相邻已知线段的几何关系求出。如图 1—23 中的 *R*15、*R*27 两段圆弧。

3. 连接线段

只给出线段的定形尺寸，定位尺寸可依靠其两端相邻的已知线段求出的线段为连接线段。如图 1—23 中的 *R*3、*R*28、*R*40 的圆弧。

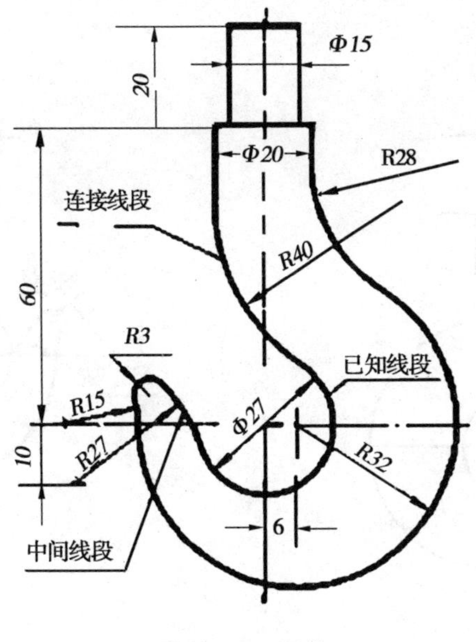

图 1－23　吊钩

三、平面图形的绘图步骤

吊钩的平面图形，如图 1－24，其作图步骤如下：

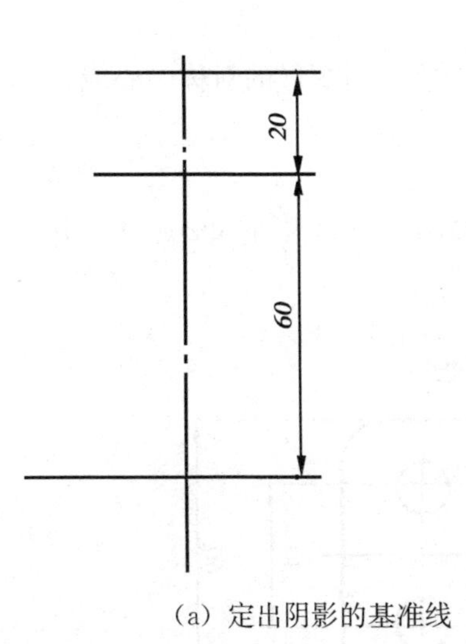

(a) 定出阴影的基准线

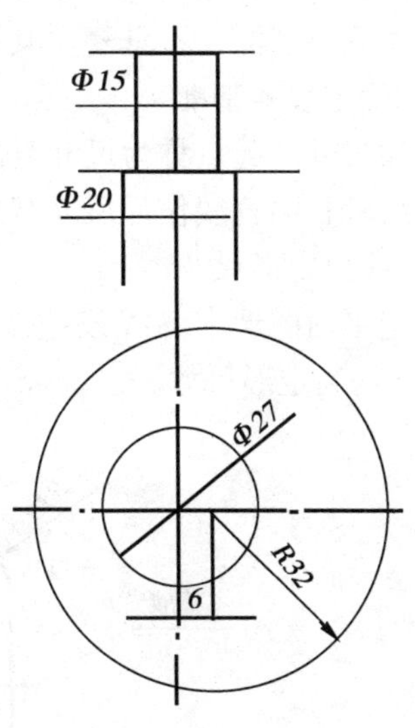

(b) 画已知线段

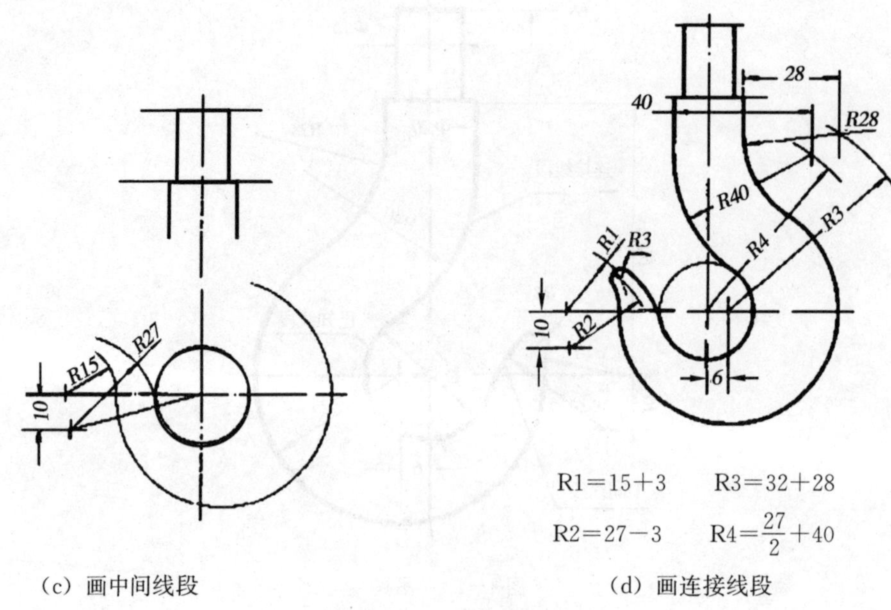

(c) 画中间线段　　(d) 画连接线段

图 1－24　几何作图示例

四、常见平面图形的尺寸标注示例

平面图形中标注的尺寸，必须能唯一地确定图形的大小。应遵守国家标准的有关规定，并做到不遗漏，不重复。其基本步骤为：

1. 确定尺寸基准

标注尺寸的起点称为尺寸基准。平面图形中一般常选用图形的对称中心线、较大圆的中心线或较长的直线作为尺寸基准。

2. 注出定形尺寸

确定平面图形中各线段或线框形状的尺寸，如图 1－25 中的 Φ20、4－Φ12、R10、100、60 均为定形尺寸。

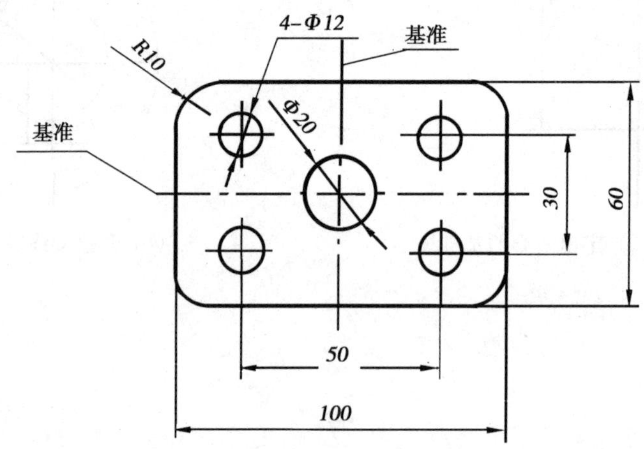

图 1－25　平面图形的尺寸标注

3. 注出定位尺寸

确定平面图形中各线段和线框相对位置的尺寸，如图 1—25 中 50、30 为定位尺寸。

表 1—6 为常见平面图形的尺寸标注示例，供分析参考。

表 1—6　常见平面图形的尺寸注法

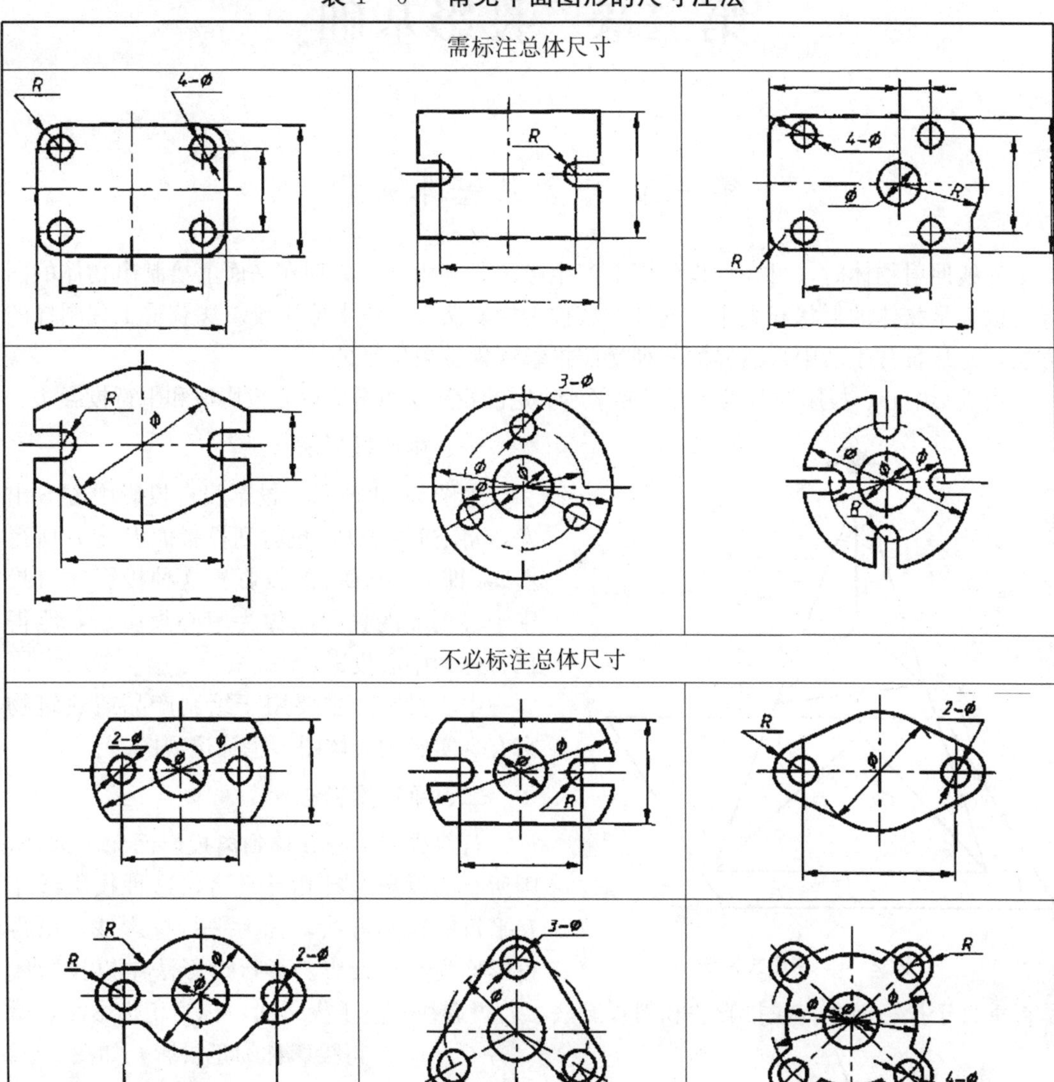

第二章　投影基础

第一节 投影法基本知识

光线照射物体时，可在预设的面上产生影子。利用这个原理在平面上绘制出物体的图像，以表示物体的形状和大小，这种方法称为投影法。工程上应用投影法获得工程图样的方法，是从日常生活中自然界的一种光照投影现象抽象出来的。

由投影中心、投影线和投影面三要素所决定的投影法可分为中心投影法和平行投影法。

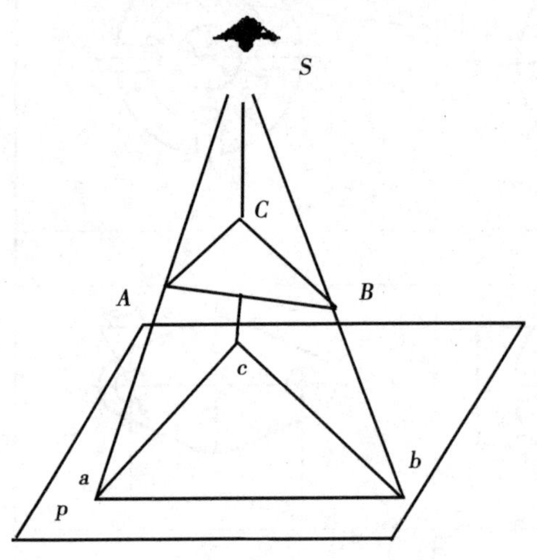

图 2—1　**中心投影法**

一、中心投影法

如图 2—1 所示，投影线自投影中心 S 出发，将空间△ABC 投射到投影面 P 上，所得△abc 即为△ABC 的投影。这种投影线自投影中心出发的投影法称为中心投影法，所得投影称为中心投影。

中心投影法主要用于绘制产品或建筑物富有真实感的立体图，也称透视图。

二、平行投影法

若将投影中心 S 移到离投影面无穷远处，则所有的投影线都相互平行，这种投影线相互平行的投影方法，称为平行投影法，所得投影称为平行投影。平行投影法中以投影线是否垂直于投影面分为正投影法和斜投影法。若投影线垂直于投影面，称为正投影法，所得投影称为正投影，如图 2—2（a）所示；若投影线倾斜于投影面，称为斜投影法，所得投影称为斜投影，如图 2—2（b）所示。

正投影法主要用于绘制工程图样；斜投影法主要用于绘制有立体感的图形，如斜轴测图。

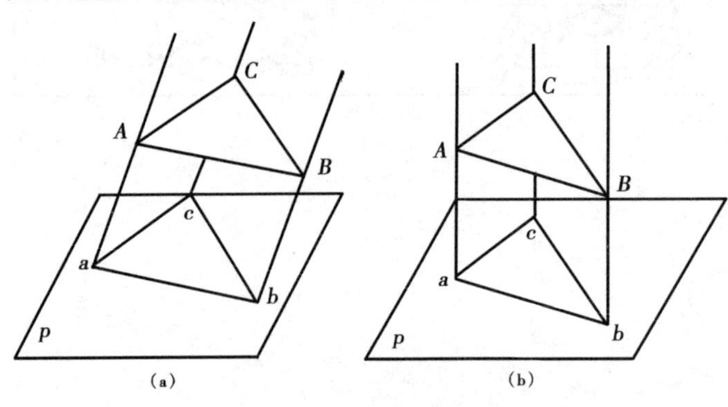

图 2—2　**平行投影法**

第二节 点的投影

组成物体的基本元素是点、线、面。为了顺利表达各种产品的结构，必须首先掌握几何元素的投影特性。点是最基本的几何元素，下面用点的投影说明正投影的基本规律。

一、投影面体系与投影轴

要唯一确定几何元素的空间位置及形状和大小，乃至物体的形状和大小，必须采用多面正投影的方法。通常选用三个互相垂直的投影面，建立一个三投影面体系。三个投影面分别称为正立投影面 V、水平投影面 H、侧立投影面 W。它们将空间分为八个部分，每个部分为一个分角，其顺序如图 2－3 所示。我国国家标准中规定采用第一分角画法，本教材重点讨论第一分角画法。

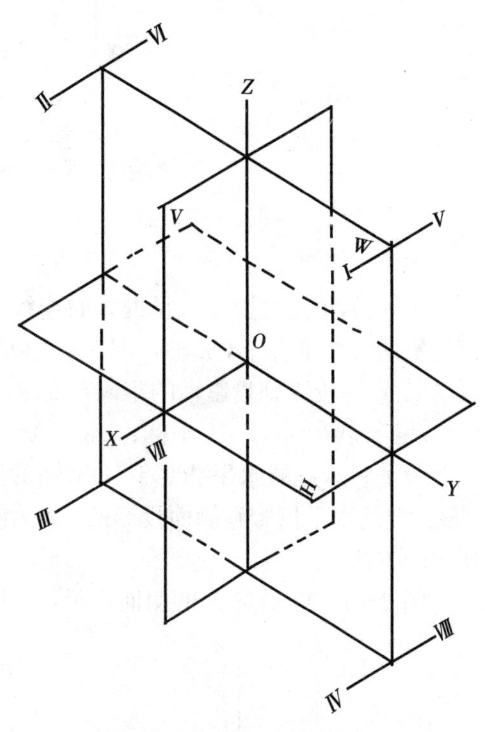

图 2－3 三投影面体系

三个投影面两两垂直相交，得三个投影轴分别为 OX、OY、OZ，其交点 O 为原点。画投影图时需要将三个投影面展开到同一个平面上，展开的方法是 V 面不动，H 面和 W 面分别绕 OX 轴或 OZ 轴向下或向右旋转 90°与 V 面重合。展开后，画图时去掉投影面边框。

二、点的投影

1. 点在三投影面体系中的投影

为了统一起见，规定空间点用大写字母表示，如 A、B、C 等；水平投影用相应的小写字母表示，如 a、b、c 等；正面投影用相应的小写字母加撇表示，如 a′、b′、c′；侧面投影用相应的小写字母加两撇表示，如 a″、b″、c″。

如图 2－4，三投影面体系展开后，点的三个投影在同一平面内，得到了点的三面投影图。应注意的是：投影面展开后，同一条 OY 轴旋转后出现了两个位置。

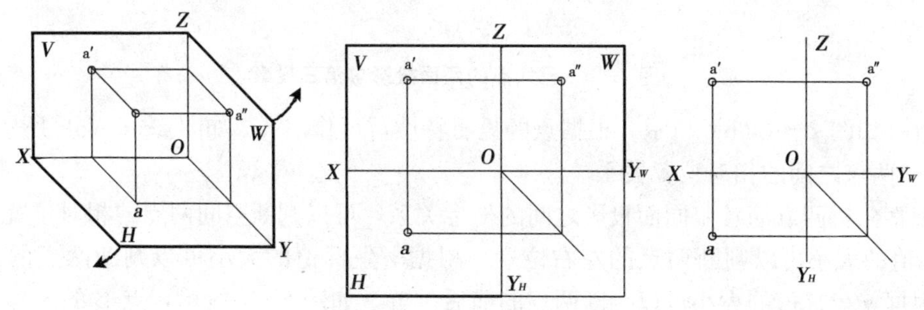

图 2－4 三投影面的展开

由于投影面相互垂直，所以三投影线也相互垂直，如图 2－5，8 个顶点 A、a、a_y、a′、a″、a_x、O、a_z 构成正六面体，根据正六面体的性质可以得出三面投影图的投影特性如下：

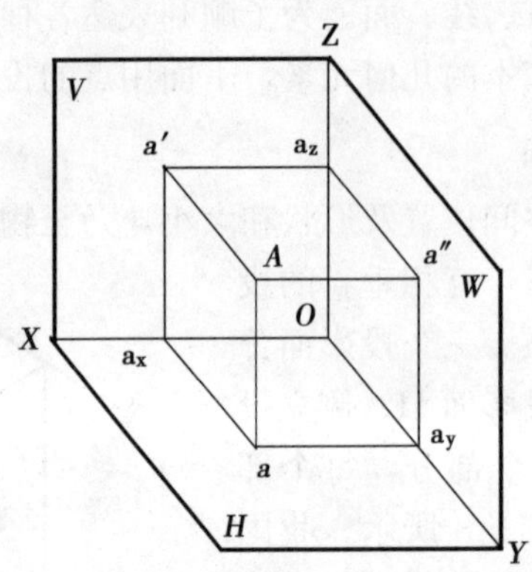

图 2－5　点的三面投影

① 点的正面投影和水平投影的连线垂直于 OX 轴，即 aa′⊥OX；点的正面投影和侧面投影的连线垂直于 OZ 轴，即 a′a″⊥OZ；同时 aa_{yh}⊥OY_H，$a''a_{yw}$⊥OY_W。

② 点的投影到投影轴的距离，反映空间点到以投影轴为界的另一投影面的距离，即：$a'a_Z$＝Aa″＝aa_{yh}＝x 坐标；aa_X＝Aa′＝$a''a_Z$＝y 坐标；$a'a_X$＝Aa＝$a''a_{yw}$＝z 坐标。

为了表示点的水平投影到 OX 轴的距离等于侧面投影到 OZ 轴的距离，即：aa_X＝$a''a_Z$，点的水平投影和侧面投影的连线相交于自点 O 所作的 45°角平分线，如图 2－6（c）所示的方法。

例 2－1　已知点 A 的两面投影，如图 2－6（a），求其第三投影。

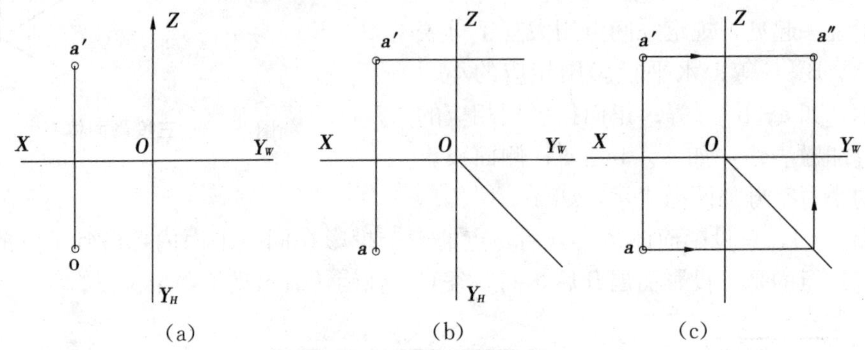

图 2－6　已知点的两面投影求第三投影

解　如图 2－6（b）所示，根据点的投影特性，可作出 a″，如图 2－6（c）所示。

2. 两点之间的相对位置关系

观察分析两点的各个同面投影之间的坐标关系，可以判断空间两点的相对位置。根据 x 坐标值的大小可以判断两点的左右位置；根据 z 坐标值的大小可以判断两点的上下位置；根据 y 坐标值的大小可以判断两点的前后位置。如图 2－7 所示，点 B 的 x 和 z 坐标均小于点 A 的相应坐标，而点 B 的 y 坐标大于点 A 的 y 坐标，因而，点 B 在点 A 的右方、下方、前方。

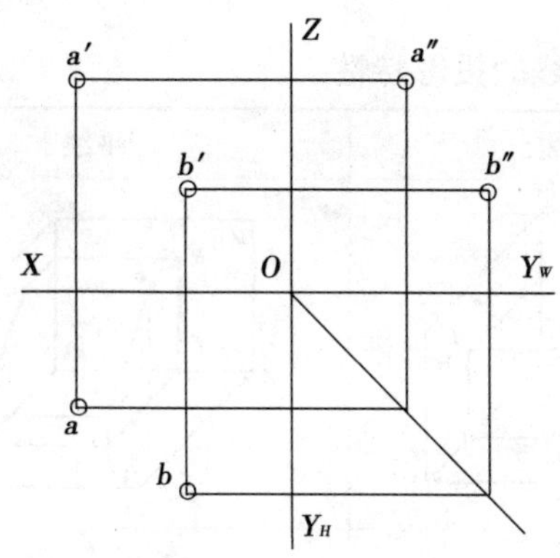

图 2－7　**两点的相对位置**

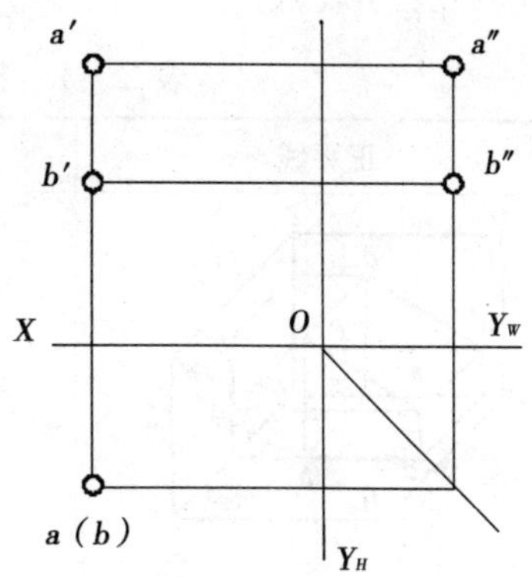

图 2－8　**重影点**

若 A、B 两点无左右、前后距离差，点 A 在点 B 正上方或正下方时，两点的 H 面投影重合（如图 2－8），点 A 和点 B 称为对 H 面投影的重影点。同理，若一点在另一点的正前方或正后方时，则两点是对 V 面投影的重影点；若一点在另一点的正左方或正右方时，则两点是对 W 面投影的重影点。

重影点需判别可见性。根据正投影特性，可见性的区分应是前遮后、上遮下、左遮右。图 2－8 中的重影点应是点 A 遮挡点 B，点 B 的 H 面投影不可见。规定不可见点的投影加括号表示。

第三节　直线的投影

一、直线的投影

一般情况下，直线的投影仍是直线，如图 2－9 中的直线 AB。在特殊情况下，若直线垂直于投影面，直线的投影可积聚为一点。

直线的投影可由直线上两点的同面投影连接得到。如图 2－9，分别作出直线上两点 A、B 的三面投影，将其同面投影相连，即得到直线 AB 的三面投影图。

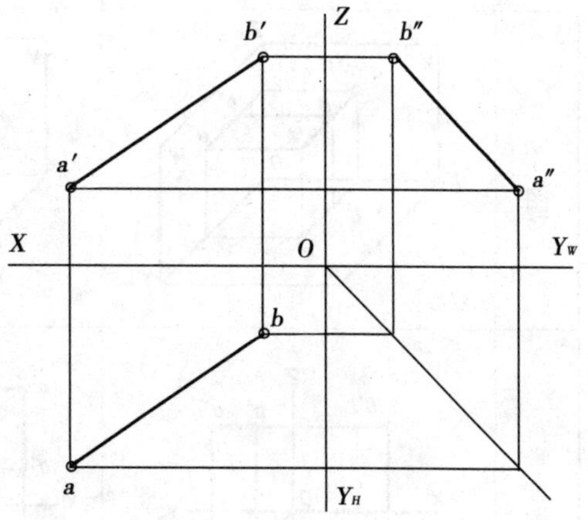

图 2－9　**直线的投影**

二、各种位置直线的投影特性

在三投影面体系中，直线对投影面的相对位置可以分为三种：投影面平行线、投影面垂直线、投影面倾斜线。前两种为投影面特殊位置直线，后一种为投影面一般位置直线。

(1) 投影面平行线

与投影面平行的直线称为投影面平行线，它与一个投影面平行，与另外两个投影面倾斜。与 H 面平行的直线称为水平线，与 V 面平行的直线称为正平线，与 W 面平行的直线称为侧平线。它们的投影图及投影特性见表 2－1。规定直线（或平面）对 H、V、W 面的倾

角分别用 α、β、γ 表示。

表 2—1　投影面平行线的投影特性

名称	正平线	水平线	侧平线
立体图			
投影图			
投影特性	1. a′b′=AB 2. ab//OX a″B″//OZ 3. a′b′反映 AB 的倾角 α、γ	1. cd=CD 2. c′d′//OX c″d″//OY_W 3. cd 反映 CD 的倾角 β、γ	1. e″f″=EF 2. ef//OY_W e′f′//OZ 3. e″f″反映 EF 的倾角 α、β

（2）投影面垂直线

与投影面垂直的直线称为投影面垂直线，它与一个投影面垂直，必与另外两个投影面平行。与 H 面垂直的直线称为铅垂线，与 V 面垂直的直线称为正垂线，与 W 面垂直的直线称为侧垂线。它们的投影图及投影特性，见表 2—2。

表 2—2　投影面垂直线的投影特性

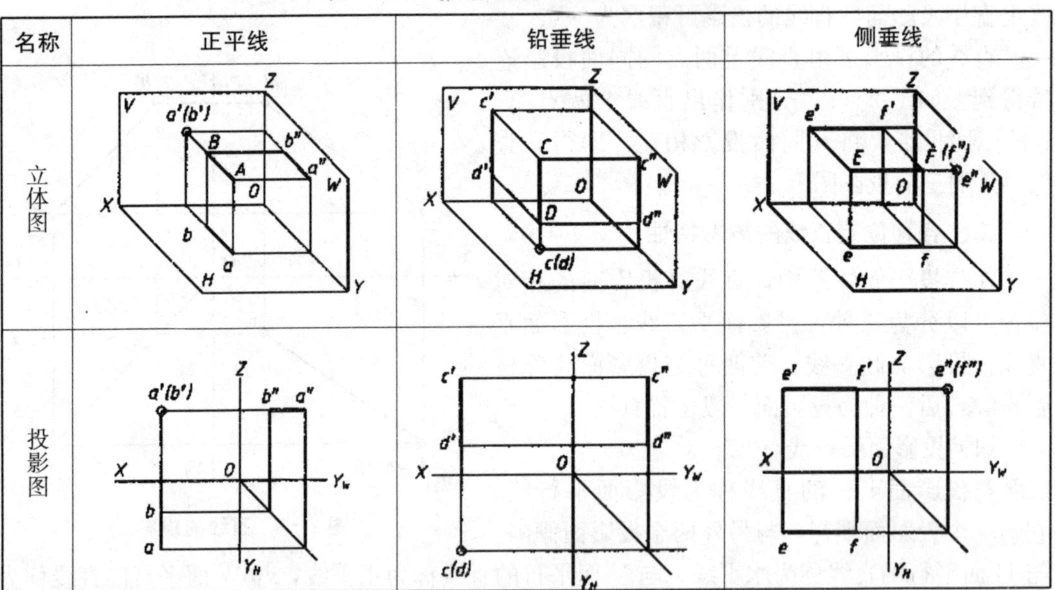

名称	正平线	铅垂线	侧垂线
立体图			
投影图			

（续表）

名称	正平线	铅垂线	侧垂线
投影特性	1. $a'b'$积聚成一点，且 $ab\perp OX$，$a''b''\perp OZ$ 2. $ab=a''b''=AB$	1. cd 积聚成一点，且 $c'c'\perp OX$，$c''c''\perp OY_W$ 2. $c'd'=c''d''=CD$	1. $e''f''$积聚成一点，且 $ef\perp OY_H$，$e'f'\perp OZ$ 2. $ef=e'f'=EF$

（3）一般位置直线

一般位置直线与三个投影面都倾斜，因此在三个投影面上的投影都不反映实长，投影与投影轴之间的夹角也不反映直线与投影面之间的倾角，见图 2－10。

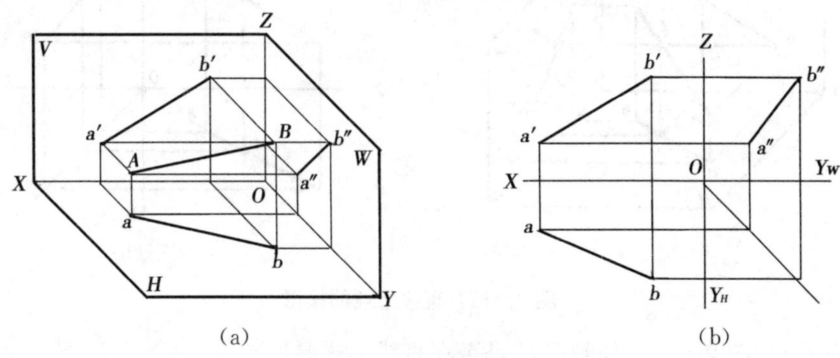

图 2－10 一般位置直线的投影

求一般位置直线的实长和对投影面的倾角常采用直角三角形法。

将图 2－11（a）中△ABC 取出，可得到一个直角三角形。只考虑直角三角形的组成关系，如图 2－11（b）所示，经分析可以得出：直角三角形的斜边为直线的实长，一直角边为 Z 方向的坐标差，另一直角边为直线水平投影；实长与某一投影面上的投影的夹角即直线与对该投影面的倾角，一个直角三角形只能求出直线对一个投影面的倾角。

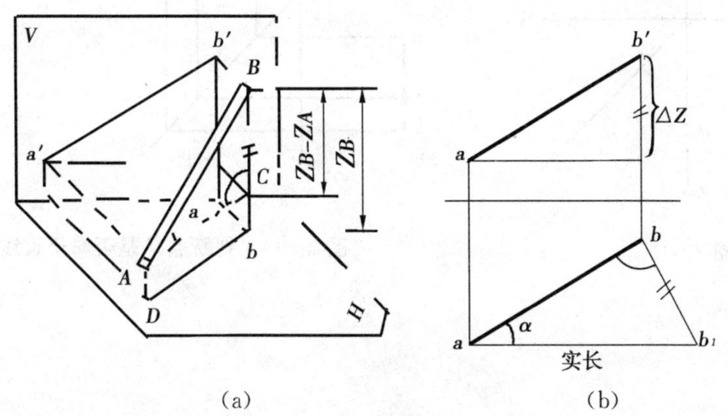

图 2－11 直角三角形法的一个三角形

利用直角三角形法，只要知道四个要素中的两个要素，即可求出其他两个未知要素。

三、点与直线的相对位置

如果点在直线上，则点的三面投影必在直线的同面投影之上，这种性质称为从属性。如果点的三面投影中有一个投影不在直线的同面投影上，则该点不在直线上。如图 2－12 所示，C 点在直线 AB 上，则必有 c 在 ab 上，c′在 a′b′上，c″在 a″b″上。同时，C 点将 AB 分为 AC 和 CB 两段，由于同一投影面的投影线互相平行，因此很容易证明，AC ∶CB＝ac ∶cd＝a′c′ ∶c′d′＝a″c″ ∶c″d″，即点分直线成定比，该点的投影也分直线的同面投影成相同的比例。

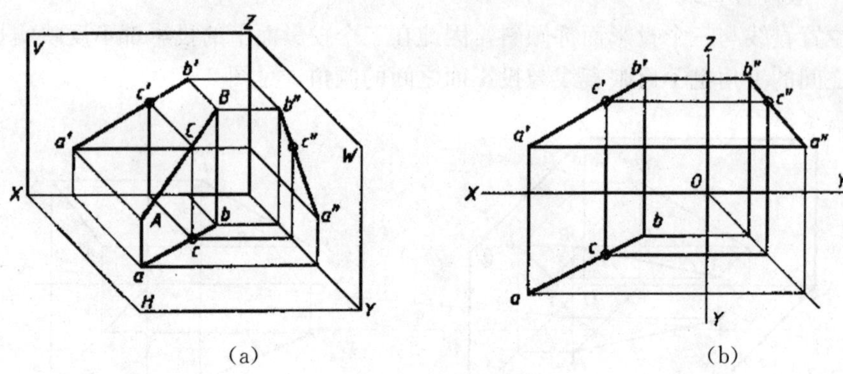

图 2－12　直线上点的投影

例 2－2　如图 2－13，判断点 C 是否在直线 AB 上。

解：如图 2－14，可以判断点 C 不在直线 AB 上。

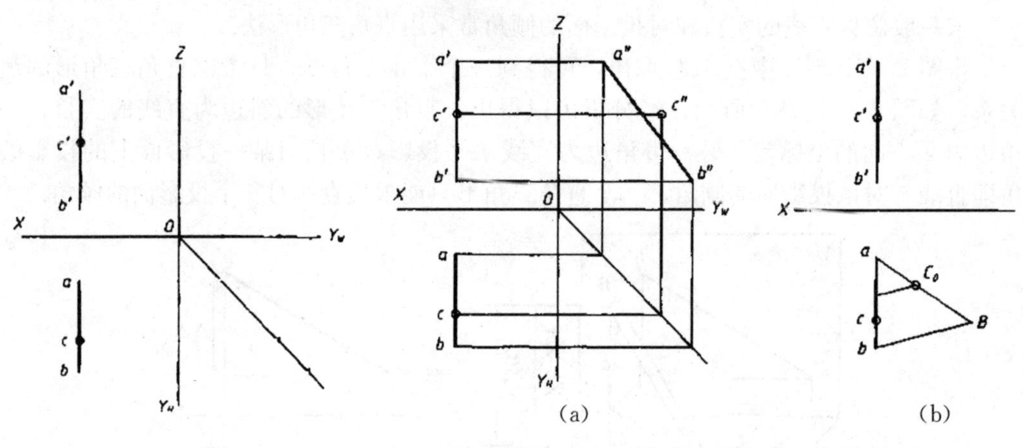

图 2－13

图 2－14　判断点 C 是否属于直线 AB

四、两直线的相对位置

空间两直线的相对位置有平行、相交、交叉三种情况，如图 2－15。

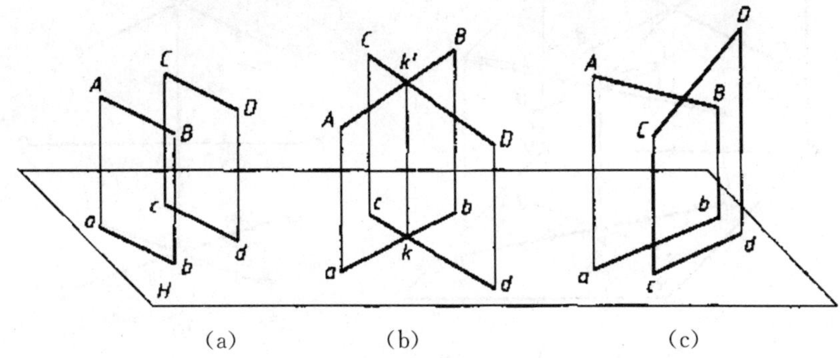

(a)　(b)　(c)

图 2－15　两直线相对位置

1. 平行两直线

空间平行的两直线，其同面投影也一定互相平行。反之，若两直线的三面投影都互相平行，则空间两直线也互相平行。如图 2－16 所示，空间两直线 AB∥CD，则 ab∥cd、a′b′∥c′d′、a″b″∥c″d″。

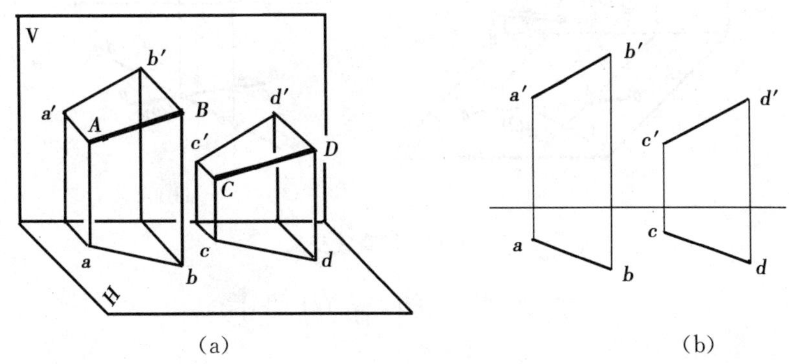

(a)　(b)

图 2－16　两直线平行

2. 相交两直线

如果空间两直线相交，则其同面投影必定相交，且交点符合点的投影规律。反之，如果两直线的同面投影相交，且交点符合点的投影规律，则该两直线在空间也一定相交。如图 2－17 所示，空间两直线 AB 与 CD 相交于 K 点，K 点即为两直线的共有点。因此 k 既在 ab 上，也在 cd 上；即 k 为 ab 与 cd 的交点；同理 k′为 a′b′与 c′d′的交点；k″为 a″b″与 c″d″的交点。由于 k、k′、k″为 K 点的投影，因此 k、k′、k″必定符合点的投影规律。

3. 交叉两直线

如果空间两直线既不平行也不相交，则称为交叉两直线。如图 2－18 所示，由于 AB、CD 不平行，其各组同面投影不会都平行（特殊情况下可能有一两组平行）；又因为 AB、CD 不相交，其各组同面投影交点的连线与相应的投影轴不垂直，即，不符合点的投影规律。反之，如果两直线的投影既不符合平行两直线的投影特性，也不符合相交两直线的投影特性，则该两直线空间为交叉两直线。

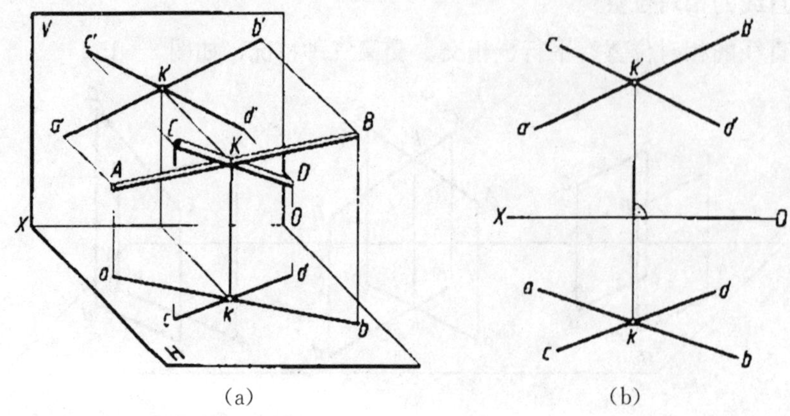

(a)　　　　　　(b)

图 2—17　**两直线相交**

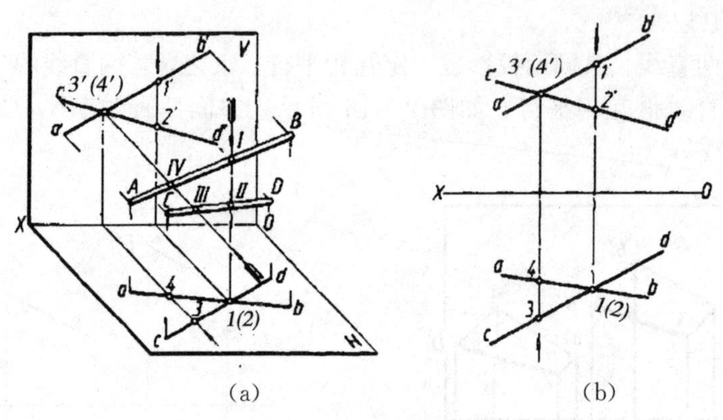

(a)　　　　　　(b)

图 2—18　**两直线交叉**

第四节　平面的投影

一、平面的表示法

由初等几何可知，不属于同一直线的三点确定一平面。因此，可由下列任意一组几何元素的投影表示平面（如图 2—19）：(a) 不在同一直线上的三个点；(b) 一直线和不属于该直线的一点；(c) 平行两直线；(d) 相交两直线；(e) 任意平面图形。

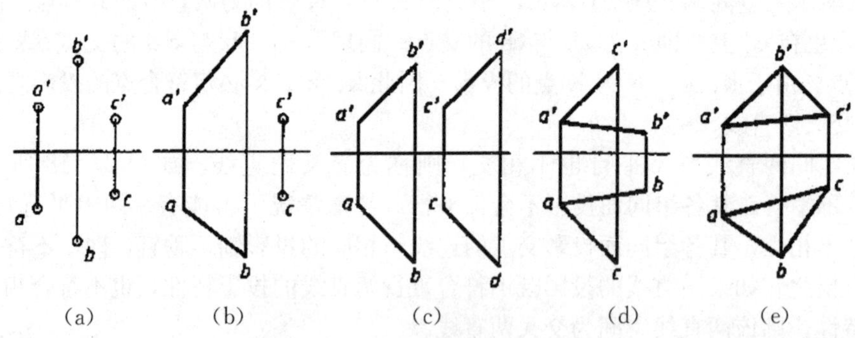

(a)　(b)　(c)　(d)　(e)

图 2—19　**平面的表示法**

二、各种位置平面的投影特性

在三投影面体系中，平面和投影面的相对位置关系与直线和投影面的相对位置关系相同，可以分为三种：投影面平行面、投影面垂直面、投影面倾斜面。前两种为投影面特殊位置平面，后一种为投影面一般位置平面。

1. 投影面平行面

投影面平行面是平行于一个投影面，并必与另外两个投影面垂直的平面。与 H 面平行的平面称为水平面，与 V 面平行的平面称为正平面，与 W 面平行的平面称为侧平面。它们的投影图及投影特性见表 2—3。

表 2—3　投影面平行面的投影特性

名称	正平面	水平面	侧平面
立体图	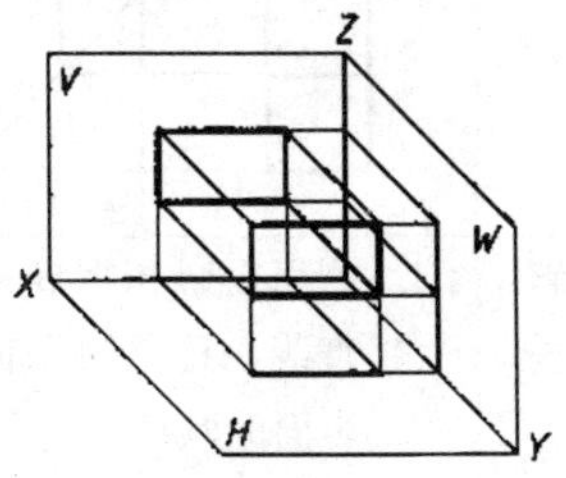	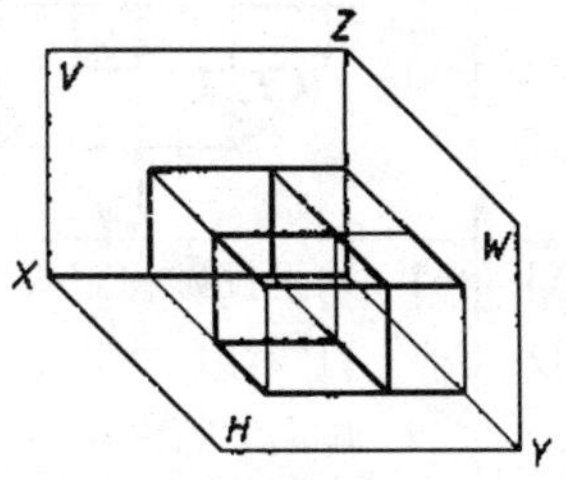	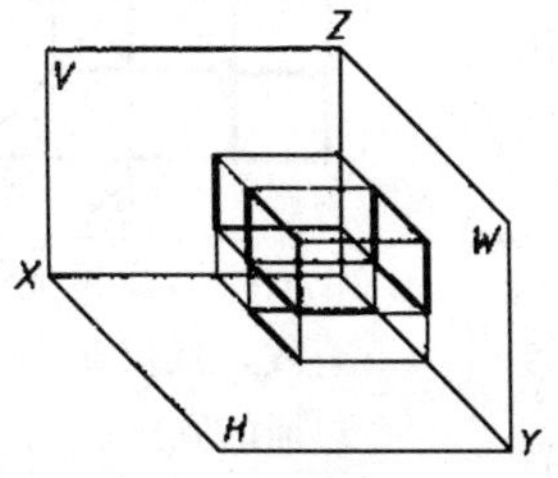
投影图	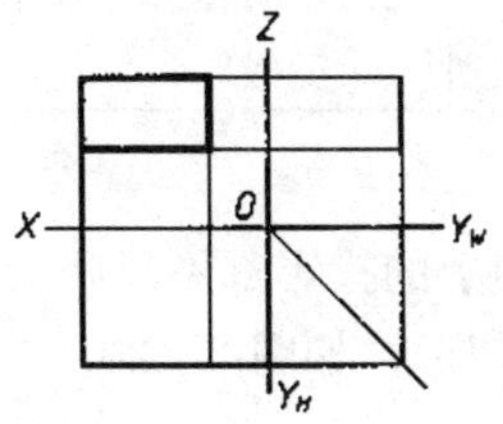	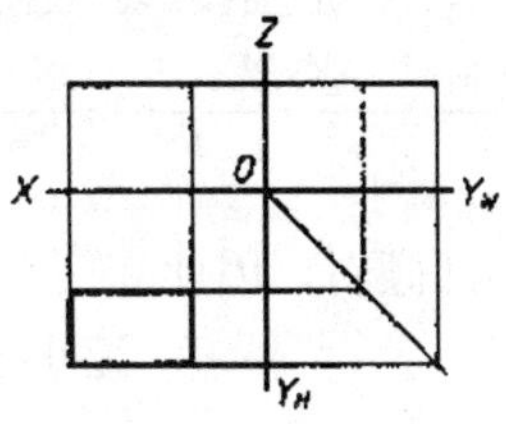	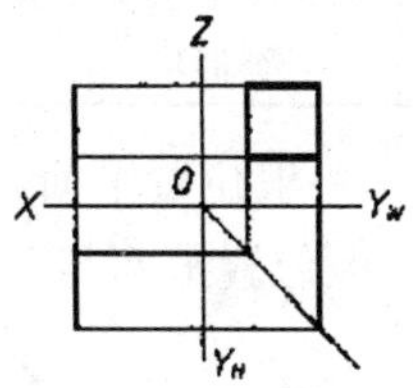
投影特性	1. 正面投影反映实形 2. 水平投影、侧面投影积聚成分别平行于 OX、OZ 轴的直线	1. 水平投影反映实形 2. 正面投影、侧面投影积聚成分别平行于 OX、OY_W 轴的直线	1. 侧面投影反映实形 2. 正面投影、水平投影积聚成分别平行于 OZ、OY_W 轴的直线

2. 投影面垂直面

投影面垂直面是垂直于一个投影面，并与另外两个投影面倾斜的平面。与 H 面垂直的平面称为铅垂面，与 V 面垂直的平面称为正垂面，与 W 面垂直的平面称为侧垂面。它们的投影图及投影特性见表 2—4。

表 2—4　投影面垂直面的投影特性

名称	正垂面	铅垂面	侧垂面
立体图			
投影图			
投影特性	1. 正面投影积聚成一倾斜直线，且反映平面对投影面的倾角 α、γ 2. 水平投影、侧面投影为类似形	1. 水平投影积聚成一倾斜直线，且反映平面对投影面的倾角 β、γ 2. 正面投影、侧面投影为类似形	1. 侧面投影积聚成一倾斜直线，且反映平面对投影面的倾角 α、β 2. 正面投影、水平投影为类似形

3. 一般位置平面

一般位置平面与三个投影面都倾斜，因此在三个投影面上的投影都不反映实形，而是缩小了的类似形，如图 2—20。

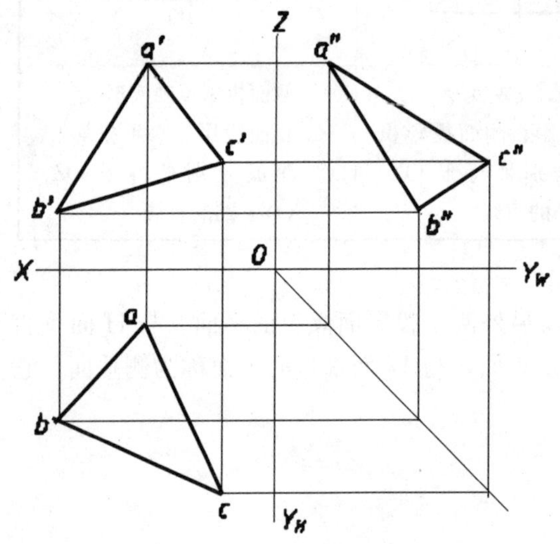

图 2—20　一般位置平面的投影

三、平面上点和直线的投影

1. 平面上的点

点在平面上的几何条件为：若点在平面内的任一已知直线上，则点必在该平面上。

如图 2—21（a）所示，平面 P 由相交两直线 AB 和 AC 所确定，若 D、E 两点分别在 AB、AC 两直线上，则 D、E 两点必定在平面 P 上。

2. 平面上的直线

如图 2—21 所示，直线在平面上的几何条件为：若一直线经过平面上的两个已知点，或经过一个已知点且平行于该平面上的另一已知直线，则此直线必定在该平面上。

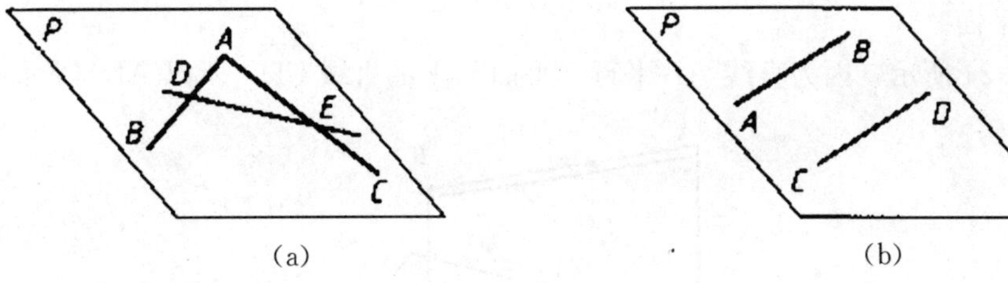

(a)　　　　(b)

图 2—21　平面上的点和直线

例 2—3　如图 2—22 所示，判断点 D 是否在平面 ABC 上？

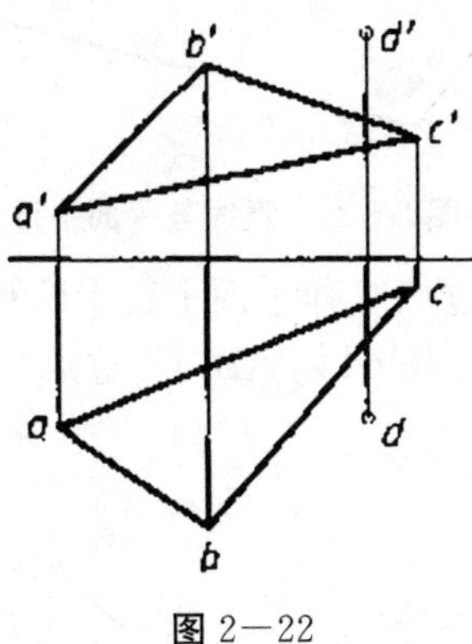

图 2—22

解

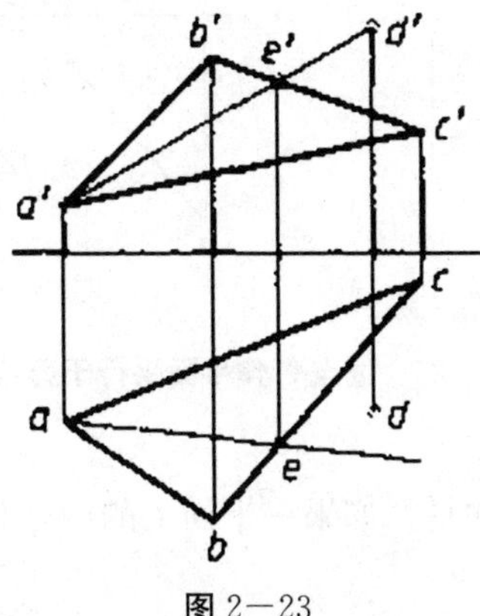

图 2—23

如图 2—23 所示，由作图可知，点 D 不在平面 ABC 上。

第五节　直线与平面和平面与平面的相对位置

直线与平面、平面与平面的相对位置有平行、相交两种情况。本节简单讨论这两种情况的投影特性和作图方法。

一、平行关系

1. 直线与平面平行

直线与平面平行的判定条件是：如果平面外的直线平行于某平面内的一直线，则该直线平行于该平面。

如图 2－24 所示，因为直线 AB 平行于平面 P 上的直线 CD，所以 AB//平面 P。

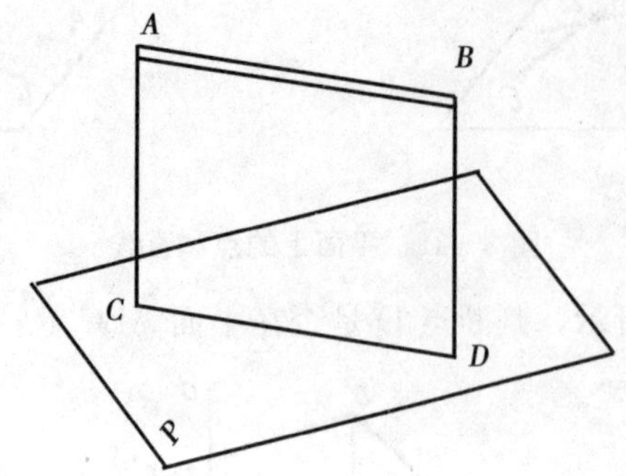

图 2－24 直线与平面平行

例 2－4 如图 2－25（a），过点 C 作平面平行于已知直线 AB。

解：如图 2－25（b），过点 C 作 CD//AB，再过点 C 任作一直线 CE，则 CD，CE 相交两直线决定的平面即为所求。

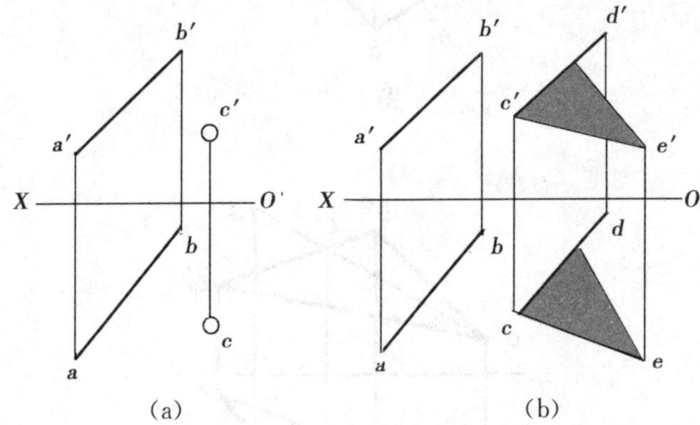

图 2－25 过点 C 作平面平行于直线 AB

2. 平面与平面平行

平面与平面平行的判定条件是：如果一平面上的两条相交直线分别平行于另一平面上的两条相交直线，则此两平面平行。

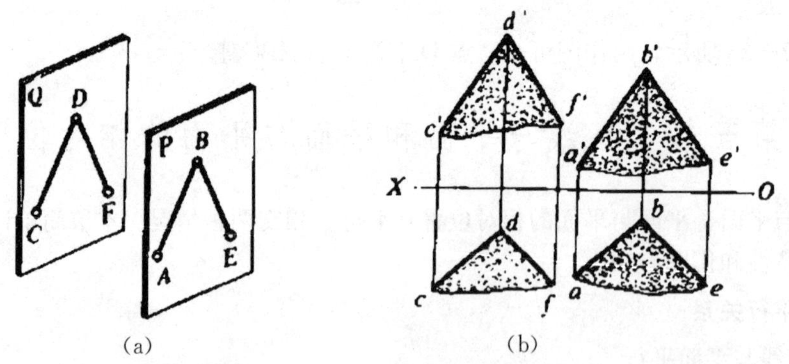

图 2－26 平面与平面平行

如图 2—26 所示，平面 P 上有一对相交直线 AB，BE 与平面 Q 上一对相交直线 CD，DF 对应平行，即 AB//CD，BE//DF，那么平面 P 与平面 Q 平行。

二、相交关系

直线与平面相交于一点，交点是直线和平面的公共点，它既是直线上的点，又是平面上的点。两平面相交于一条直线，交线是两平面的公共线。求两平面的交线，需要求出两相交平面的两个公共点，或求出一个公共点和交线的方向，即可求出交线。可见，求交点和交线的基本问题是求直线与平面的交点。

1. 直线与平面相交

当直线或平面之一垂直于某投影面时，直线或平面在该投影面上的投影有积聚性，则交点在该投影面上的投影可直接确定，交点的其他投影可用在直线或平面上取点的方法求出。

例 2—5 如图 2—27 求铅垂线 AB 与平面 CDE 的交点。

分析 如图，平面 CDE 与铅垂线 AB 相交于 K 点，根据直线的积聚性即可确定其交点的水平投影 k，再利用 CDE 上取点的方法，在 a′b′上作出正面投影 k′。

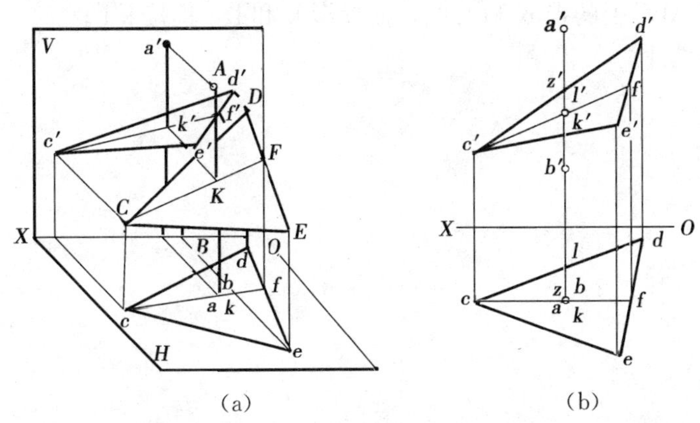

(a) (b)

图 2—27 铅垂线与平面的交点求法

作图：(1) 在 ab 上标出点 k；

(2) 在平面 CDE 上过点 K 任作一辅助直线，例如 CK，连接 ck 并延长与 ed 交于点 f，再作 CF 的正面投影 c′f′；

(3) c′f′与 a′b′的交点 k′，即为所求交点 K 的正面投影；

(4) 判别可见性：在正面投影中，按重影点判别方法如图所示，2′k′为可见，画出实线，另一段为不可见，画出虚线。

2. 两平面相交

求两平面交线的问题，可以转化成求两平面的两个公共点的问题。在两平面之一有积聚性的情况下，可以在没有积聚性的那个平面上取两条直线，分别求这两条直线与有积聚性的那个平面的交点，则这两个交点的连线就是两平面的交线。

例 2—6 求平面 ABC 与铅垂面 DEFG 的交线，如图 2—28。

分析 因为铅垂面 DEFG 的水平投影 defg 有积聚性，按交线的性质，铅垂面与平面 ABC 的交线的水平投影必在 defg 上，同时又应在平面 ABC 的水平投影上，因而可确定交线 KL 的水平投影 kl，进而求得 k′l′。

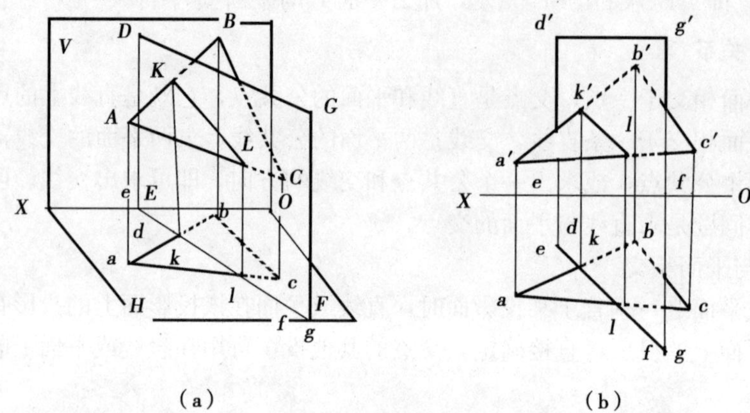

图 2－28　平面与铅垂面的交线求法

(1) 如图 b，在水平投影中，确定 defg 与 ab 和 ac 的交点 k 和 l；

(2) 作平面 ABC 上的点 K 和 L 的正面投影 k′和 l′，连接 k′l′；

(3) 判别可见性。

第三章　立体的投影

任何复杂的零件都可以视为由若干基本几何体经过叠加、切割 等方式而形成。按照基本几何体构成面的性质可将其分为两大类：①平面立体。这是由若干个平面所围成的几何形体，如棱柱体、棱锥体等，如图 3－1。②曲面立体。这是由曲面或曲面和平面所围成的几何形体，如圆柱体、圆锥体、圆球体等，如图 3－2。在研究了点、直线及平面的基础上，本章将研究基本立体的投影。

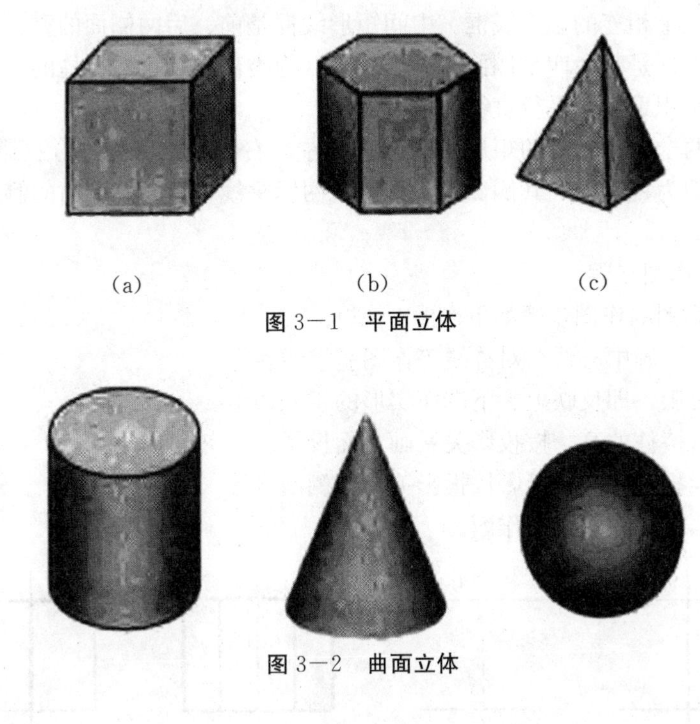

(a)　(b)　(c)

图 3－1　平面立体

图 3－2　曲面立体

第一节　平面立体

表面都是由平面围成的立体，称为平面立体。平面立体上相邻两面的交线称为棱线。平面立体主要有棱柱和棱锥两种。

由于平面立体的各表面都是平面图形，而平面图形是由直线段围成的，直线段又由其两端点所确定。因此，绘制平面立体的投影，实际上是画出各平面间的交线和各顶点的投影。

一、棱柱

棱柱分直棱柱（侧棱与底面垂直）和斜棱柱（侧棱与底面倾斜）。棱柱上、下端面是两个形状相同且互相平等的多边形，各侧面都是矩形或平行四边形。上、下端面是正多边形的直棱柱，称为正棱柱。

图 3－1 所示为正六棱柱，其上、下端面为全等且平行的正六边形，六个侧面为全等的矩形，六条侧棱互相平行且与端面垂直。

（一）棱柱的投影

1．投影分析

为作图方便，将正六棱柱的上、下端面平行于 H 面放置，并使其前后两个侧面平行于 V 面，则可得到图 3－3b 所示的正六棱柱的三面投影图。

正六棱柱的水平投影是正六边形，它是上、下端面的重合投影，反映实形。正六边形的六条边和六个顶点分别是六个侧面和六条棱线在水平面上的积聚性投影。

正面投影是三个相连的矩形线框。中间矩形线框是前、后两侧面的重合投影，反映实形；左、右两矩形框是其余四个侧面的重合投影，为类似形；正六棱柱的上、下端面为水平面，其正面投影积聚为两平行直线。

侧面投影是两个大小相等的矩形线框，它是左、右四个侧面的重合投影，为类似形。由于前、后两侧面为正平面，其侧面投影积聚成两铅垂线，上、下端面的侧面投影积聚成两平行直线。

2．投影图的作图步骤

正六棱柱投影图的作图步骤如下（图 3－3）：

（1）布置图面，画中心线、对称线等作图基准线。

（2）画水平投影，即反映上、下端面实形的正六边形。

（3）根据正六棱柱的高，按投影关系画正面投影。

（4）根据正面投影和水平投影按投影关系画侧面投影。

（5）检查并描深图线，完成作图。

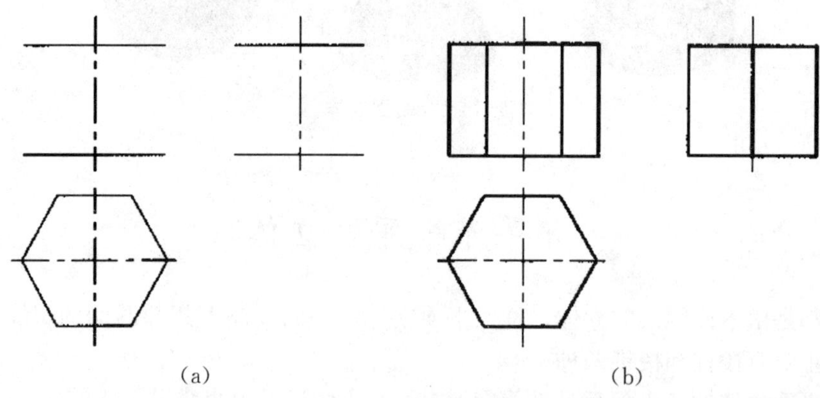

图 3－3　六棱柱的投影

（二）棱柱表面上点的投影

在棱柱表面上取点，其作图原理和方法与在平面上取点相同。但在平面立体表面上取点，必须首先确定该点位于立体哪一个表面上，然后进行作图。

由于直棱柱的表面都处在特殊位置，因此求直棱柱表面上点的投影可利用平面投影的积聚性来作图。

判断棱柱表面上点的可见性的原则是：凡位于可见表面上的点，其投影为可见，反之为不可见。在平面积聚性投影上的点的投影，可以不判断其可见性。

例 3—1　如图 3—4 所示，已知正六棱柱表面上 A 点的正面投影 a′和 B 点的水平投影 b，求其余两面投影。

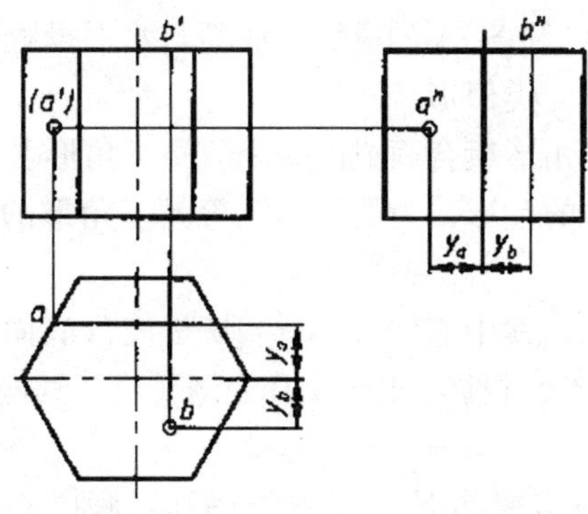

图 3—4　六棱柱表面上的点

解

(1) 由于 a′为不可见并根据 a′的位置，故可判定点 a 在左、后侧面上。

(2) 因侧面为铅垂面，其水平投影积聚成一直线，所以点 A 的水平投影 a 必在侧面的积聚性投影上。

(3) 根据 a′和 a 即可求得 a″。

(4) 判断可见性：由于 a 点所在的平面的侧面投影为可见，所以 a″可见。

读者可自行求作 B 点的其余两面投影。

二、棱锥

棱锥的底面为多边形，各侧面为若干具有公共顶点的三角形。当棱锥的底面是正多边形，各侧面是全等的等腰三角形时，称为正棱锥。

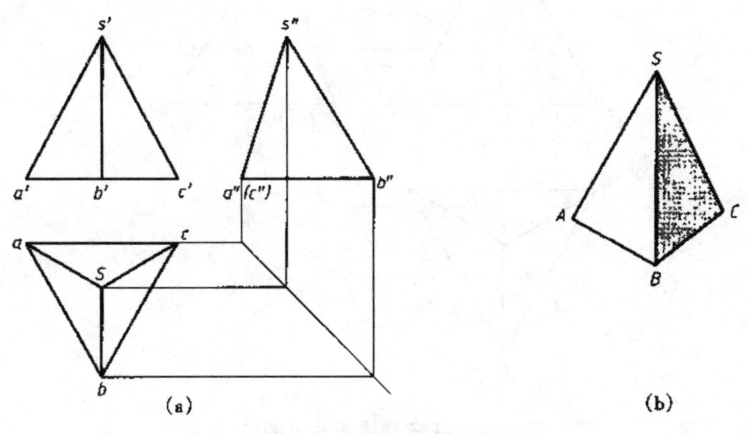

图 3—5　正三棱锥的投影

如图 3－5（b）所示的棱锥为正三棱锥。该三棱锥的底面为等边三角形，三个侧面为全等的等腰三角形。

（一）棱锥的投影

1. 投影分析

将正三棱锥的底面平行于 H 面放置，并使其一侧面垂直 W 面，则可得图 3－5a 所示的三棱锥的三面投影图。

正三棱锥的水平投影是三个等腰三角形组合而成的一个等边三角形，它是棱锥底面 ABC 与三个侧面 SAB、SBC 和 SCA 的重影。底面与水平投影面平行，其水平投影反映实形，三个侧面的水平投影均为类似形。

正面投影是两个直角三角形组合而成的一个等腰三角形，它是棱锥左、右两个前侧面 SAB 和 SBC 与后侧面 SAC 的重影，为类似形。等腰三角形的底边为棱锥底面 ABC 的积聚性投影。

侧面投影是一个三角形，其中直线 a″（c″）b″是棱锥底面 ABC 的积聚性投影，直线 s″a″（c″）是侧面 SAC 的积聚性投影，侧棱 SB 为侧平线，其侧面投影 s″b″反映实长。

2. 投影图的作图步骤

正三棱锥投影图的作图步骤如下：① 布置图面，画中心线、对称线等作图基准线。②画水平投影。③根据三棱锥的高，按投影关系画正面投影。④根据正面投影和水平投影按投影关系画侧面投影。⑤ 检查描深图线，完成作图（图 3－5a）。

（二）棱锥表面上点的投影

在棱锥表面上取点时，首先分析点所在平面的空间位置。特殊位置表面上的点，可利用平面投影的积聚性直接作图，一般位置表面上的点，则可用辅助线法求点的投影。判断棱锥表面上点的可见性的原则与棱柱相同。

例 3－2　如图 3－6 所示，已知正三棱锥表面上点 M、点 N 的正面投影 m′、n′，求其余两面投影。

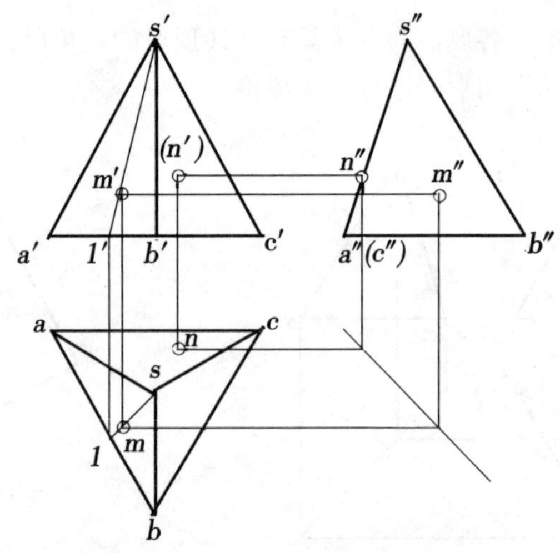

图 3－6　正三棱锥表面上的点

解　根据 m′的位置及可见性，可判定 M 点位于棱锥的 SAB 侧面内，由于 SAB 是一般位置平面，因此需用辅助线法求 M 点的其余投影。SAB 的三个投影均可见，故 M 点的三个投影都可见。过锥顶 S 和 M 点作辅助线法（图 3－6）。

连接 s′m′与底边 a′b′相交于 1′，求出 I 点的水平投影 1，连 s1，则 m 必然在 s1 上，再根据 m′和 m 求出 m″。

本题也可以过 M 点作与底边 AB 平行的辅助线求解。点 N 则直接利用投影的积聚性求解，读者可以自行求作。

第二节　回 转 体

表面由曲面或曲面和平面围成的立体，称为曲面立体。若曲面立体的曲面是回转曲面则称为回转体。常见的回转体有圆柱、圆锥、圆球等。

一、圆柱

（一）圆柱的形成

如图 3－7（a）所示，圆柱是由圆柱面和上、下底面所组成。

圆柱面是由一直母线 AA′绕着与它平行的轴线 OO′回转而形成的曲面，圆柱面上任一位置的母线称为素线，母线上任意一点的回转轨迹都是垂直于轴线的圆。

（二）圆柱的投影

1. 投影分析

将圆柱的轴线垂直于 H 面放置（图 3－7a），则得到圆柱的三面投影图（图 3－7b）。

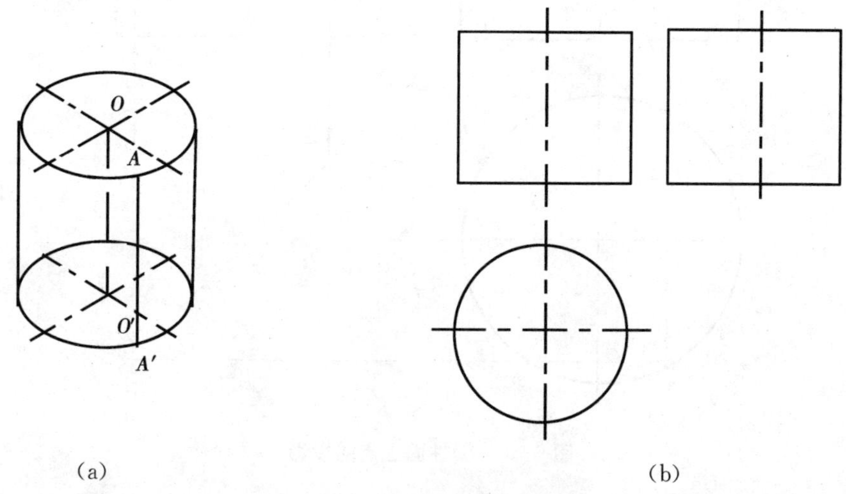

（a）　　　　（b）

图 3－7　圆柱的形成与投影

圆柱的水平投影是一个圆，它是上、下端面的重合投影，并且反映实形。而圆周又是圆柱面的积聚性投影，圆柱面上任何点或线的投影都积聚在该圆周上。

圆柱的正面投影是一个矩形线框，其上、下两边是圆柱上、下端面的积聚性投影。

圆柱的侧面投影也是一个矩形线框，其上、下两边仍是圆柱上、下端面的积聚性投影。

2. 投影图的作图步骤

如图 3－7（b）所示，画圆柱的三面投影时，首先要画出中心线和轴线；其次画出投影为圆的投影；然后按照投影关系画出圆柱其余两个投影。应注意，在正面投影上不画出最前和最后两条素线的投影，在侧面投影上不画出最左和最右两条素线的投影。它们的位置分别与圆柱正面投影、侧面投影的轴线重合。

（三）圆柱表面上点的投影

在圆柱表面上取点的方法及可见性的判断与平面立体相同。若圆柱轴线垂直于投影面，则可利用投影的积聚性直接求出点的其余投影。

例 3－3　如图 3－8 所示，已知圆柱表面上 A 点的正面投影 a′及 B 点的侧面投影 b″，求作 A、B 两点的其余投影。

解　由于 A 点的正面投影 a′为可见，同时在圆柱轴线的左边，可判定 A 点位于左、前部分圆柱面上。故 A 点的水平投影 a 位于圆柱面的积聚性的水平投影圆周上，可由 a′作垂线在圆周上直接求出，再由 a′和 a 按投影关系求出 a″ 圆柱面左半部的侧面投影为可见，因此 A 点的侧面投影 a″可见。B 点的其余投影读者可自己完成。

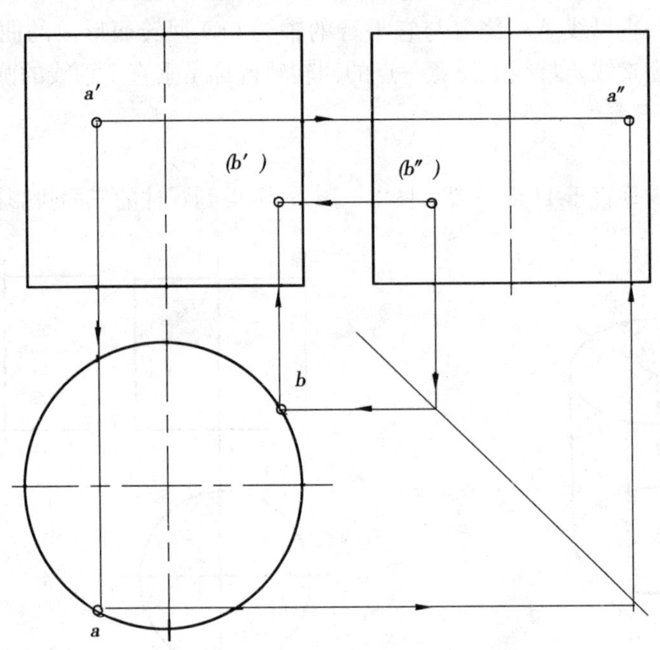

图 3－8　圆柱面上点的投影

二、圆锥

（一）圆锥的形成

如图 3－9（a）所示，圆锥是由圆锥面和与其轴线垂直的底面所组成。圆锥面是由一直母线 SA 绕着与它相交的轴线 OO_1 旋转而形成的曲面。圆锥面上任一位置的母线称为素线。

（二）圆锥的投影

1. 投影分析

将圆锥的轴线垂直于 H 面放置（图 3－9b），则得到圆锥的三面投影图（图 3－9c）。

圆锥的水平投影是一个圆，它表示圆锥面的投影，而且是可见的，同时也是圆锥底面的投影且反映底面的实形。

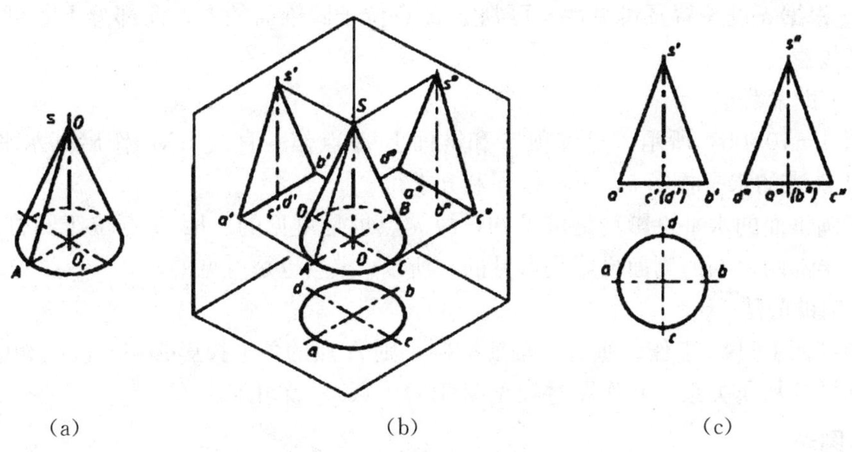

图 3－9　圆锥的形成与投影

圆锥的正面投影是一个等腰三角形，底边是圆锥底面的积聚性投影，其两腰 $s'a'$和 $s'b'$是圆锥面上左、右轮廓素线 SA 和 SB 的投影，左、右两条轮廓素线 SA 和 SB 是圆锥面前半部（可见部分）与后半部（不可见部分）的分界线。

圆锥的侧面投影也是一个等腰三角形，其底边仍是圆锥底面的积聚性投影，两腰 $s''c''$和 $s''d''$是圆锥面上前、后两条轮廓素线 SC 和 SD 的投影。前、后两条轮廓素线 SC 和 SD 是圆锥面左半部（可见部分）与右半部（不可见部分）的分界线。

2. 投影图的作图步骤

圆锥投影图的作图步骤和圆柱投影图的作图步骤相同。

（三）圆锥表面上点的投影

由于圆锥面的各个投影都没有积聚性，因此要在圆锥表面上取点，必须用辅助线法作图（图 3－10a）。

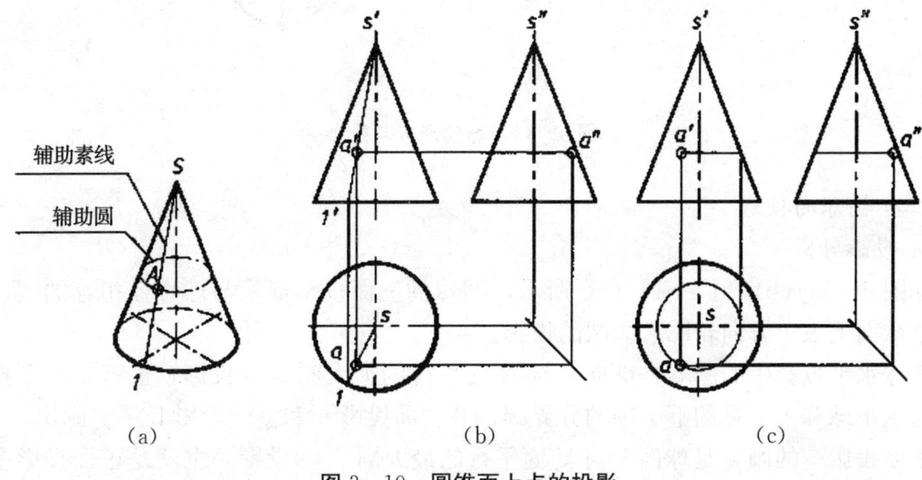

图 3－10　圆锥面上点的投影

如果点所在的表面，其投影可见，则点的相应投影也可见，反之不可见。

例 3－4 如图 3－10 所示，已知圆锥面上 A 点正面投影 a′，求作其余两面投影 a 和 a″。

解 根据 a′的位置及可见性，可判定 A 点位于圆锥面的左、前部分上，可利用辅助线法求其投影。

(1) 辅助素线法

如图 3－10 (b) 所示，过锥顶 S 和锥面上 A 点作一直线 SA，作出其水平投影 sa，就可求出 A 点的水平投影 a，再根据 a′和 a 求得 a″。

由于圆锥面的水平投影均是可见的，故 a 点也是可见的。因 A 点位于圆锥面左半部上，而左半部圆锥面的侧面投影是可见的，所以，a″点也是可见的。

(2) 辅助圆法

在圆锥面上过 A 点作一垂直于轴线的圆，则 A 点的各个投影必在此圆的相应投影上，利用点和圆的从属关系，其作图过程见图 3－10 (c)。就可求出 a、a″。

三、圆球

(一) 圆球的形成

如图 3－11 (a) 所示，圆球由球面组成。圆球面是以一个圆作母线，以其直径为轴线回转而成。母线上任意一点的回转轨迹都是垂直于轴线的圆。

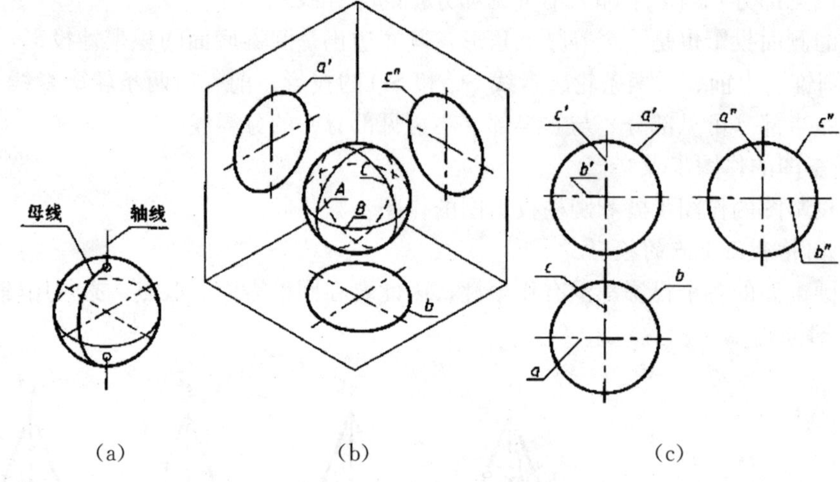

图 3－11 球的形成与投影

(二) 圆球的投影

1. 投影分析

如图 3－11 (b) 和 3－11 (c) 所示，圆球的三面投影都是与球直径相等的圆，它们分别是球面上三个方向轮廓素线圆的投影。

圆球水平投影中的圆 b 是球面上与 H 面平行的最大圆 B 的投影，也就是水平投影中可见的上半球和不可见的下半球的分界圆。其正面投影 b′和侧面投影 b″不必画出。

正面投影中的圆 a′是球面上与 V 面平行的最大圆 A 的投影。也就是正面投影中可见的前半球和不可见的后半球的分界圆。其水平投影 a 和侧面投影 a″不必画出。

侧面投影中的圆 c″是球面上与 W 面平行的最大圆 C 的投影，也就是侧面投影中可见的左半球和不可见的右半球的分界圆。其正面投影 c′和水平投影 c 不必画出。

2. 投影图的作图步骤

首先画中心线，再画出三个与圆球直径相等的圆，如图 3—11（c）所示。

（三）圆球表面上点的投影

由于圆球的三面投影都没有积聚性，且球表面上不能作出直线，所以在球面上取点时就采用平行于投影面的圆作为辅助圆的方法求解。

球面上点的可见性判断，与圆锥相同。

例 3—5　如图 3—12 所示，已知球面上 A 点的正面投影 a′，求作其水平投影 a 和侧面投影 a″

解　根据 a′的位置和可见性，可判定 A 点在前半球面的左上部。过 A 点在球面上作平行 H 面或 W 面的辅助圆，即可在此辅助圆的各个投影上求出 A 点的相应投影。

作图（如图 3—12 所示）：

(1) 在 V 面上过 A′作水平辅助圆的积聚性投影。

(2) 在 H 面上作辅助圆的水平投影。

(3) 由 a′作 X 轴垂线，在辅助圆的 H 面投影上求得 a，再由 a′和 a 即可求得 a″。

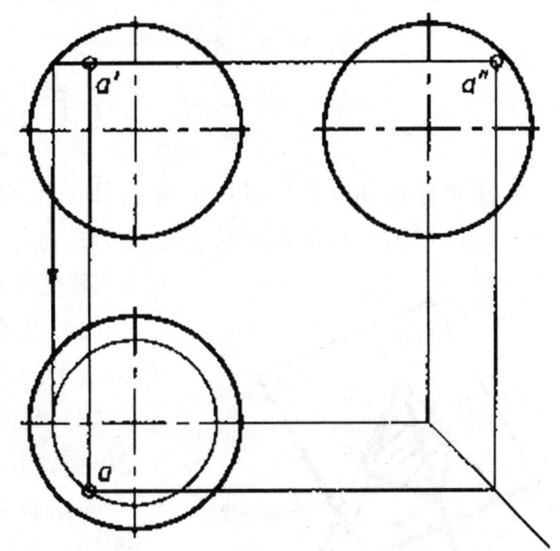

图 3—12　球面上点的投影

(4) 判断可见性。由 A 点位于球面左、上、前部，因此其水平投影 a 可见，侧面投影 a″可见。

本题也可在球面上作平行于 W 面的辅助圆，先求 a″，再由 a′和 a″求出 a。

四、圆环

圆环由环面围成，其三面投影中，两个投影为长圆形（内环面用虚线表示），一个投影为同心圆。圆环的三面投影如图 3—13 所示。

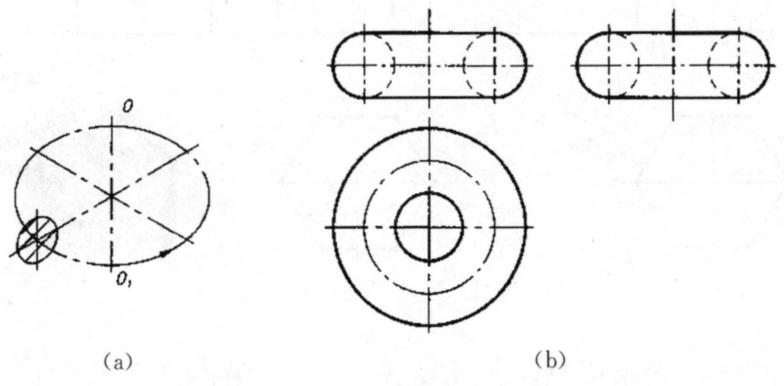

图 3—13　圆环的形成与投影

第四章　平面与立体和立体与立体相交

第一节　平面与立体表面的交线

用平面截切立体，其中截断立体的平面称为截平面；立体被截断后的部分称为截断体；立体被截切后的断面称为截断面；截平面与立体表面的交线称为截交线（图4－1）。

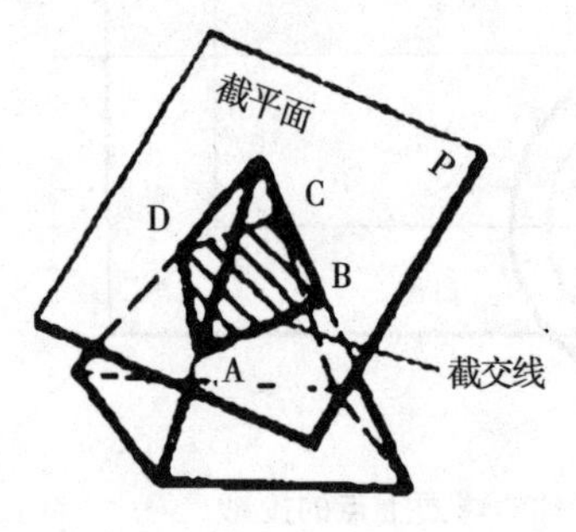

图4－1　立体的截交线

截交线基本性质：

（1）共有性。截交线是截平面与立体表面的共有线，截交线上的点也都是它们的共有点。

（2）封闭性。由于立体表面是有范围的，所以截交线一般是封闭的平面图形。

根据截交线性质，求截交线，就是求出截平面与立体表面的一系列共有点，然后依次连接即可。求截交线的方法，既可利用投影的积聚性直接作图，也可通过作辅助线的方法求出。

一、平面与平面立体相交

1．棱柱的截交线

求棱柱截交线，就是求出截平面与棱柱表面的一系列共有点，然后依次连接即可。

例4－1　如图4－2（a）所示，求作斜截正六棱柱的截交线，并完成其三面投影图。

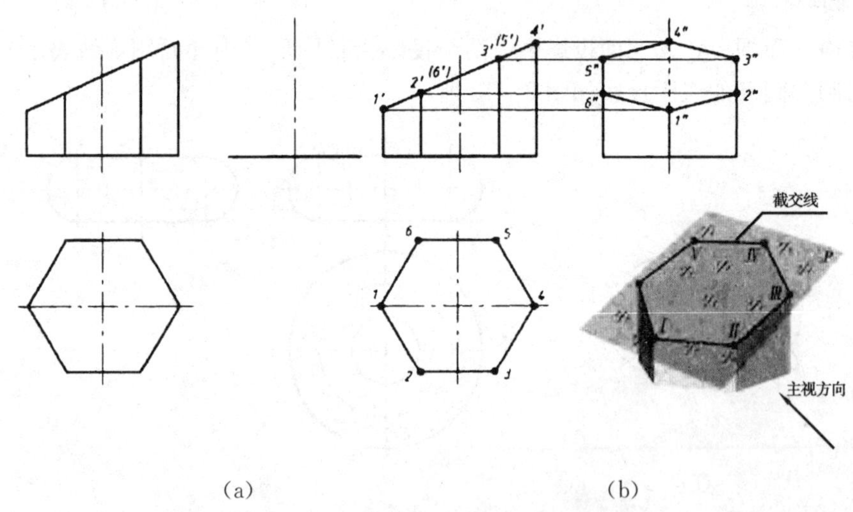

图4－2　斜截六棱柱的三面投影图

解　分析已知投影图可知，截平面为一正垂面，截交线是一个六边形，六边形上的六个顶点是六条侧棱与截平面的交点。截交线的正面投影积聚成直线且与截平面的正面投影重合；截交线的水平投影是正六边形且与棱柱的水平投影重合；截交线的侧面投影为与其类似的六边形。根据截交线的正面投影 1′、2′、3′、4′、(5′)、(6′) 及水平投影 1、2、3、4、5、6，即可求得其侧面投影 1″、2″、3″、4″、5″、6″，依次连接各点即得截交线的侧面投影。

因为棱柱的左、上部被切去，所以，截交线的侧面投影可见。4 点所在的侧棱侧面投影不可见，故画成虚线，其中下面一段虚线与可见的 1 点所在的侧棱侧面投影重合。

2. 棱锥的截交线

棱锥的截交线，同棱柱一样也是平面多边形。当特殊位置平面与棱锥相交时，由于棱锥的三个投影都没有积聚性，此时截交线与截平面有积聚性的投影重合，可直接得出，其余两个投影则需先在棱锥表面上定点，然后用作辅助线的方法求出。

例 4－2　如图 4－3（a）所示，求作正三棱锥的截交线。

解 正三棱锥被正垂面斜切，其截交线是一个三角形。三角形各顶点为三条棱线与截平面的交点，其正面投影与截平面的正面投影重合，只需求作截交线的水平投影和侧面投影。具体作图步骤如下：

（1）Ⅰ、Ⅱ、Ⅲ点位于棱线 SA、SB 和 SC 上，其水平投影 1、2、3 可由其正面投影作投影连线求出，根据 1′、1，2′、2 及 3′、3 求出 1″、2″、3″。

（2）依次连接 1、2、3 和 1″、2″、3″点即可得截交线的水平投影和侧面投影。由于棱锥被切去的是左、上部分，故其截交线的水平投影和侧面投影均可见（图 4－3b）。

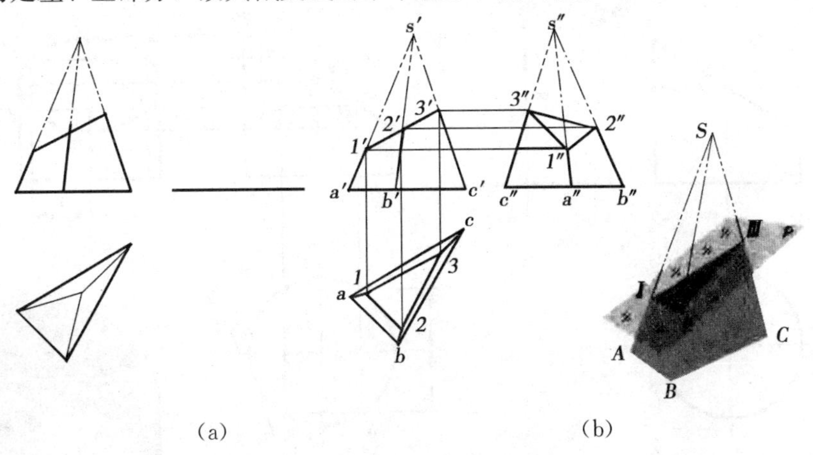

(a)　　(b)

图 4－3　三棱锥的三面投影图

二、平面与回转体表面相交

平面与回转体相交时，截交线是截平面与回转体表面的共有线。因此，求截交线的过程可归结为求出截平面和回转体表面的若干共有点，然后依次光滑地连接成平面曲线。为了确切地表示截交线，必须求出其上的某些特殊点，如回转体转向轮廓线上的点以及截交线的最高点、最低点、最左点、最右点、最前点和最后点等。

1. 圆柱的截交线

圆柱被平面截切后产生的截交线，因截平面与圆柱轴线的相对位置不同有三种情况，即平行于轴线的两平行直线、圆和椭圆，见表 4—1。

表 4—1 平面与圆柱面的交线

截平面位置	垂直于轴线	平行于轴线	倾斜于轴线
立体图			
三面投影图		b b	
截交线形状	圆	矩形	椭圆

例 4—3 如图 4—4 所示，求作正垂面斜截圆柱的截交线。

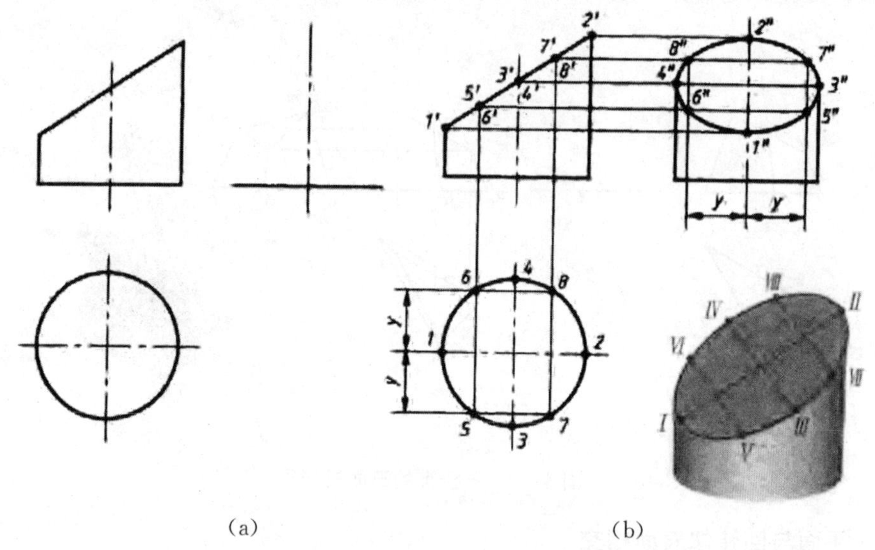

(a) (b)

图 4—4 斜截圆柱的三面投影图

解 因圆柱被正垂面斜切，故截交线是椭圆。椭圆的正面投影与截平面的正面投影重合，为一直线；椭圆的水平投影与圆柱面的水平投影相重合，是一个圆；椭圆的侧面投影为类似形，仍是椭圆。可根据正面投影和水平投影求出侧面投影。

作图：

(1) 求特殊位置点。特殊位置点是指位于回转体转向轮廓素线上的点和极限点（截交线上的最前、最后、最上、最下、最左、最右点)，这些点有时是互相重合的，它们对于确定截交线的范围、判断可见性及作图的准确性都是十分重要的，应当首先求出。

截交线上的Ⅰ、Ⅱ点既是最高、最低点，也是最右、最左点，Ⅲ、Ⅳ点分别是最前点和最后点。根据正面投影 1′、2′、3′、(4′) 和水平投影 1、2、3、4 可求出侧面投影 1″、2″、3″、4″。

(2) 求一般位置点。为作图准确方便，可在截交线上的对应位置求取等距离的一般点。如图中的Ⅴ、Ⅵ、Ⅶ、Ⅷ四点。先在正面投影上定出 5′、6′、7′、8′，然后按立体表面取点的方法求其水平投影 5、6、7、8 求其侧面投影 5″、6″、7″、8″。一般位置点的多少可根据作图准确程度的要求而定。

(3) 判断可见性并光滑连接各点。由于圆柱被切去的是左、上部分，所以其截交线的侧面投影为可见。

例 4-4　如图 4-5 所示，画出开槽圆柱的三面投影。

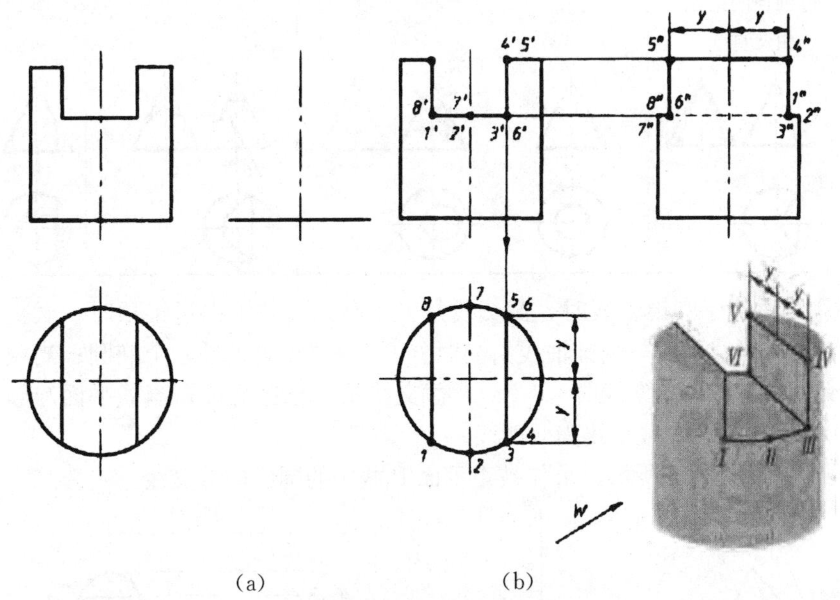

(a)　　　　　(b)

图 4-5　开槽圆柱的三面投影

解　圆柱的开槽部分是由两个平行于轴线的侧平面和一个垂直于轴线的水平面截切而成的。侧平面与圆柱的截交线是直线，分别是矩形截断面的前、后两边，水平面与圆柱面的截交线分别是槽底平面的前后两段圆弧。

因为矩形截断面是侧平面，其正面投影有积聚性。截交线(直线)水平投影积聚为圆周上的两个点。与该断面对称的另一矩形截断面的投影与此相同，二者的侧面投影重影，而且反映实形。

由于槽的底面是一个水平面，其正面投影有积聚性。所以截交线(圆弧)的正面投影与其重合，截交线的水平投影与圆柱面的水平投影重合。

作图：(1) 先画出完整圆柱的三面投影。

(2) 根据槽宽、槽深依次画出槽的正面投影和水平投影。

(3) 根据槽的正面投影和水平投影求出其侧面投影。

2. 圆锥的截交线

圆锥被平面截切后产生的截交线，因截平面与圆锥轴线的相对位置不同而有五种不同的形状，见表 4—2。

表 4—2　平面与圆锥面的交线

截平面位置	过锥顶	不过锥顶			
		垂直于轴线	倾斜于轴线		平行于轴线
			θ>α	θ=α	
立体图					
截交线形状	过锥顶的两条相交直线	圆	椭圆	抛物线	双曲线
三面投影图					

当截平面垂直于圆锥轴线时，截交线是一个圆；当截平面过锥顶时，截交线是过顶点的两条直线；当截平面与圆锥轴线斜交时（θ>a），截交线是一个椭圆；当截平面与圆锥轴线斜交，且平行一条素线时（θ=a），截交线是一条抛物线；当截平面与圆锥轴线平行（θ=0°）或 θ<a 时，截交线为双曲线。

例 4—5　如图 4—6 所示，求作被正垂面 P 截切的圆锥的截交线。

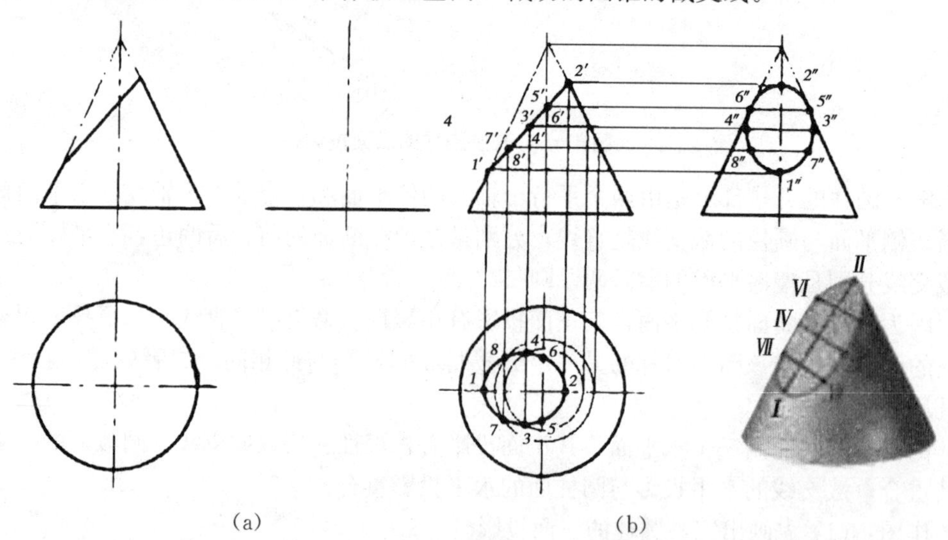

图 4—6　正垂面截切圆锥的三面投影

解　截平面 P 与圆锥轴线斜交，截交线为椭圆。其正面投影积聚为直线段，水平投影和侧面投影仍为椭圆。

作图：

(1) 求特殊位置点。截交线上最左、最右两点Ⅰ、Ⅱ，截交线上最前、最后两点Ⅲ、Ⅳ点。

(2) 求一般位置点。截交线上的Ⅴ、Ⅵ、Ⅶ、Ⅷ点。

(3) 判断可见性并光滑连接各点。依次连接Ⅰ、Ⅱ、Ⅲ、Ⅳ、Ⅴ、Ⅵ、Ⅶ、Ⅷ，即为截交线的投影。

例 4－6　如图 4－7 所示，圆锥被正垂面和水平面截切，已知其正面投影，求作水平投影和侧面投影。

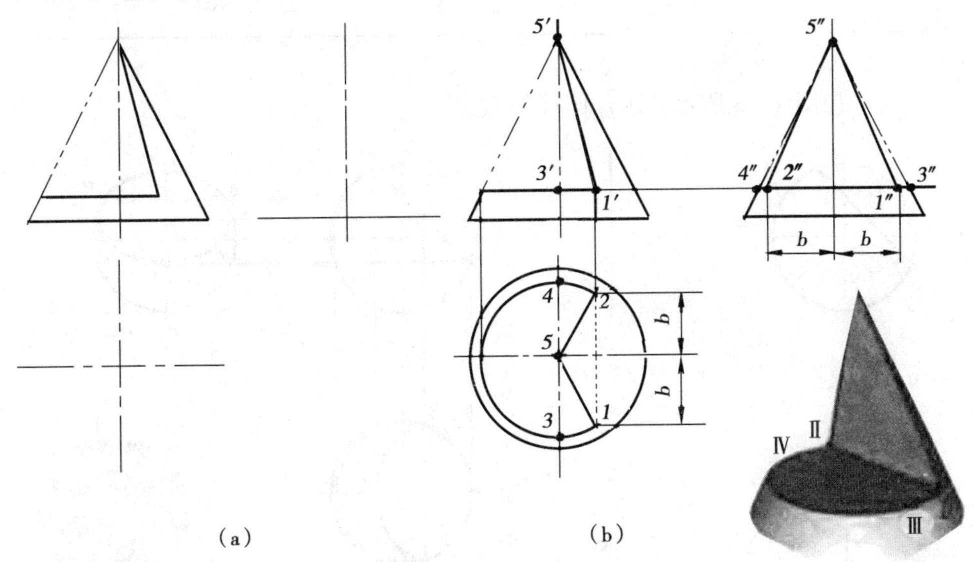

图 4－7　切口圆锥的三面投影图

解　截切面一个为正垂面，过锥顶；一个为水平面，垂直于圆锥的轴线。其截交线为等腰三角形和一段圆弧。两平面相交于一直线，为正垂线。作图如图 4－7 (b)。

3. 圆球的截交线

截平面与圆球相交，不论截平面与圆球的相对位置如何，其截交线在空间都是一个圆。

当截平面平行于投影面时，截交线在该投影面上的投影为圆的实形；当截平面垂直于投影面时，截交线在该投影面上的投影积聚为直线；当截平面倾斜于投影面时，截交线在该面上的投影为椭圆。

表 4－3　平面与球面的交线

截平面位置	平行于投影面		垂直于投影面
	水平面	正平面	正垂面
立体图			

（续表）

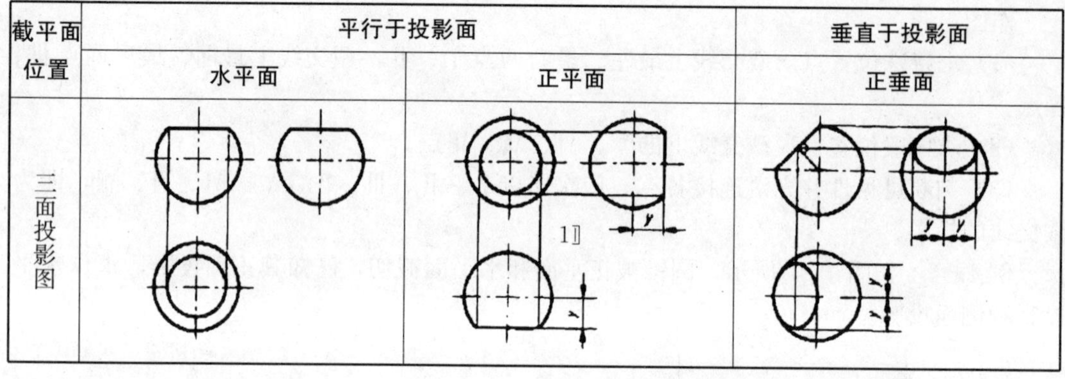

截平面位置	平行于投影面		垂直于投影面
	水平面	正平面	正垂面
三面投影图			

例 4—7　如图 4—8 所示，求作圆球的截交线。

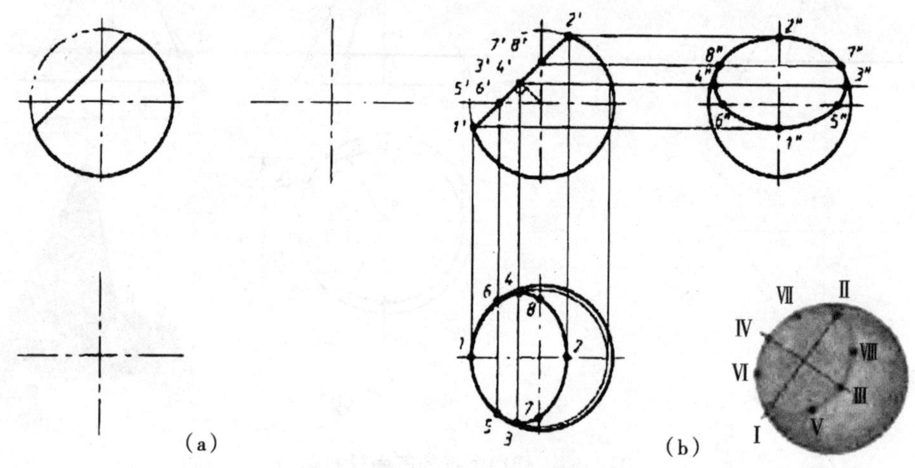

图 4—8　正垂面截切球的三面投影图

解　圆球被正垂面截切，其截交线是圆。圆的正面投影与截平面重合为直线，由于截平面倾斜于水平投影面和侧立投影面，所以截交线在这两个投影面上的投影都是椭圆。

作图：

(1) 求特殊位置点。点Ⅰ、Ⅱ、Ⅴ、Ⅵ、Ⅶ、Ⅷ分别是圆球三个方向轮廓素线圆上的点。其中点Ⅰ、Ⅱ是最低、最高点，同时也是最左、最右点。根据点Ⅰ、Ⅱ、Ⅴ、Ⅵ、Ⅶ、Ⅷ的正面的投影 1′、2′、5′、6′、7′、8′可求出相应的水平投影 1、2、5、6、7、8，侧面投影 1″、2″、5″、6″、7″、8″。椭圆长轴端点Ⅲ、Ⅳ。其正面投影 3′、4′积聚成一点，位于直线 1′、2′的中点。可通过 3′、4′作水平圆，求其余两面投影 3、4 和 3″、4″。

(2) 求一般位置点。在圆球的正面投影上任取一般点，再通过作水平圆，求其余两面投影。

(3) 判断可见性并光滑连接各点。由于被切去的是圆球的左、上部分，所以截交线的水平投影和侧面投影都可见。依次连接各点的同面投影，即得截交线的投影。

例 4—8　如图 4—9 (a) 所示，已知开有通槽半圆球的正面投影，求其余两面投影。

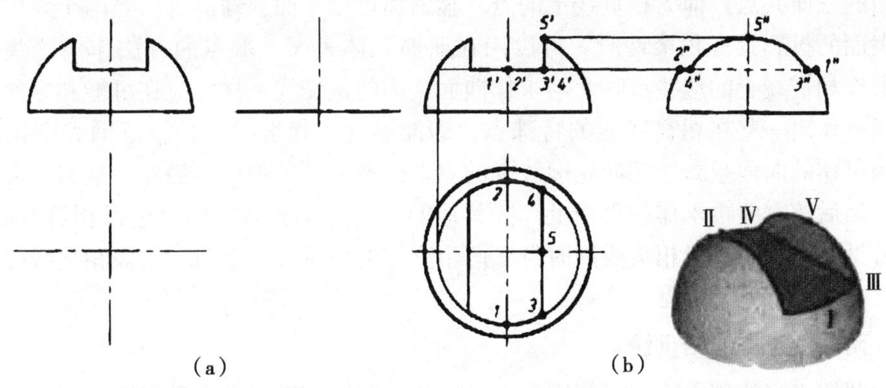

图 4－9　半球切槽的三面投影

解　通槽是由两侧平面和一个水平面截切而成，截交线均为圆弧。其中侧平圆弧在正面、水平面投影上积聚为直线段，侧面投影上反映实形。水平圆弧在正面、侧面投影上积聚为直线段，在水平投影上反映实形。本题的关键是要分析清楚圆弧投影之后的圆心位置与半径大小。作图如图 4－9（b）。

第二节　两回转体的表面相交

在一些机件上，常常会见到两个立体表面的交线，最常见的是两回转体表面的交线。两相交立体的表面交线，称为相贯线。相贯线的形状取决于两相交立体的形状、大小及其相对位置。

把这两个立体看作一个整体，称为相贯体，如图 4－10 所示。

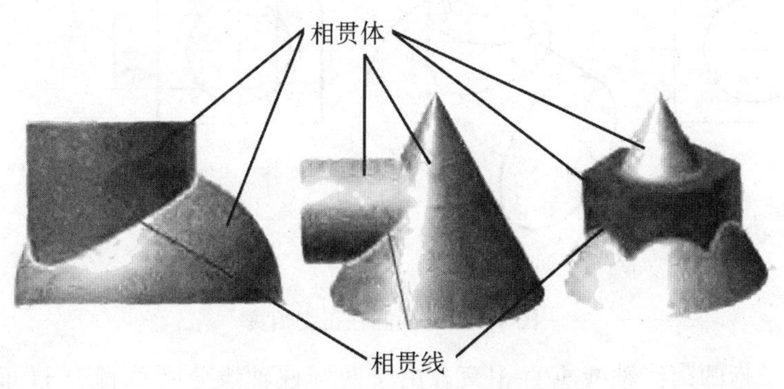

图 4－10　两曲面立体的相贯线

两曲面立体的相贯线是两曲面立体表面共有点集合而成的共有线，相贯线上的点是两曲面立体表面的共有点。相贯线具有下列基本性质：①相贯线是相交两立体表面的共有线，是一系列共有点的集合。② 由于立体占有一定的空间范围，所以相贯线一般是封闭的空间曲线。

求作两曲面立体的相贯线的投影时，一般是先作出两曲面立体表面上的一些共有点的投影，再连成相贯线的投影。通常可用辅助面来求作这些点，也就是求出辅助面与这两个立体表面的三面共点，即为相贯线上的点。辅助面可用平面、球面等。当两个立体中有一个立体表面的投影具有积聚性时，可以用在曲面立体表面上取点的方法作出这些点的投影。在求作相贯线上的这些点时，与求作曲面立体的截交线一样，应在可能和方便的情况下，适当地作出一些在相贯线上的特殊点，即能够确定相贯线的投影范围和变化趋势的点，如相贯体的曲面投影的转向轮廓线上的点，以及最高、最低、最左、最右、最前、最后点等，然后按需要再求作相贯线上一些其他的一般点，从而准确地连得相贯线的投影，并表明可见性。只有一段相贯线同时位于两个立体的可见表面上时，这段相贯线的投影才是可见的；否则，就不可见。

一、两圆柱正交的相贯线

求两圆柱正交的相贯线，可利用表面取点法，即圆柱投影具有积聚性求之。

两回转体相交，如果其中有一个是轴线垂直于投影面的圆柱，则相贯线在该投影面上的投影，就重合在圆柱面的有积聚性的投影上。于是求圆柱和另一回转体的相贯线投影的问题，可以看作是已知另一回转体表面上的线的一个投影求其他投影的问题，也就可以在相贯线上取一些点，按已知曲面立体表面上的点的一个投影，求其他投影的方法，即表面取点法，作出相贯线的投影。

例 4－9　如图 4－11 所示，求正交两圆柱的相贯线。

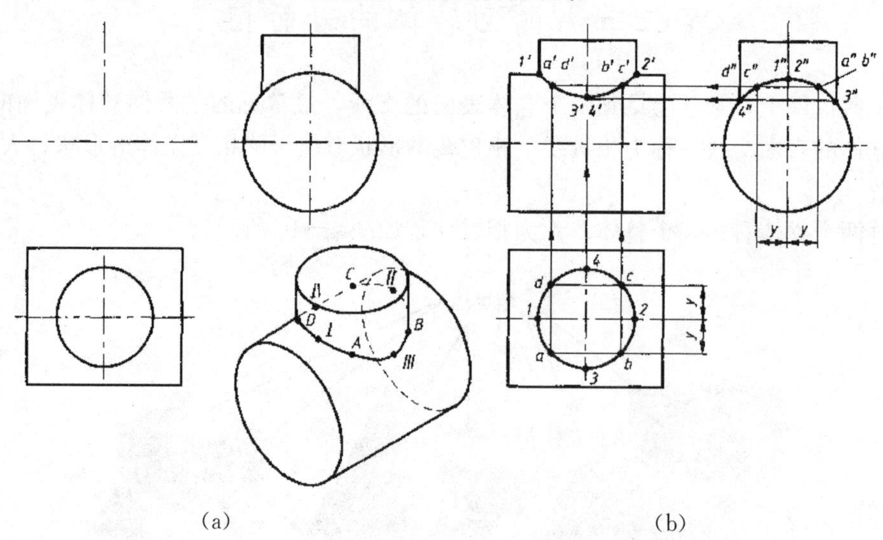

(a)　　　　(b)

图 4－11　两圆柱正交相贯

解　正交是指两圆柱轴线垂直相交。由于两圆柱轴线分别垂直于 H 面和 W 面，因此，相贯线的水平投影与小圆柱面的水平投影重合，相贯线的侧面投影与大圆柱面的侧面投影（在小圆柱侧面投影范围内的一段）重合，故只需求出相贯线的正面投影即可，因为两圆柱前后对称相贯，所以相贯线后半部分的正面投影与其前半部分的正面投影重合。

作图：

（1）求特殊位置点。Ⅰ、Ⅱ点是相贯线上的最左、最右点，也是最高点，在两圆柱正面投影的轮廓素线上。Ⅲ、Ⅳ点是相贯线上最前、最后点，也是最低点，在小圆柱侧面投影的轮廓素线上。由它们的水平投影和侧面投影即可求出正面投影 1′、2′、3′、（4′）。

(2) 求一般位置点。在相贯线的水平投影上，定出左右、前后对称点 A、B、C、D 的水平投影 a、b、c、d，由此在相贯线的侧面投影上求出 a″、b″、c″、d″，再按投影关系求其正面投影 a′、b′、c′、d′。

(3) 判断可见性并光滑连接各点，就正面投影来说，前半段相贯线在两个圆柱的可见表面上，所以它的投影 1′、a′、3′、b′、2′为可见，而后半段相贯线的投影 1′、d′、4′、c′、2′为不可见，但与前半段相贯线的可见投影重合。依次光滑连接所求各点的正面投影，即可得相贯线的正面投影。

相交的两圆柱可以都是外表面，也可以是内表面，或是一个内表面而另一个外表面，其相贯线的形状和画法是相同的，如图 4－12 所示。

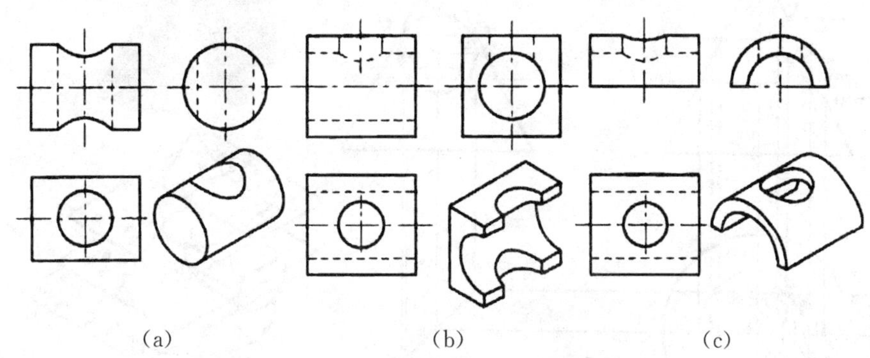

(a)　　(b)　　(c)

图 4－12　圆柱上或圆柱孔上穿孔等相贯形式

如图 4－13 所示为当两圆柱直径相对大小发生变化时，相贯线的变化情况。

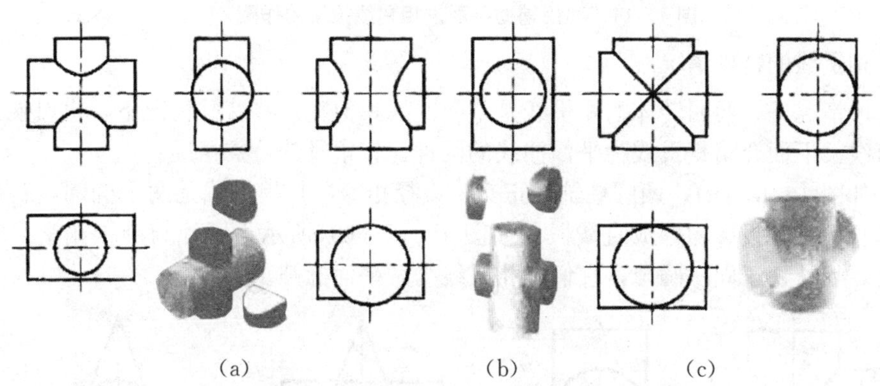

(a)　　(b)　　(c)

图 4－13　两圆柱正交相贯的基本形式

二、圆锥与圆柱正交的相贯线

该相贯体表面的相贯线常使用辅助平面法作图。所选择的辅助平面通常应为投影面的平行面或垂直面，并使得该面与两回转面交线的投影均为最简单的图线（直线段或圆）；每一辅助平面截切该相贯体后所得的两组截交线的交点，是两回转体表面及截平面的共有点，即相贯线上的点；用多个辅助平面连续截切该相贯体，便可求得相贯线上一系列点的投影，最后将其连接成光滑的曲线。

例 4－10　如图 4－14 所示，求圆锥与圆柱正交的相贯线。

解：相贯线在侧面上的投影已知，只需求出相贯线的在正面和水平面上的投影。可选用水平面作辅助平面，该面与圆柱面的交线为两平行的直线段，与圆锥面的交线为圆，这两组截交线的交点（如图 4－14 所示的点 3、4）即为相贯线上的点。作图时，在正面投影上，两组交线的投影与辅助平面的积聚性投影重影；在水平投影上直接反映了交线圆直径及两平行直线段间距的实际大小；利用交点的水平投影便可求得交点的正面投影。相贯线上的最前、最后、最左、最上、最下点均为相应外形轮廓素线上的点。相贯线水平投影的可见性以点 3、4 为界，3、4 上的点可见，3、4 以下的点不可见。

相贯线的作图过程如图 4－14 所示。

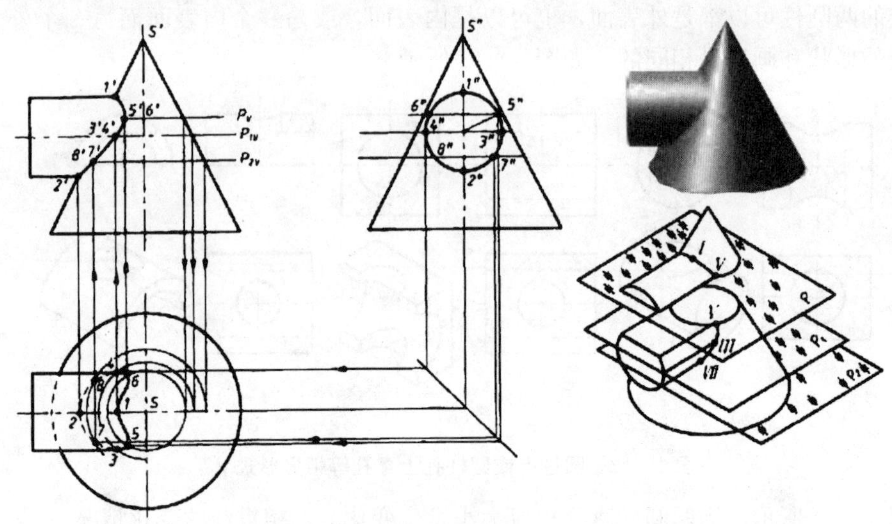

图 4－14　利用辅助平面求相贯线投影的作图

三、相贯线的特殊情况

在一般情况下，两回转体的相贯线是空间曲线，但在一些特殊情况下，也可能是平面曲线或直线。下面介绍相贯线为平面曲线的两种比较常见的特殊情况。

(1) 如图 4－15 (a)，两圆柱轴线正交、直径相等，其相贯线是两个椭圆，若椭圆是投影面垂直面，其投影积聚成直线段。如图 4－15 (b) 所示，圆柱与圆锥相交。它们的轴线正交，且外切于同一圆球，它们的相贯线为两平面椭圆。

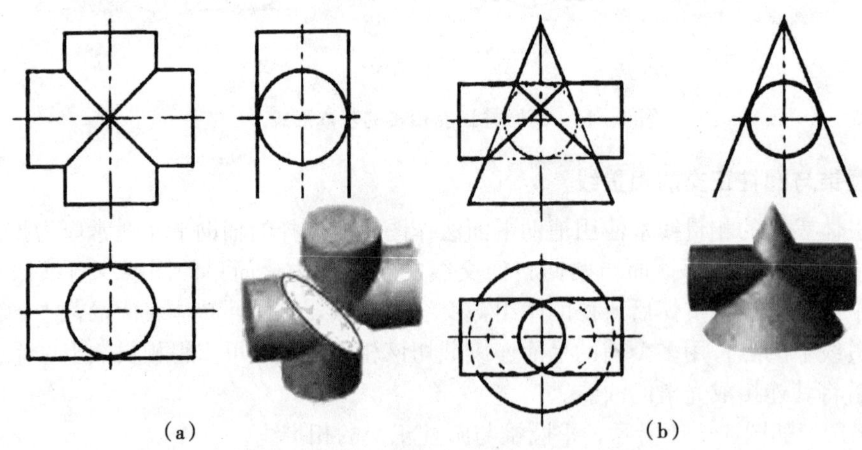

(a)　(b)

图 4－15　外切于同一球的两个立体相贯

（2）两个同轴回转体的相贯线，是垂直于轴线的圆，如图 4－16（a）所示的圆柱和圆球相贯体；图 4－16（b）所示为圆柱和圆锥相贯，图 4－16（c）所示圆球和圆锥相贯。由于它们的轴线都是铅垂线，故相贯线均为水平圆。

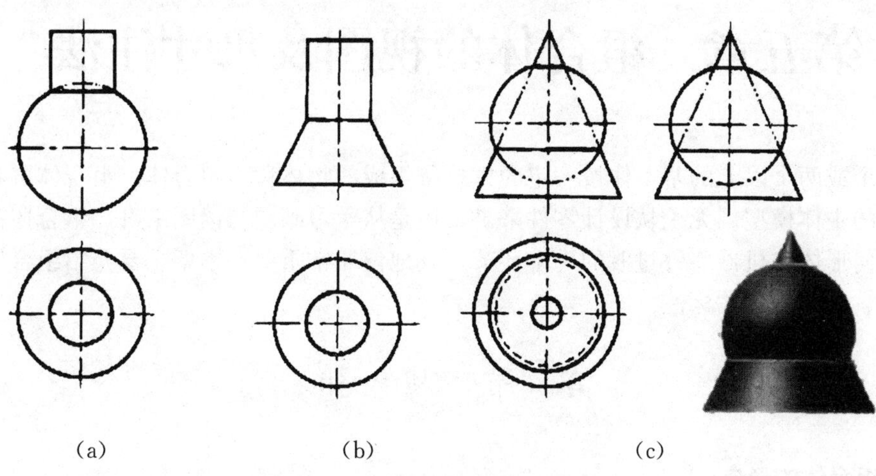

（a）　　（b）　　（c）

图 4－16　同轴回转体的相贯

第五章　组合体的视图及尺寸注法

由两个或两个以上的基本体按一定的方式所组成的物体称为组合体。组合体可看作是机器零件的主体模型。无论从设计零件来讲，还是从学习画图与读图来讲，组合体都是由单纯的几何形体向机器零件过渡的一个环节，其地位非常重要。本章主要介绍组合体三视图的画法、看图及尺寸标注。

第一节　概　述

一、组合体的形成

对于机械零件，我们常可把它抽象并简化为若干基本几何体组成的“体”，这种“体”称为组合体。组合方式有叠加和切割两种。一般较复杂的机械零件往往由叠加和切割综合而成。图 5－1（a）中的组合体是由底板Ⅰ，半圆端竖板Ⅱ两部分叠加而成，故称为叠加式组合体。图 5－1（b）中的支承块，是从一个整体（四棱柱）切去一个四棱柱Ⅰ，挖去一长方槽Ⅱ，后壁上挖去一个圆柱孔Ⅲ而成，故称为切割式组合体。

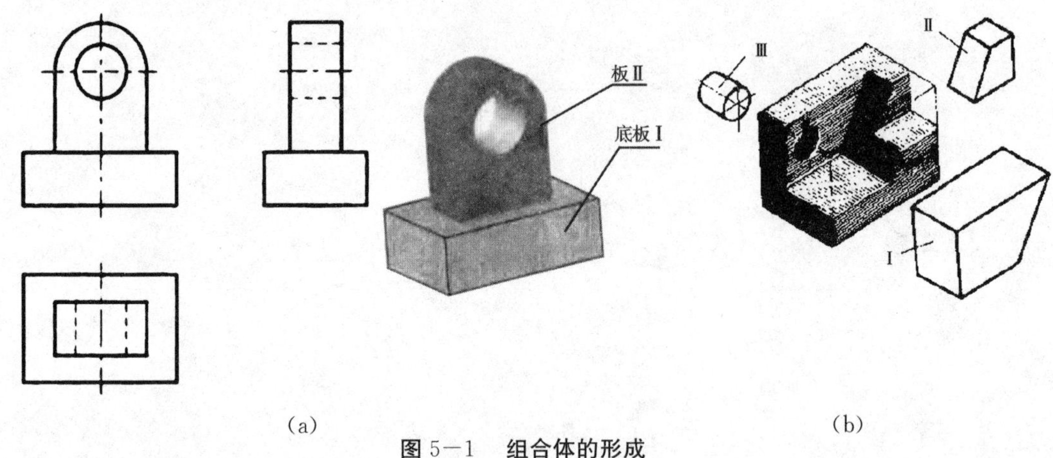

图 5－1　组合体的形成

二、组合体表面连接关系

1. 不平齐　两形体表面不平齐时，两表面投影的分界处应用粗实线隔开，如图 5－2 所示。

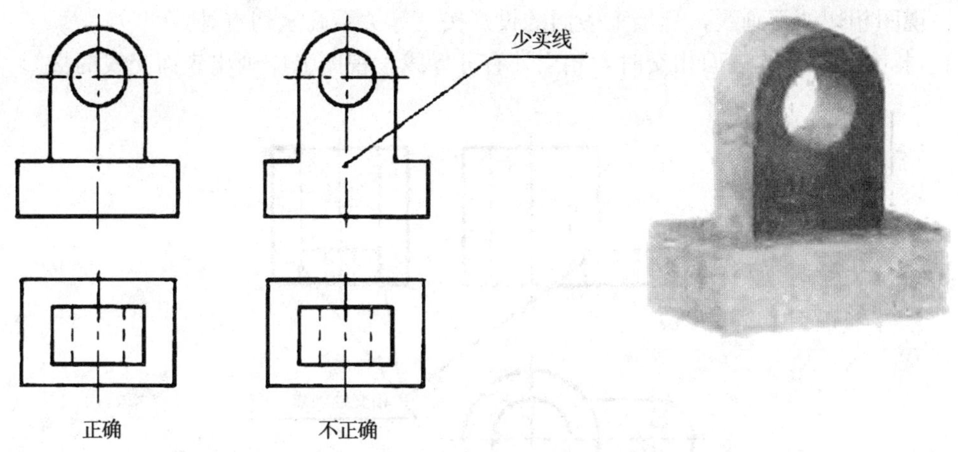

图 5—2　**形体表面不平齐**

2. 平齐　两形体表面平齐时，构成一个完整的平面，画图时不可用线隔开，如图 5—3 所示。

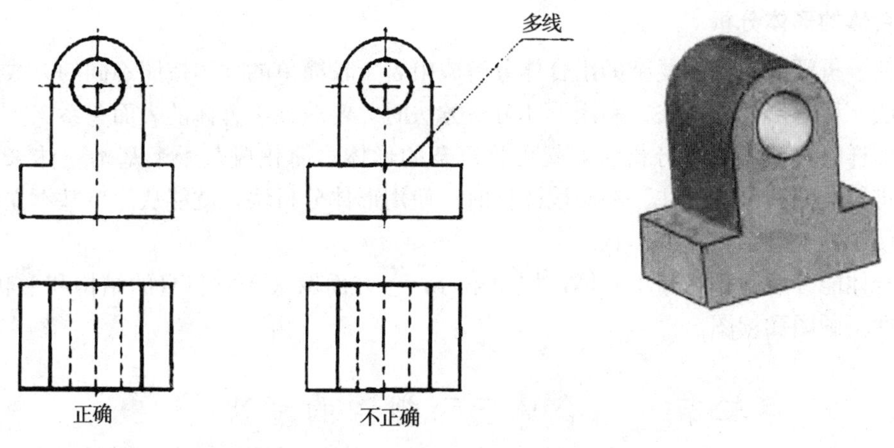

图 5—3　**形体表面平齐**

3. 相切　相切的两个形体表面光滑连接，相切处无分界线，视图上不应该画线（如图 5—4）。

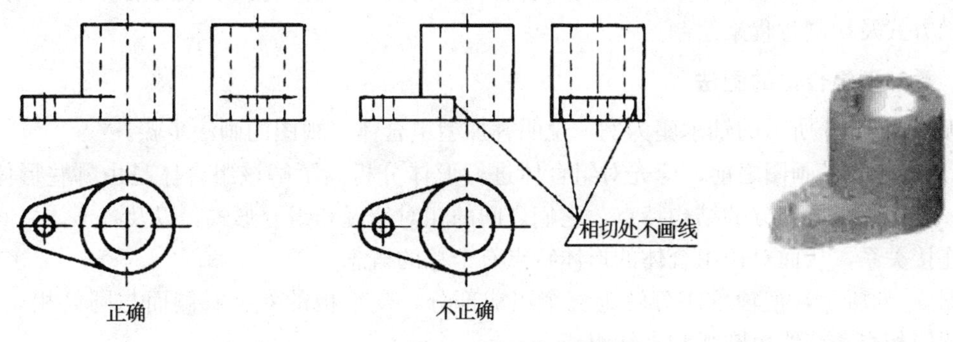

图 5—4　**形体表面相切**

图 5—4 所示的组合体由耳板和圆筒组成，耳板前、后面与圆柱面相切，无交线，故

主、左视图相切处不画线，耳板上表面的投影按三等关系画至切点处。

4. 相交　两形体表面相交时，相交处有分界线，视图上应画出表面交线的投影。（如图 5－5）。

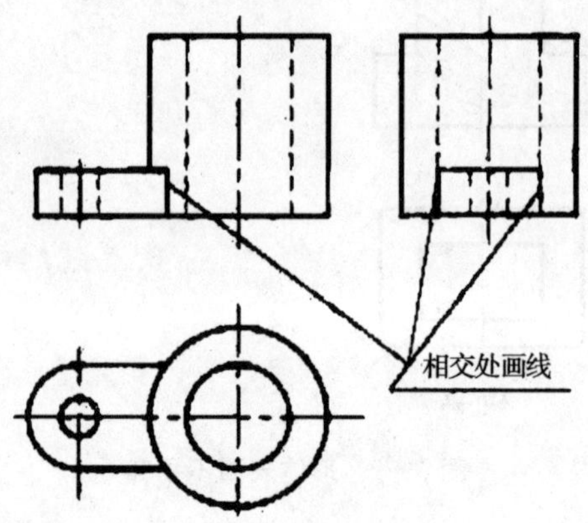

图 5－5　形体表面相交

三、组合体的形体分析

为了方便分析问题，把较复杂的组合体分解成由若干较简单的立体按照不同的方式组合而成的方法，称为形体分析法。利用形体分析方法时，要兼顾组合体的表面关系。

在绘制图样时，使用形体分析法，就可将复杂的形体，简化成若干个基本立体来完成，并便于进行绘图和尺寸标注。在阅读图样时，使用形体分析法，就能从简单基本立体着手，从而便于理解复杂物体的形状。

一个组合体能分解为哪些简单立体，如何划分，一方面取决于它自身的结构和形状，另一方面要便于画图和读图。

第二节　组合体三面视图的画法

画组合体的三视图时，应当根据组合体的不同形成方式采用不同的方法。一般而言，以叠加为主形成的组合体，多采用形体分析法把组合体分解为几个基本几何体，然后按它们的组合关系和相对位置有条不紊地逐步画出三视图；而以切割为主形成的组合体，多根据其切割方式及切割过程来绘制。

一、叠加型组合体的画法

下面以图 5－6 所示的轴承座为例，说明叠加型组合体三视图的画法步骤。

1. 形体分析　画图之前，应先对组合体进行形体分析。了解该组合体是由哪些形体所组成。分析各组成部分的结构特点，它们之间的相对位置和组合形式，以及各形体之间的表面连接关系，从而对该组合体的形体特点有个总的概念。

如图 5－6 所示，把轴承座分解为五个组成部分，支承板的左、右侧面与圆筒相切，肋板与圆筒相交，交线由圆弧和直线组成。

2. 选择主视图的投射方向　一般应选择反映组合体各组成部分形状和相对位置较为明显的方向作为主视图的投射方向；为使投影能得到实形，便于作图，应使物体主要平面和投影面平行；同时考虑组合体的自然安放位置；并要兼顾其他两个视图表达的清晰性，虚线尽量少。

如图 5－6 所示的轴承座，在箭头所指的各个投射方向中，选择 A 向作为主视图的投射方向比较合理。主视图选定后，俯视图和左视图也就随着确定了。

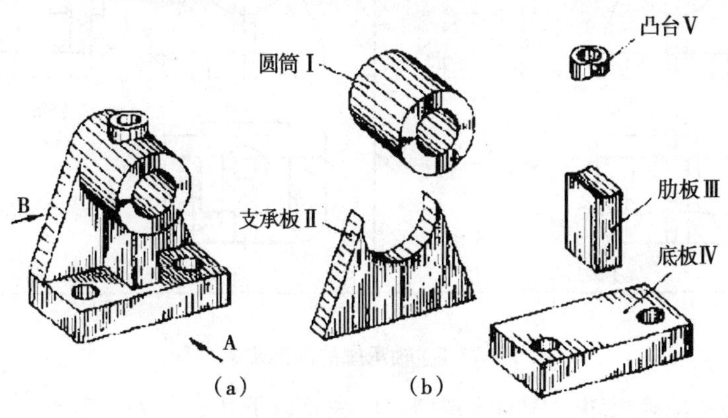

图 5－6　轴承架

3. 选比例、定图幅　视图确定后，应根据实物的大小和复杂程度，按照国标要求选择比例和图幅。在表达清晰的前提下，尽可能选用 1∶1 的比例。图幅的大小应充分考虑到绘图所占的面积及留足标注尺寸和标题栏的位置来确定。

4. 作图　叠加型组合体应按照形体分析法逐个画出各形体的投影，从而得到整个组合体的三视图。具体画图步骤如图 5－7 所示。

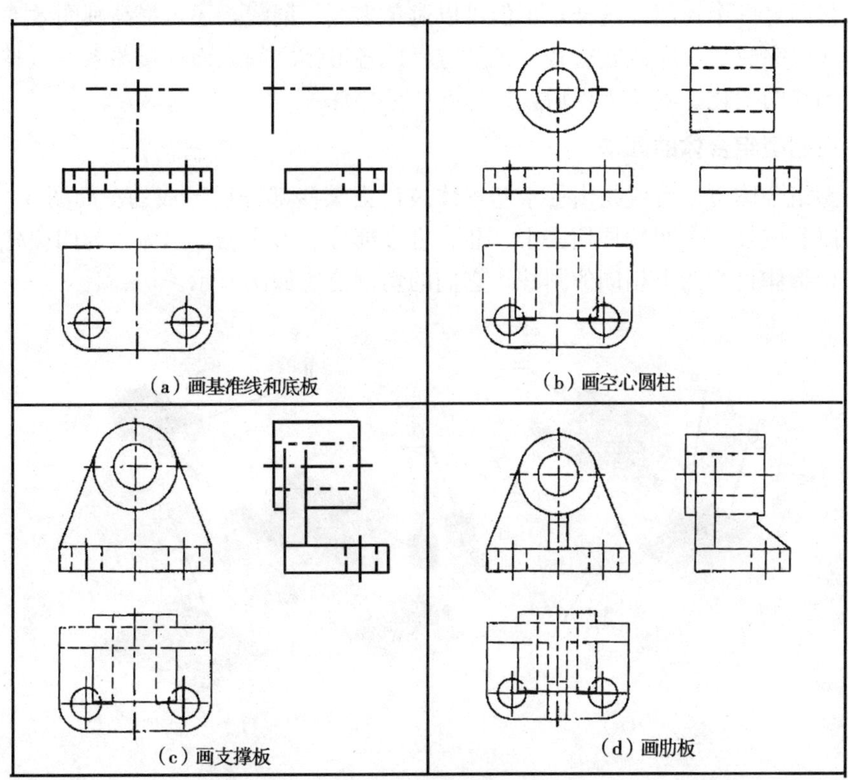

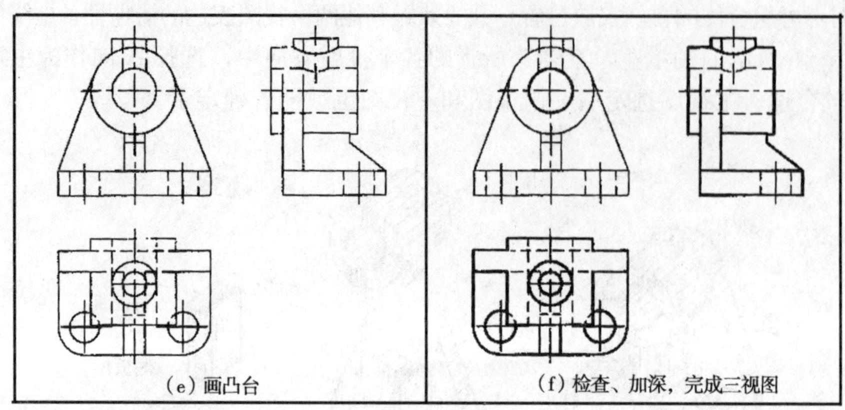

图 5－7　轴承座的画图步骤

为正确、迅速地画出组合体的三视图，应注意以下几点：

(1) 首先布置视图，画出作图基准线，即对称中心线、主要回转体的轴线、底面及重要端面的位置线。

(2) 画图顺序为：先画主要部分，后画次要部分；先画大形体，再画小形体；先画可见部分，后画不可见部分；先画圆和圆弧，再画直线。

(3) 画图时，组合体的每一个部分最好是三个视图配合画，每部分应从反映形状特征和位置特征最明显的视图入手，然后通过三等关系，画出其他两面投影。而不是先画完一个视图，再画另一个视图。这样，不但可以避免多线、漏线，还可提高画图效率。

(4) 底稿完成后，应认真检查，尤其应考虑各形体之间表面连接关系及从整体出发处理衔接处图线的变化。确认无误后，按标准线型描深。

二、切割型组合体的画法

切割型组合体可以看成是由一个基本体被切去某些部分后形成的。如图 5－8 所示的组合体可以看成是一个四棱柱切去Ⅰ、Ⅱ、Ⅲ三部分后形成的。形体Ⅰ为四棱柱，形体Ⅱ为四棱柱，形体Ⅲ为两个相同的圆柱。它们的切割位置如图所示。

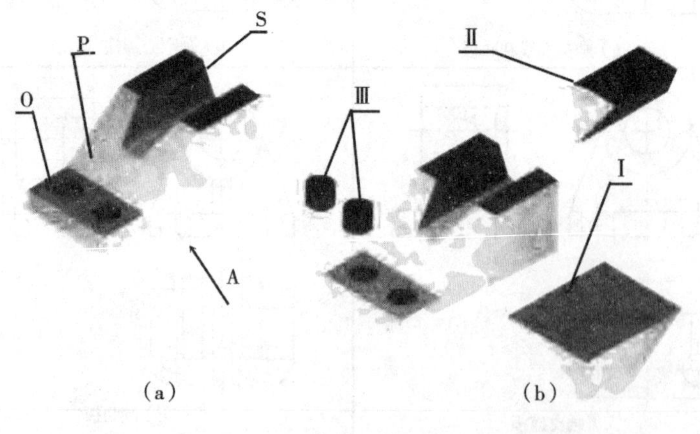

图 5－8　切割体

画切割型组合体的三视图时，一般按切割的顺序绘制其视图。应先画出切割前完整基本体的三视图，然后按照切割过程逐个画出被切部分的投影，从而得到切割体的三视图。同画叠加型组合体类似，对于被切去的形体也应从反映形状特征的视图入手，然后通过三等关系，画出其他两面投影。具体画图步骤如图 5－9 所示。

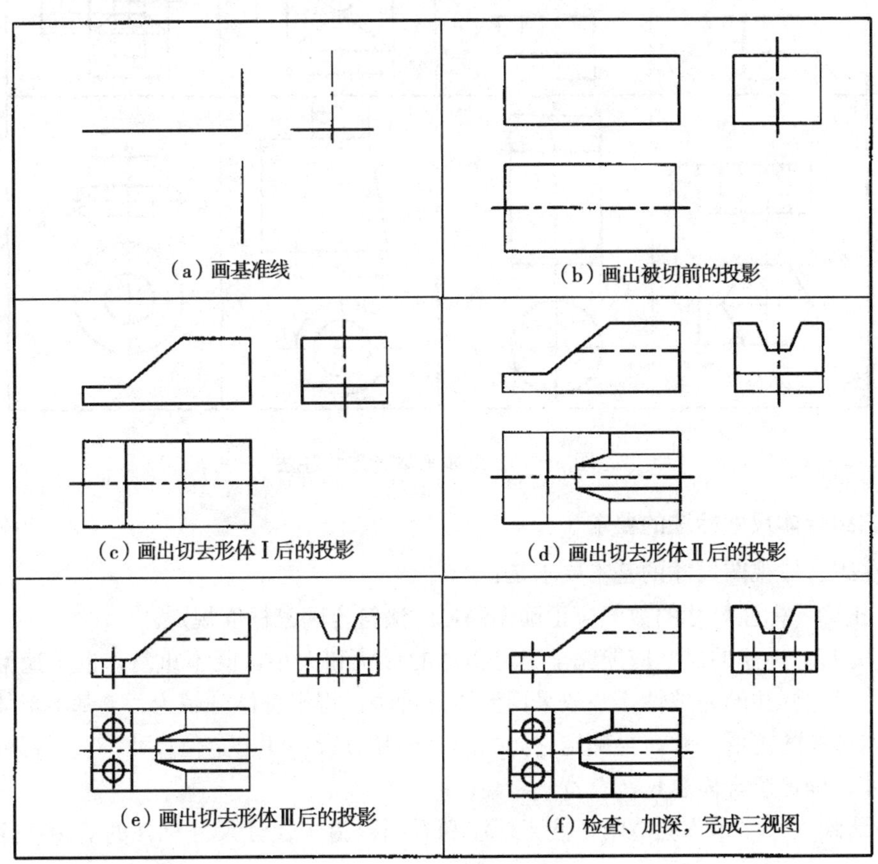

图 5－9　切割型组合体的画法

第三节　组合体的尺寸注法

机件的视图只表达其结构形状，它的大小必须由视图上所标注的尺寸来确定。机件视图上的尺寸是制造、加工和检验的依据，因此，标注尺寸时，必须做到正确（严格遵守国家标准规定），完整和清晰。

下面，在第一章介绍尺寸注法及平面图形尺寸注法的基础上，进一步介绍组合体的尺寸标注法。

一、基本立体的尺寸标注

常见的基本形体的尺寸标注方法，如图 5－10 所示。

任何几何体都需注出长、宽、高三个方向的尺寸，虽因形状不同，标注形式可能有所不同，但基本形体的尺寸数量不能增减。

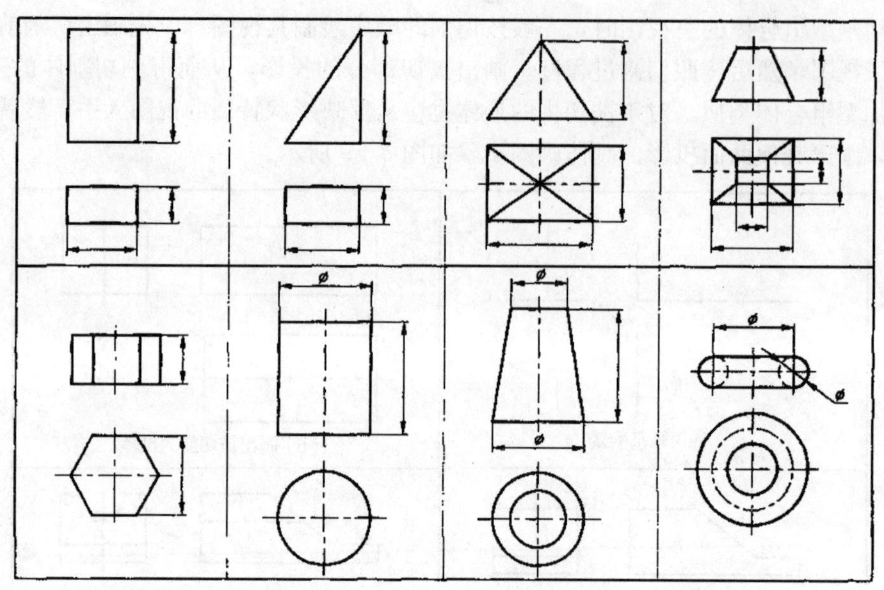

图 5－10　基本形体的尺寸注法

二、组合体尺寸标注的要求

标注组合体视图尺寸的基本要求是：

1. 正确　标注尺寸的数值应正确无误，注法符合国家标准规定。

2. 完整　标注的尺寸应能完全确定物体的形状和大小，既不重复，也不遗漏。为保证组合体尺寸标注的完整性，一般采用形体分析法，将组合体分解为若干基本形体，先注出各基本形体的定形尺寸，再确定它们之间的相互位置，注出定位尺寸，然后标注组合体总体尺寸，确定组合体总长、总宽、总高。

3. 清晰　尺寸布置应清晰，便于标注和看图。为了保证尺寸标注的清晰，应注意以下几点：

(1) 同一形体的尺寸应尽量集中标注。图 5－11 中凹槽的尺寸 8 和 9 应集中标注在主视图上，以便看图时查找。

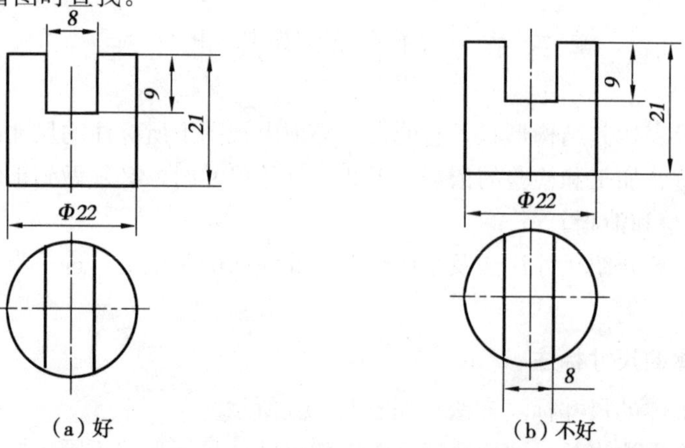

图 5－11　尺寸标注对比

（2）同一形体定形尺寸和定位尺寸要集中，并尽量标注在反映该形体形状特征和位置特征较为明显的视图上。

（3）圆柱、圆锥的直径一般注在非圆视图上，圆弧半径应注在投影为圆弧的视图上，如图 5－12。

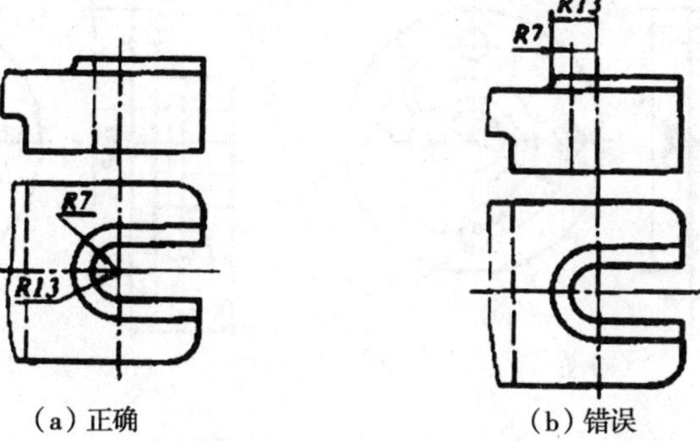

（a）正确　　（b）错误

图 5－12　半径注法

（4）尺寸应尽量避免标注在虚线上，截交线和相贯线上不能标注尺寸，如图 5－13，5－14。

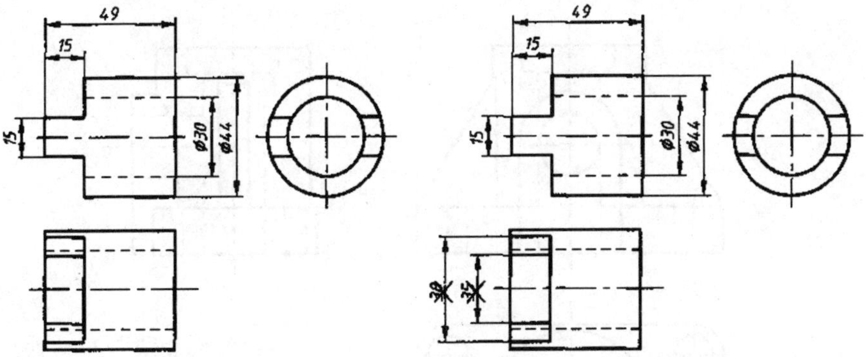

（a）正确　　（b）错误

图 5－13　截交线的尺寸注法

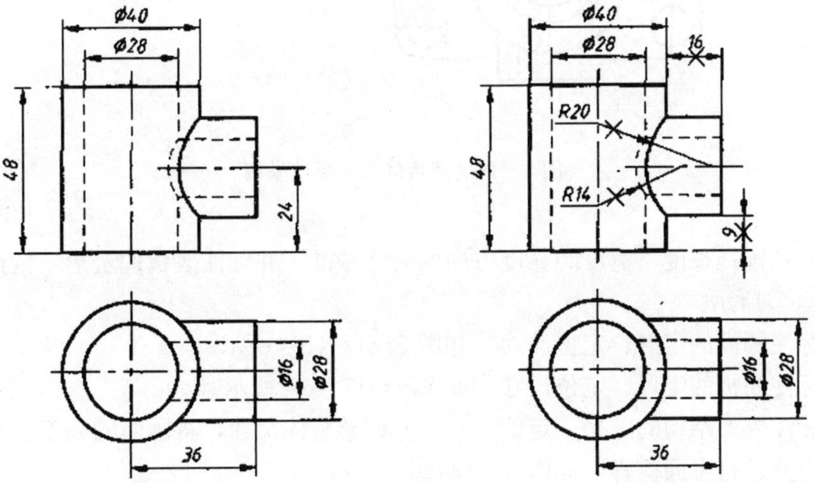

（a）正确　　（b）错误

图 5－14　相贯线的尺寸注法

（5）同方向平行并列尺寸，小尺寸在内，大尺寸在外，间隔均匀，依次向外分布，以免尺寸界限与尺寸线相交，影响看图，如图 5－15。

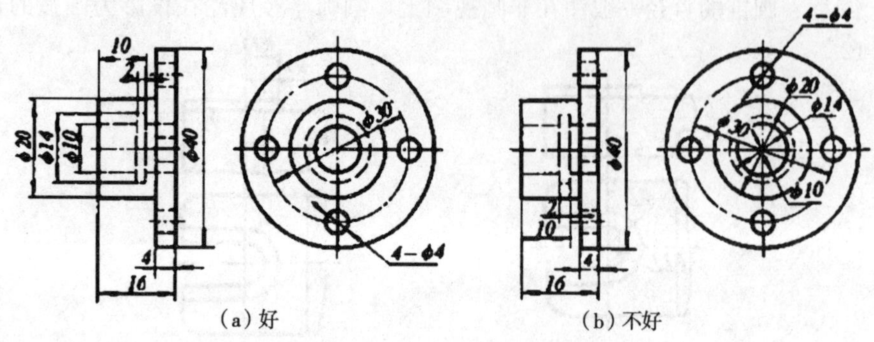

图 5－15　**尺寸标注排列整齐**

三、标注组合体尺寸的步骤

下面以图 5－16 所示组合体为例说明标注组合体尺寸的方法和步骤，参见图 5－17。

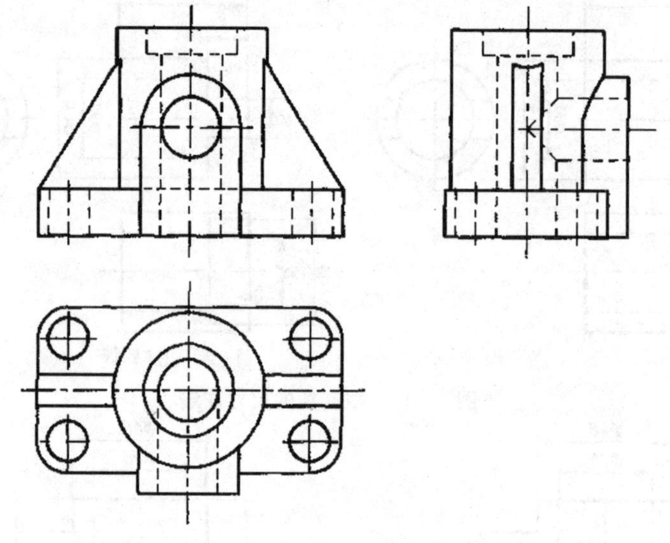

图 5－16　**组合体尺寸标注举例**

解

（1）分别选择长度、宽度和高度方向的尺寸基准，并标注底板的定形、定位尺寸，如图 5－17（a）所示。

（2）标注圆筒的定形、定位尺寸，如图 5－17（b）所示。

（3）标注肋板的定形、定位尺寸，如图 5－17（c）所示。

（4）标注拱形结构的定形、定位尺寸，并调整总体尺寸，将圆筒的高度去掉，标注总高度尺寸，并进行全面检查，如图 5－17（d）所示。

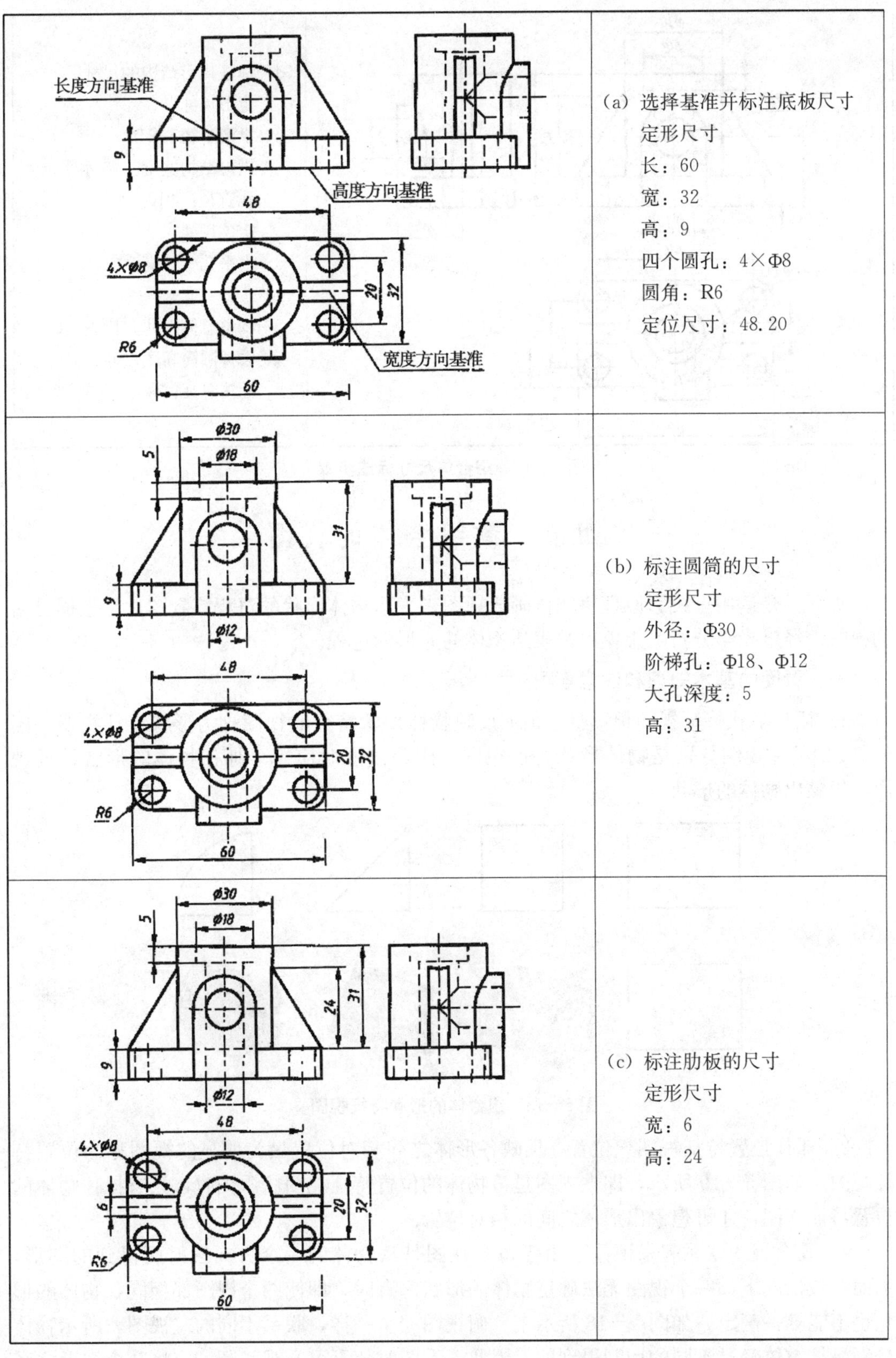

(a) 选择基准并标注底板尺寸
定形尺寸
长：60
宽：32
高：9
四个圆孔：4×Φ8
圆角：R6
定位尺寸：48.20

(b) 标注圆筒的尺寸
定形尺寸
外径：Φ30
阶梯孔：Φ18、Φ12
大孔深度：5
高：31

(c) 标注肋板的尺寸
定形尺寸
宽：6
高：24

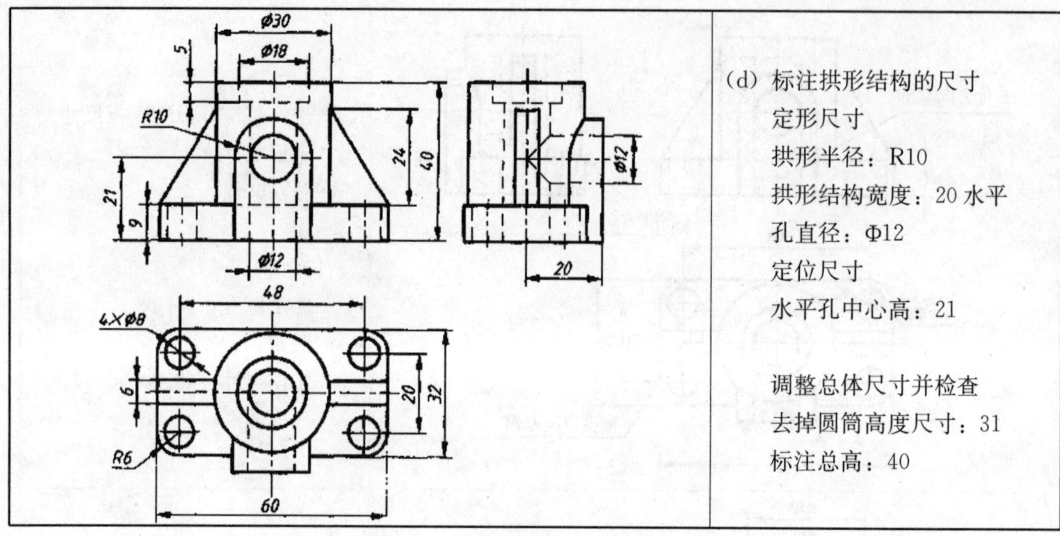

图 5－17　组合体尺寸标注步骤

第四节　读组合体的视图

画图，是运用正投影原理将物体画成视图来表达物体形状的过程；看图，是根据已给的视图，经过投影分析，想象出被表达物体的原形的过程。

一、看图的基本知识和注意事项

1. 抓住形状特征视图想形状　最能反映物体形状特征的视图称为形状特征视图。图 5－18 中的左视图分别是物体形状特征视图。因此读图时应善于抓住物体的形状特征视图，想象出物体的形状。

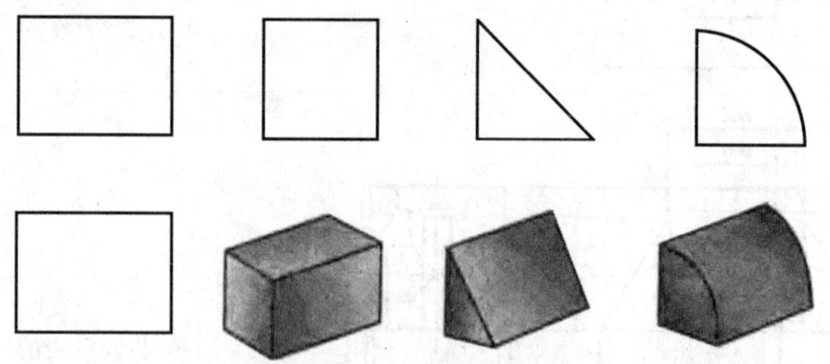

图 5－18　组合体的形状特征视图

2. 抓住位置特征视图想位置　反映各形体之间相对位置最为明显的视图称为位置特征视图。如图 5－19 所示，即左视图是该物体的位置特征视图。看图时，只有抓住物体的位置特征视图，才可想象出形体之间的相对位置。

3. 几个视图联系起来识读　由于每个视图是从物体的一个方向投射而得到的图形，因而一般情况下，一个视图无法确定物体的形状。有时，即使两个视图都相同，物体的形状也不能唯一确定。如图 5－18 所示主、俯视图完全一样，联系不同的左视图，所示物体分别是长方体经过不同的切割得到的。因此，看图时切不可主观臆断，应将几个视图联系起来识读，才可能得到物体的真实形状。

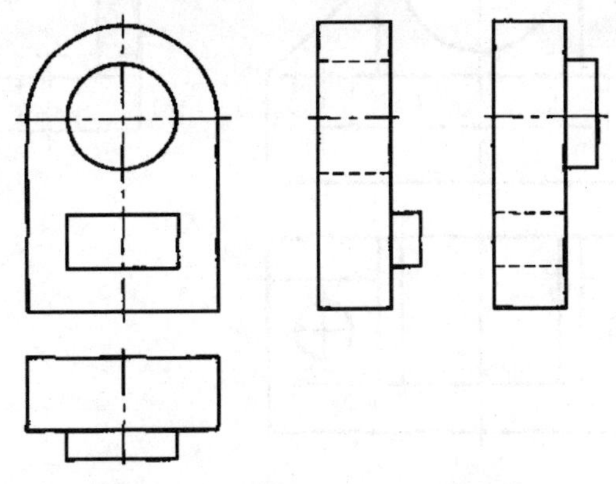

图 5—19　**组合体的位置特征视图**

二、看图的基本方法

形体分析法就是在看图时通过形体分析，将物体分解成几个简单部分，再经过投影分析，想象出物体每部分形状，并确定其相对位置、组合形式和表面连接关系，最后经过归纳、综合得出物体的完整形状。

看图一般步骤如下：

(1) 抓住特征分部分　从物体的形状特征视图和位置特征视图入手，将物体分解成几个组成部分。物体的每一部分的形状特征和位置特征并非集中在同一个视图上，而是每一个视图可能都有一些。

(2) 投影分析想形状　将物体分解为几个组成部分之后，就应从体现每部分特征的视图出发，依据三等关系，在其他视图中找出对应投影，经过分析，想象出每部分的形状。

(3) 综合起来想整体　想象出每部分的形状之后，再根据三视图搞清楚形体间的相对位置、组合形式和表面连接关系等，综合想出物体的完整形状。

一般情况下，形体清晰的零件，用上述形体分析法看图就可以解决。但对于一些较复杂的零件，仅需形体分析法还不够，需采用面形分析法。面形分析法就是运用投影规律，分清物体上线、面的空间位置，再通过对这些线、面的投影分析想象出其形状，进而综合想出物体的整体形状。此种方法常用于切割体的看图。看图时以形体分析法为主，分析物体的大致形状与结构，面形分析法为辅，用来分析视图中难以看懂的线与线框，两者应有机地结合在一起。

三、看图举例

例 5—1　看组合体的三视图（图 5—20）。

解　(1) 看视图、分线框。先从主视图看起，并将三个视图联系起来看，根据投影关系找出表达构成组合体的各部分形体的形状特征和位置特征比较明显的视图。然后将找出的视图分成若干封闭线框。从图 5—21 (a) 中可看出，主视图分成四个封闭的线框。

(2) 对视图、识形体。根据主视图中所分的线框，对照其他两个视图，利用各形体的投影特点，就可以确定它的空间形状以及各形体之间的相对位置，如图 5—21 (b)、(c)、(d) 所示。

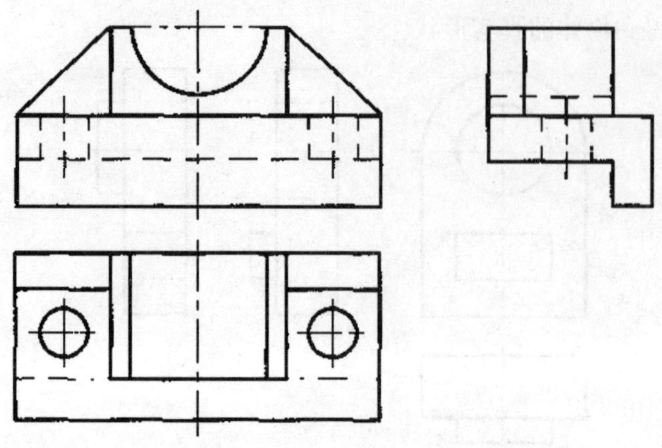

图 5—20 组合体的视图

(3) 综合起来想整体。每部分的形状和形体表面间的相对位置关系确定后，综合起来想象出组合体的整体形状。如图 5—21 (e) 所示。

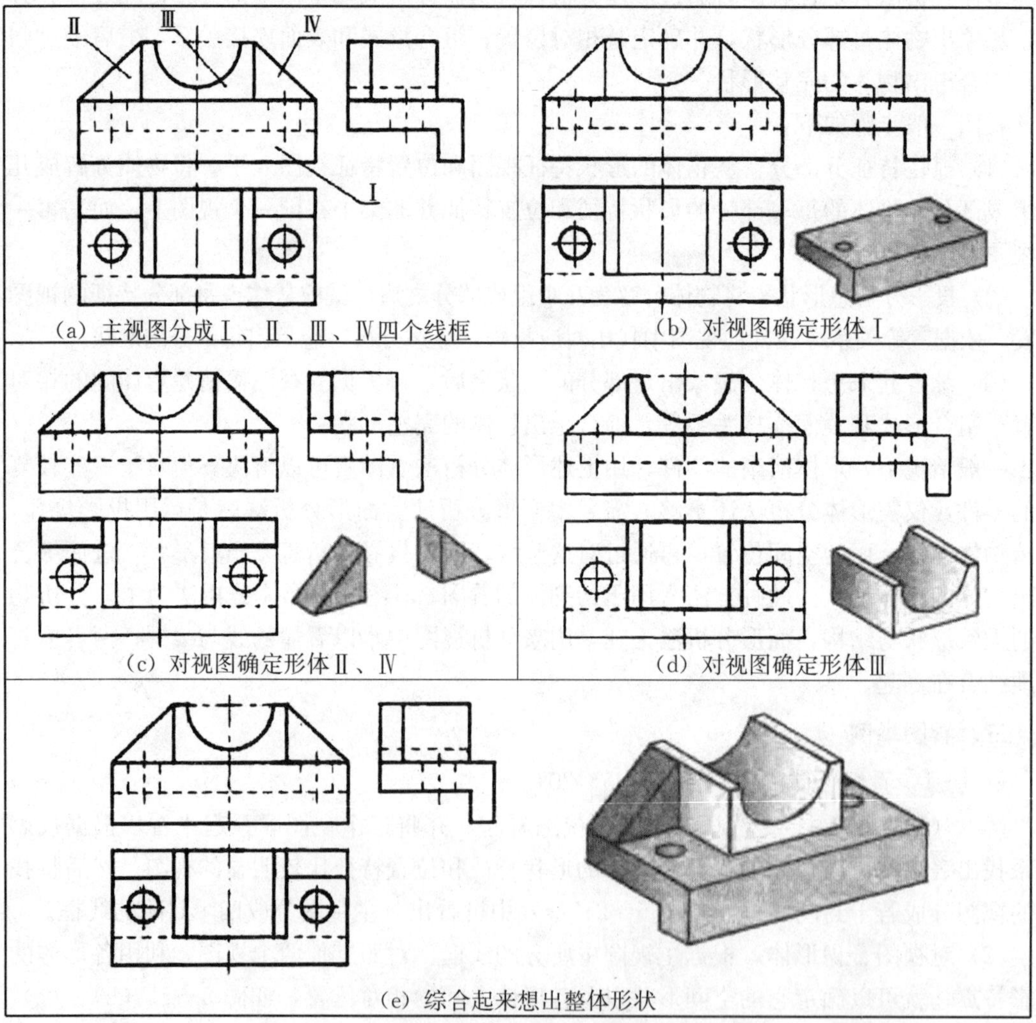

Ⅱ Ⅲ Ⅳ Ⅰ

(a) 主视图分成Ⅰ、Ⅱ、Ⅲ、Ⅳ四个线框

(b) 对视图确定形体Ⅰ

(c) 对视图确定形体Ⅱ、Ⅳ

(d) 对视图确定形体Ⅲ

(e) 综合起来想出整体形状

图 5—21 组合体的读图举例

第六章　轴测投影图

前面讲的三视图，是物体在相互垂直的三面投影体系中的正投影。物体的三视图是工程上应用最广的一种图样，但是，其中的任何一个视图都不能同时反映出物体的长、宽、高三个方向的尺寸和形状，因而缺乏立体感，需要对照几个视图和运用正投影原理进行阅读，才能想象物体的形状。如图 6－1 所示，轴测投影图是将物体连同确定物体位置的坐标系，沿不平行于任一坐标面的方向，用平行投影法投射到单一投影面上所得到的图形。它能同时反映出物体长、宽、高三个方向的尺寸，尽管物体的一些表面形状有所改变，但比多面正投影形象生动，富有立体感。

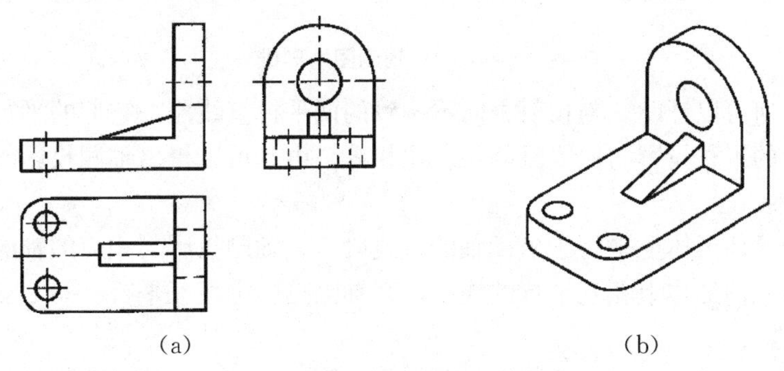

图 6－1　轴测图的概念

第一节　轴测投影的基本知识

轴测投影图（简称轴测图）通常称为立体图，直观性强，由于不能反映物体的真实形状，因此只能作为帮助读图的辅助性图样，因此是生产中的一种辅助图样，常用来说明产品的结构和使用方法等。

一、轴测图的形成

轴测图是将物体连同其参考直角坐标系，沿不平行于任一坐标面的方向，用平行投影法将其投射在单一投影面上所得到的图形。它能同时反映出物体长、宽、高三个方向的尺度，富有立体感，但不能反映物体的真实形状和大小，度量性差。

轴测图的形成一般有两种方式，一种是改变物体相对于投影面的位置，而投影方向仍垂直于投影面，所得轴测图称为正轴测图；另一种是改变投影方向使其倾斜于投影面，而不改变物体对投影面的相对位置，所得投影图为斜轴测图。

如图 6－2 所示，改变物体相对于投影面位置后，用正投影法在 P 面上作出四棱柱及其参考直角坐标系的平行投影，得到了一个能同时反映四棱柱长、宽、高三个方向的富有立体感的轴测图。其中平面 P 称为轴测投影面；坐标轴 OX、OY、OZ 在轴测投影面上的

投影 O_1X_1、O_1Y_1、O_1Z_1 称为轴测投影轴，简称轴测轴；每两根轴测轴之间的夹角 $\angle X_1O_1Y_1$、$\angle X_1O_1Z_1$、$\angle Y_1O_1Z_1$，称为轴间角；空间点 A 在轴测投影面上的投影 A_1 称为轴测投影；直角坐标轴上单位长度的轴测投影长度与对应直角坐标轴上单位长度的比值，称为轴向伸缩系数，X、Y、Z 方向的轴向伸缩系数分别用 p、q、r 表示。

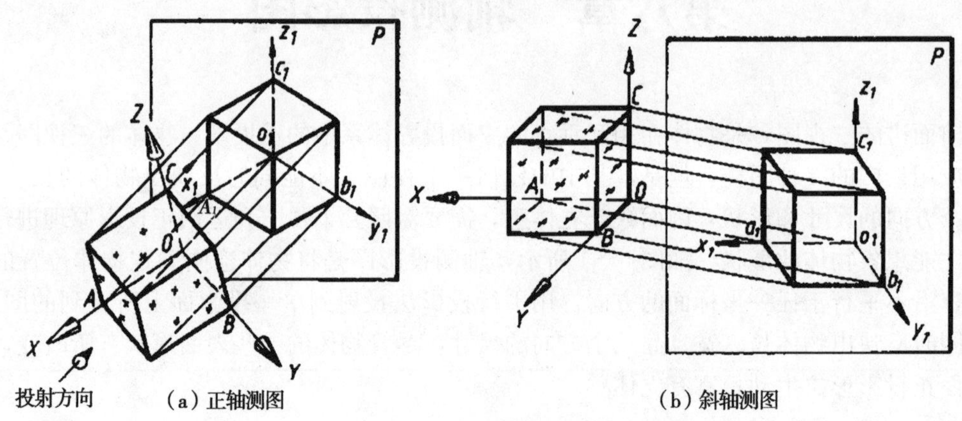

(a) 正轴测图　　(b) 斜轴测图

图 6—2　轴测图的形成

由立体几何可以证明，与投射方向不一致的两平行直线段，它们的平行投影仍保持平行；且各线段的平行投影与原线段的长度比相等。由此可以得出轴测投影的特点：

1. 平行性

（1）空间几何形体上平行于坐标轴的直线段，其轴测投影与相应的轴测轴平行。

（2）空间几何形体上相互平行的线段，其轴测投影也相互平行。

2. 等比性

（1）空间几何形体上相互平行的线段，其轴测投影长度比等于原线段的长度比。

（2）空间几何形体上平行于坐标轴的直线段，其轴测投影与原线段的长度比，就是该轴测轴的轴向伸缩系数或简化系数。因此，当确定了空间的几何形体在直角坐标系中的位置后，就可按选定的轴向伸缩系数或简化系数和轴间角作出它的轴测图。

二、轴测图的分类

根据投影方向不同，轴测图可分为两类：正轴测图和斜轴测图。根据轴向伸缩系数不同，每类轴测图又可分为三类：三个轴向伸缩系数均相等的，称为等测轴测图；其中只有两个轴向伸缩系数相等的，称为二测轴测图；三个轴向伸缩系数均不相等的，称为三测轴测图。

以上两种分类方法结合，得到六种轴测图，分别简称为正等测、正二测、正三测和斜等测、斜二测、斜三测。工程上使用较多的是正等测和斜二测，本章只介绍这两种轴测图的画法。

作物体的轴测图时，应先选择画哪一种轴测图，从而确定各轴向伸缩系数和轴间角。轴测轴可根据已确定的轴间角，按表达清晰和作图方便来安排，而 Z 轴常画成铅垂位置。在轴测图中，应用粗实线画出物体的可见轮廓。为了使画出的轴测图具有更强的空间立体感，通常不画出物体的不可见轮廓线，但在必要时，可用虚线画出。

第二节　正等轴测图

一、正等轴测图的轴间角和轴向伸缩系数

在正投影情况下，当p＝q＝r时，三个坐标轴与轴测投影面的倾角都相等，均为35°16′。由几何关系可以证明，其轴间角均为120°，三个轴向伸缩系数均为：p＝q＝r＝cos35°16′≈0.82。

在实际画图时，为了作图方便，一般将O_1Z_1轴取为铅垂位置，各轴向伸缩系数采用简化系数p＝q＝r＝1。这样，沿各轴向的长度都均被放大1/0.82≈1.22倍，轴测图也就比实际物体大，但对形状没有影响。图6－3给出了轴测轴的画法和各轴向的简化轴向伸缩系数。

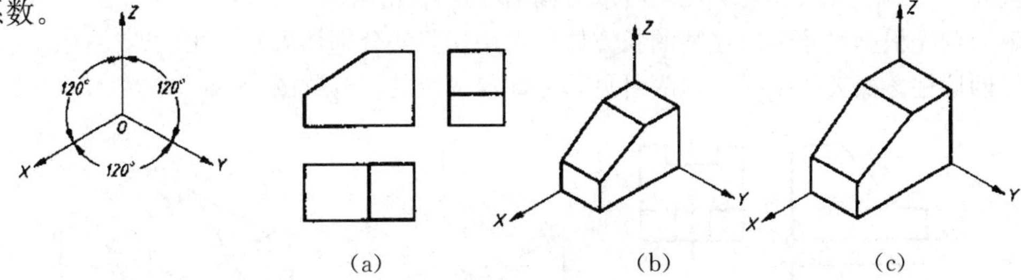

图6－3　正等测图的轴间角和简化轴向伸缩系数

二、正等轴测图的画法

一般情况下，依据物体的视图绘制物体的轴测图。在物体的视图上取定直角坐标系，作出直角坐标系的轴测投影，根据直角坐标系的轴测投影确定物体表面上每个顶点（或特殊点）的投影，按照物体的表面几何特征连接点的投影，即可获得物体的轴测图。画几何体正等测图的方法有：坐标法、切割法和叠加法。

1. 平面立体的正等测图

(1) 坐标法

使用坐标法时，先在视图上选定一个合适的直角坐标系OXYZ作为度量基准，然后根据物体上每一点的坐标，定出它的轴测投影。

例6－1　画出正六棱柱的正等测图。

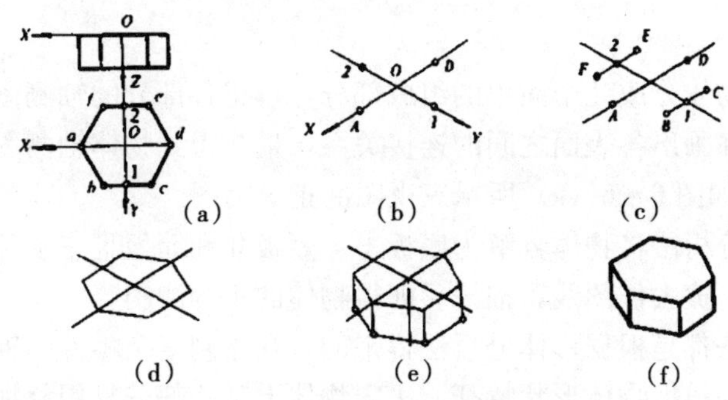

图6－4　坐标法画正等测图

解　首先进行形体分析，将直角坐标系原点 O 放在顶面中心位置，并确定坐标轴；再作轴测轴，并在其上采用坐标量取的方法，得到顶面各点的轴测投影；接着从顶面各点沿 Z 向向下量取 h 高度，得到底面上的对应点；分别连接各点，用粗实线画出物体的可见轮廓，擦去不可见部分，得到六棱柱的轴测投影。

在轴测图中，为了使画出的图形明显起见，通常不画出物体的不可见轮廓，上例中坐标系原点放在正六棱柱顶面有利于沿 Z 轴方向从上向下量取棱柱高度 h，避免画出多余作图线，使作图简化。

(2) 切割法

切割法适用于画由长方体切割而成的轴测图，它是以坐标法为基础，先用坐标法画出完整的长方体，然后按形体分析的方法逐块切去多余的部分。

例 6－2　画出如图 6－5 (a) 所示三视图的正等测图。

解　首先根据尺寸画出完整的长方体；再用切割法分别切去左上角的四棱柱、左方和上方的四棱柱；擦去作图线，描深可见部分即得垫块的正等测图。

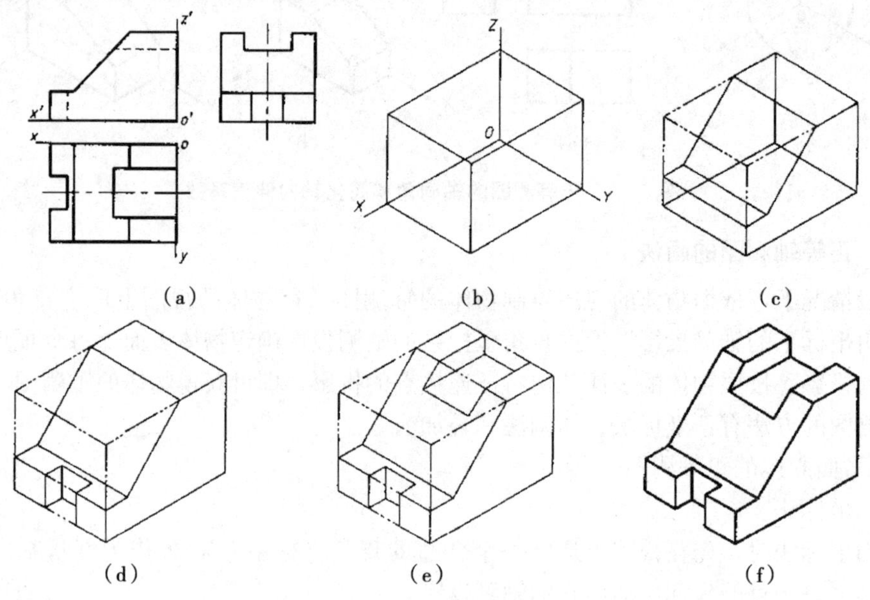

图 6－5　切割法画正等测图

(3) 叠加法

叠加法是先将物体分成几个简单的组成部分，再将各部分的轴测图按照它们之间的相对位置叠加起来，并画出各表面之间的连接关系，最终得到物体轴测图的方法。

例 6－3　画出如图 6－6 (a) 所示三视图的正等测图。

解　先用形体分析法将物体分解为底板Ⅰ、竖板Ⅱ和筋板Ⅲ三个部分；再分别画出各部分的轴测投影图，擦去作图线，描深后即得物体的正等测图。

切割法和叠加法都是根据形体分析法得来的，在绘制复杂零件的轴测图时，常常是综合在一起使用的，即根据物体形状特征，决定物体上某些部分是用叠加法画出，而另一部分需要用切割法画出。

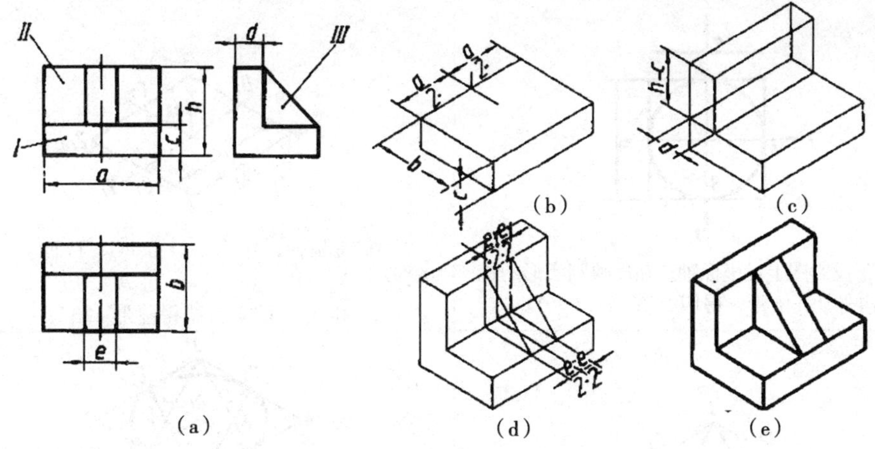

图 6—6 叠加法画正等测图

2. 回转体的正等测图

(1) 平行于坐标面圆的正等测图画法

常见的回转体有圆柱、圆锥、圆球、圆台等。在作回转体的轴测图时，首先要解决圆的轴测图画法问题。圆的正等测图是椭圆，三个坐标面或其平行面上的圆的正等测图是大小相等、形状相同的椭圆，只是长短轴方向不同，如图 6—7 所示。

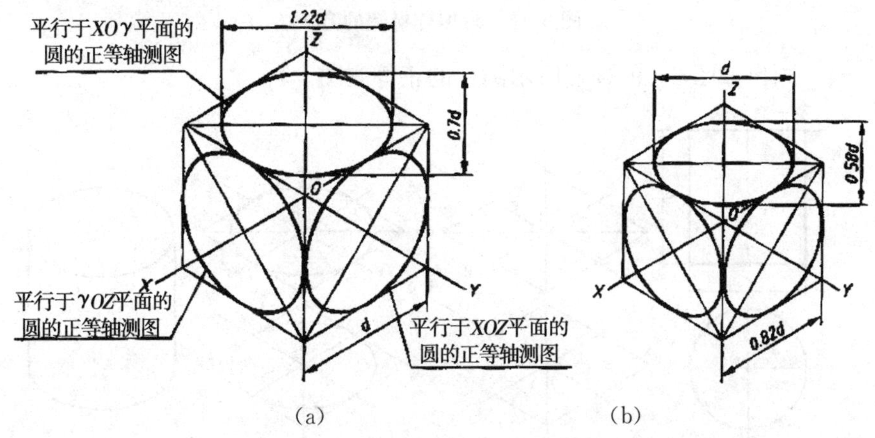

图 6—7 平行于坐标面圆的正等测投影

在实际作图时中，一般不要求准确地画出椭圆曲线，经常采用“菱形法”进行近似作图，将椭圆用四段圆弧连接而成。下面以水平面上圆的正等测图为例，说明“菱形法”近似作椭圆的方法。如图 6—8，其作图过程如下：

(1)

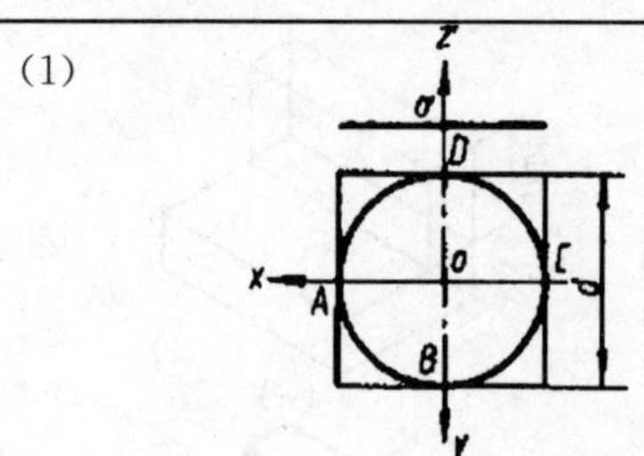

在正投影图上设坐标轴；在反映圆实形的投影上做出外切正方形，得切点 A、B、C、D。

(2)

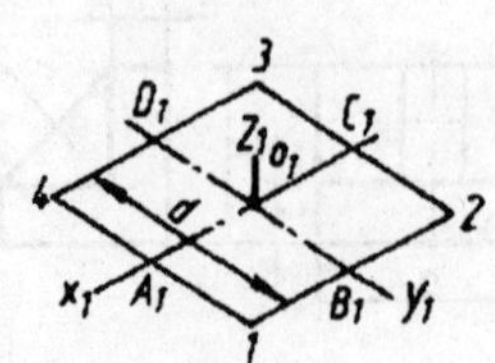

画轴测轴；作出 A、B、C、D 四点的轴测投影 A_1、B_1、C_1、D_1，过 A_1、B_1、C_1、D_1 作 o_1x_1 和 o_1y_1 的平行线得菱形 1234。

(3)

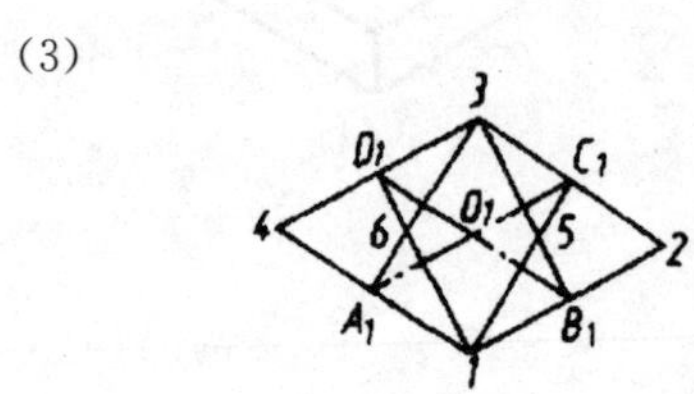

连 1、C_1 和 3、B_1 得交点 5；连 1、D_1 和 3、A_1 得交点 6。

(4)

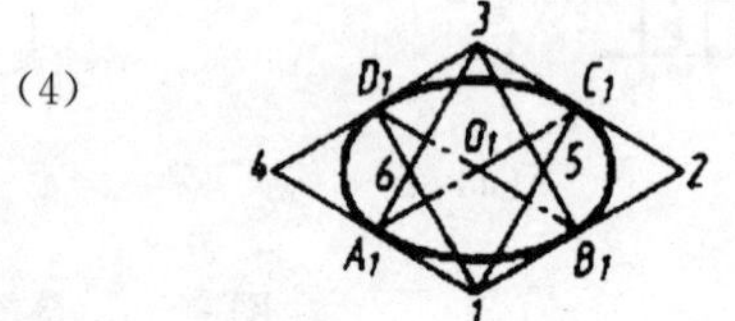

以 1 点为圆心，$1C_1$ 为半径作$\overset{\frown}{C_1D_1}$；
以 3 点为圆心，$3A_1$ 为半径作$\overset{\frown}{A_1B_1}$；
以 5 点为圆心，$5C_1$ 为半径作$\overset{\frown}{C_1B_1}$；
以 6 点为圆心，$6A_1$ 为半径作$\overset{\frown}{A_1D_1}$。

图 6－8　近似作椭圆的方法

例 6－4　画出如图 6－9（a）所示圆柱的正等测图。

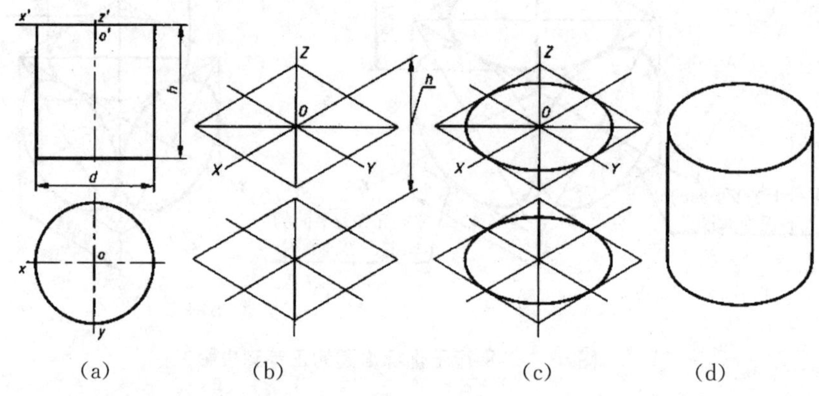

（a）　　（b）　　（c）　　（d）

图 6－9　作圆柱的正等测图

解　先在给出的视图上定出坐标轴、原点的位置，并作圆的外切正方形；再画轴测轴及圆外切正方形的正等测图的菱形，用菱形法画顶面和底面上椭圆；然后作两椭圆的公切线；最后擦去多余作图线，描深后即完成全图。

（2）圆角的正等测图画法

在产品设计上，经常会遇到由四分之一圆柱面形成的圆角轮廓，画图时就需画出由四分之一圆周组成的圆弧，这些圆弧在轴测图上正好近似椭圆的四段圆弧中的一段。因此，这些圆角的画法可由菱形法画椭圆演变而来。

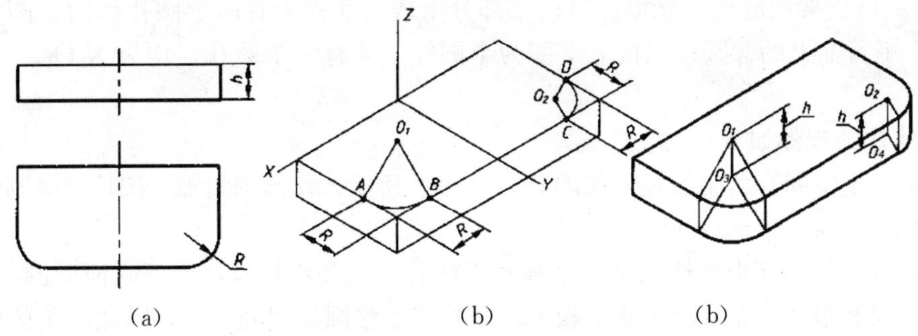

(a)　　(b)　　(b)

图 6－10　作圆角的正等测图

如图 6－10 所示，根据已知圆角半径 R，找出切点 A、B、C、D，过切点作切线的垂线，两垂线的交点即为圆心。以此圆心到切点的距离为半径画圆弧，即得圆角的正等轴测图。顶面画好后，采用移心法将 O_1、O_2 向下移动 h，即得下底面两圆弧的圆心 O_3、O_4。画弧后描深即完成全图。

3. 组合体正等测图的画法

组合体是由若干个基本形体以叠加、切割、相切或相贯等连接形式组合而成。因此在画正等测时，应先用形体分析法，分析组合体的组成部分、连接形式和相对位置，然后逐个画出各组成部分的正等轴测图，最后按照它们的连接形式，完成全图。

例 6－5　画出如图 6－11（a）所示组合体的正等测图。

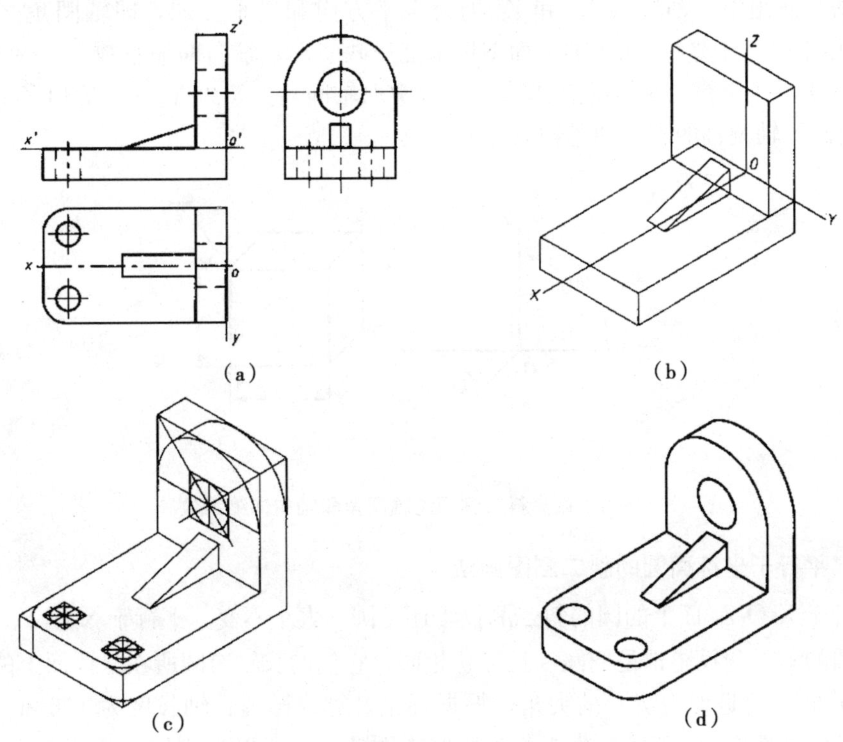

(a)　(b)　(c)　(d)

图 6－11　支架的正等测图的作图步骤

解：该支架由底板、立板、肋板三部分组成。底板上有两个圆孔和两个圆角，均为 $X_1O_1Y_1$ 平行面上的椭圆；立板上半部为半圆柱，并有一个圆孔，均为 $X_1O_1Z_1$ 平行面上的椭圆。

具体作图步骤如下：

(1) 确定空间直角坐标轴，如图 6－11 (a) 所示；作出轴测轴，按长方体画底板和立板，画肋板。如图 6－11 (b) 所示。

(2) 画立板上部半圆柱和圆孔；画底板两孔，因孔小板厚，底板底面椭圆不能看到，不画出；画底板两圆角，由于矩形板的圆角相当于整圆的四分之一，因此圆角的轴测图可用作四分之一椭圆的方法绘制，如图 6－11 (c) 所示。

(3) 擦去作图线，描深，如图 6－11 (d) 所示。

第三节　斜二轴测图

一、斜二轴测图的轴间角和轴向伸缩系数

由于空间坐标轴与轴测投影面的相对位置可以不同，投影方向对轴测投影面倾斜角度也可以不同，所以斜轴测投影可以有许多种。最常采用的斜轴测图是使物体的 XOZ 坐标面平行于轴测投影面，称为正面斜轴测图。通常将斜二测图作为一种正面斜轴测图来绘制。

在斜二测图中，轴测轴 X_1 和 Z_1 仍为水平方向和铅垂方向，即轴间角 $\angle X_1O_1Z_1 = 90°$，物体上平行于坐标 XOZ 的平面图形都能反映实形，轴向伸缩系数 $p=r=2q=1$。为了作图简便，并使斜二测图的立体感强，通常取轴间角 $\angle X_1O_1Y_1=\angle Y_1O_1Z_1=135°$。图 6－12 给出了轴测轴的画法和各轴向伸缩系数。

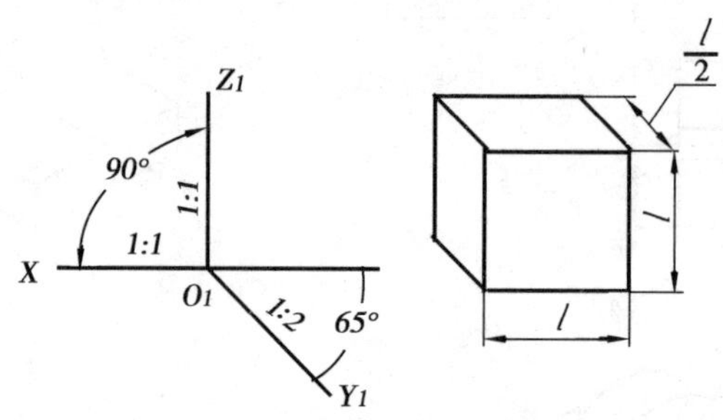

图 6－12　斜二测图的轴间角和轴向伸缩系数

二、平行于坐标面圆的斜二测图画法

平行于 $X_1O_1Z_1$ 面上的圆的斜二测投影还是圆，大小不变。平行于 $X_1O_1Y_1$ 和 $Z_1O_1Y_1$ 面上的圆的斜二测投影都是椭圆，且形状相同，它们的长轴与圆所在坐标面上的一根轴测轴成 7°9′20″（可近似为 7°）的夹角。根据理论计算，椭圆长轴长度为 1.06d，短轴长度为 0.33d。如图 6－13 所示。由于此时椭圆作图较繁，所以当物体的某两个方向有圆时，一般不用斜二测图，而采用正等测图。平行于 XOY 坐标面的圆的斜二轴测图画法如图所示。

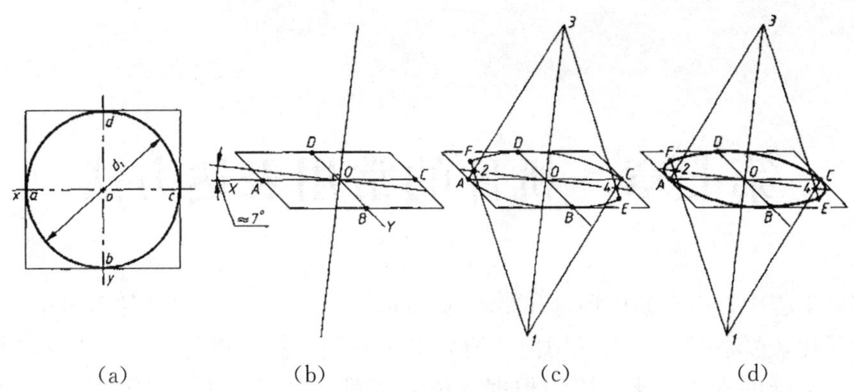

(a)　(b)　(c)　(d)

图 6－13　平行于坐标面圆的斜二测投影

三、斜二测图的画法

由于斜二测图能如实表达物体正面的形状，因而它适合表达某一方向的复杂形状或只有一个方向有圆的物体。

例 6－6　画出如图 6－14（a）所示组合体的斜二测图。

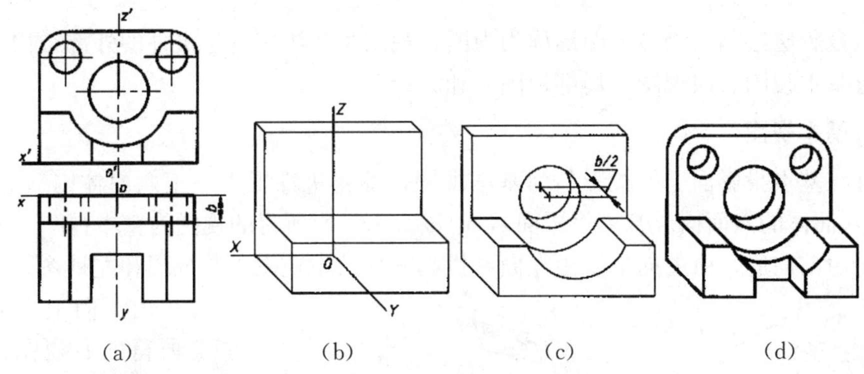

(a)　(b)　(c)　(d)

图 6－14　作组合体的斜二测图

解：作图步骤如下：

（1）在正投影图中选定坐标原点和坐标轴，如图 6－14（a）所示。

（2）画斜二轴测图的坐标轴，绘制组合体的基本形状，如图 6－14（b）所示。

（3）绘制大圆孔和圆槽的斜二轴测图。由于它们的端面圆都平行于 XOZ 坐标面，所以它们的斜二轴测投影都是圆，如图 6－14（c）所示。

（4）绘制小圆孔和圆角的斜二轴测投影以及方槽的斜二轴测投影，擦去多余作图线，加深可见轮廓线，结果如图 6－14（d）所示。

第七章　机件的常用表达方法

在实际工程中，由于使用场合和要求的不同，机件结构形状也是各不相同的。当机件的结构形状比较复杂时，如果仅用前边所学的三视图，就难以将机件的内外结构形状准确、完整、清晰的表达出来，因而根据《技术制图》国家标准（GB16675.1－1996）规定："在绘制技术图样时，应首先考虑看图方便。根据物体的结构特点，选用适当的表示方法。在完整、清晰地表示物体形状的前提下，力求制图简便。"本章将介绍机件的各种常用表达方法。

第一节　表达机件外形的方法——视图

用正投影法绘制出物体的图形称为视图。视图主要用来表达机件的外部结构形状，视图通常有基本视图、向视图、局部视图、和斜视图。

一、基本视图

机件在基本投影面上的投影称为基本视图，即将机件置于一正六面体内（如图 7－1（a），正六面体的六面构成基本投影面），向该六面投影所得的视图为基本视图。该 6 个视图分别是由前向后、由上向下、由左向右投影所得的主视图、俯视图和左视图，以及由右向左、由下向上、由后向前投影所得的右视图、仰视图和后视图。各基本投影面的展开方式如图 7－1（b）所示，展开后各视图的配置如图 7－1（c）所示。基本视图具有"长对正、高平齐、宽相等"的投影规律，即主视图、俯视图和仰视图长对正（后视图同样反映零件的长度尺寸，但不与上述三视图对正），主视图、左、右视图和后视图高平齐，左、右视图与俯、仰视图宽相等。另外，主视图与后视图、左视图与右视图、俯视图与仰视图还具有轮廓对称的特点。

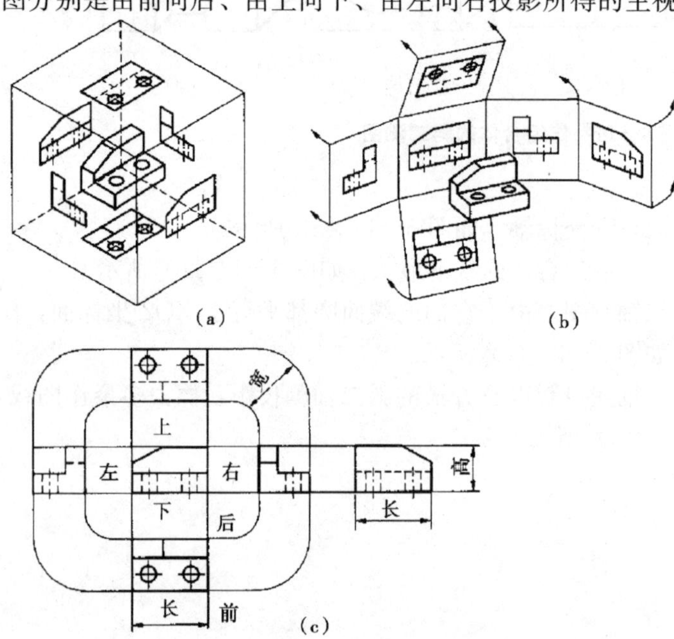

图 7－1　基本视图

二、向视图

向视图是可自由配置的视图。如果视图不能按图 7—2（a）配置时，则应在向视图的上方标注“X”（“X”为大写的拉丁字母），在相应的视图附近用箭头指明投影方向，并注上相同的字母，如图 7—2（b）所示。

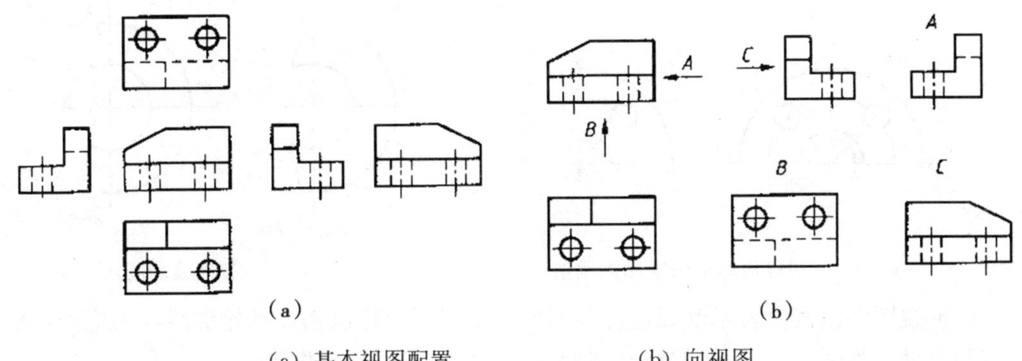

（a）基本视图配置　　　　（b）向视图

图 7—2　**视图配置**

三、局部视图

将机件的某一部分向基本投影面投影，所得到的视图叫做局部视图。画局部视图的主要目的是为了减少作图工作量。图 7—3（a）所示机件，当画出其主俯视图后，仍有两侧的凸台没有表达清楚。因此，需要画出表达该部分的局部左视图和局部右视图。局部视图的断裂边界用波浪线画出，当所表达的局部结构是完整的，且外轮廓又成封闭时，波浪线可以省略，如图 7—3 中的局部视图 B。对称构件或零件的视图可只画一半或四分之一，并在对称中心线的两端画出两条与其垂直的平行细实线，如图 7—4 所示。

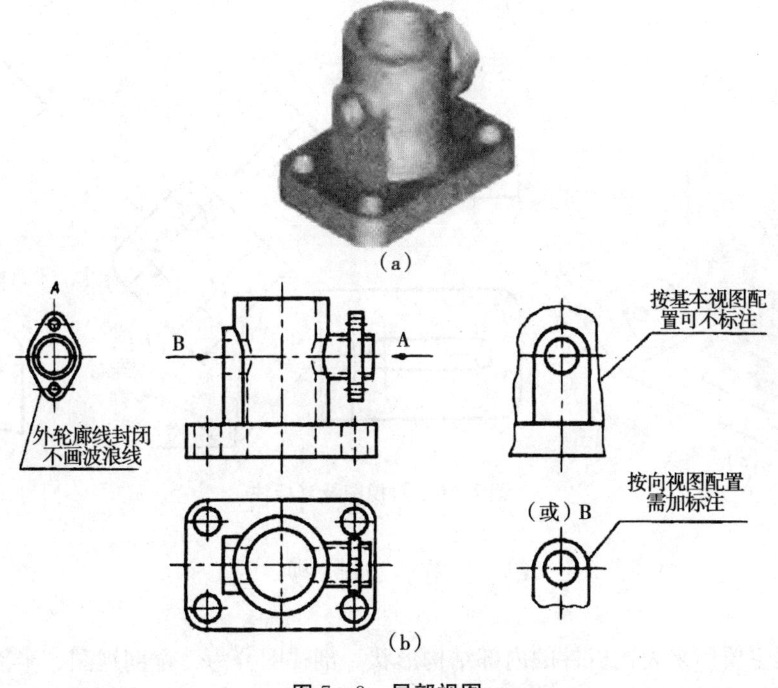

图 7—3　**局部视图**

画图时，一般应在局部视图上方标上视图的名称“X”（“X”为大写拉丁字母），在相应的视图附近用箭头指明投影方向，并注上同样的字母。当局部视图按投影关系配置，中间又无其他图形隔开时，可省略各标注。局部视图可按基本视图的配置形式配置，也可按向视图的配置形式配置并标注。

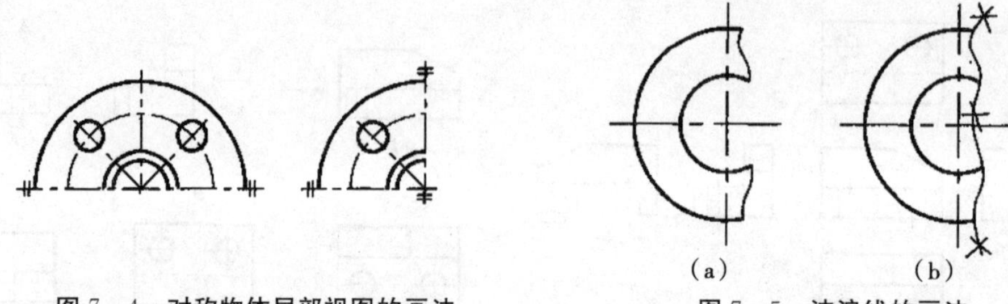

图7—4　对称物体局部视图的画法　　　　图7—5　波浪线的画法

局部视图中波浪线表示断裂边界，因此波浪线不应超出物体的轮廓线，不应画在物体的空洞之处，如图7—5所示的空心圆板，(a) 图正确，(b) 图错误。

四、斜视图

机件向不平行于任何基本投影面的平面投射所得的视图称斜视图。斜视图主要用于表达机件上倾斜部分的实形。图7—6所示的连接弯板，其倾斜部分在基本视图上不能反映实形，为此，可选用一个新的投影面，使它与机件的倾斜部分表面平行，然后将倾斜部分向新投影面投影，这样便可在新投影面上反映实形。

斜视图一般按向视图的形式配置并标注，必要时也可配置在其他适当位置，在不引起误解时，允许将视图旋转配置，表示该视图名称的大写拉丁字母应靠近旋转符号的箭头端，见图7—6，也允许将旋转角度标注在字母之后。

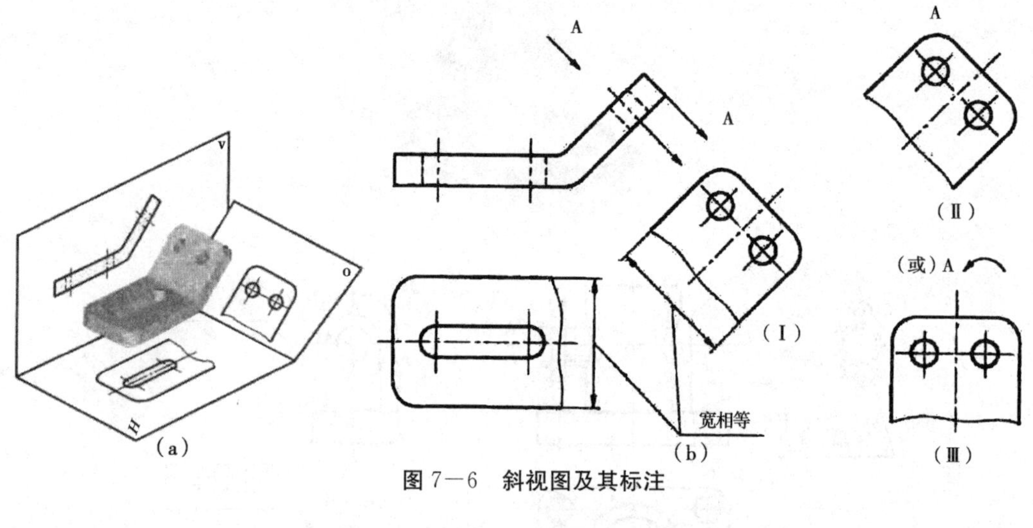

图7—6　斜视图及其标注

第二节　剖 视 图

剖视图主要用来表达机件的内部结构形状。剖视图分为：全剖视图、半剖视图和局部剖视图三种。获得三种剖视图的剖切面和剖切方法有：单一剖切面（平面或柱面）剖切、几个相交的剖切平面剖切、几个平行的剖切平面剖切、组合的剖切平面剖切。

一、剖视图的概念和剖视图的画法

1. 剖视图的概念

机件上不可见的结构形状规定用虚线表示，不可见的结构形状愈复杂，虚线就愈多，这样对读图和标注尺寸都不方便。为此，对机件不可见的内部结构形状经常采用剖视图来表达，如图 7—7 所示。

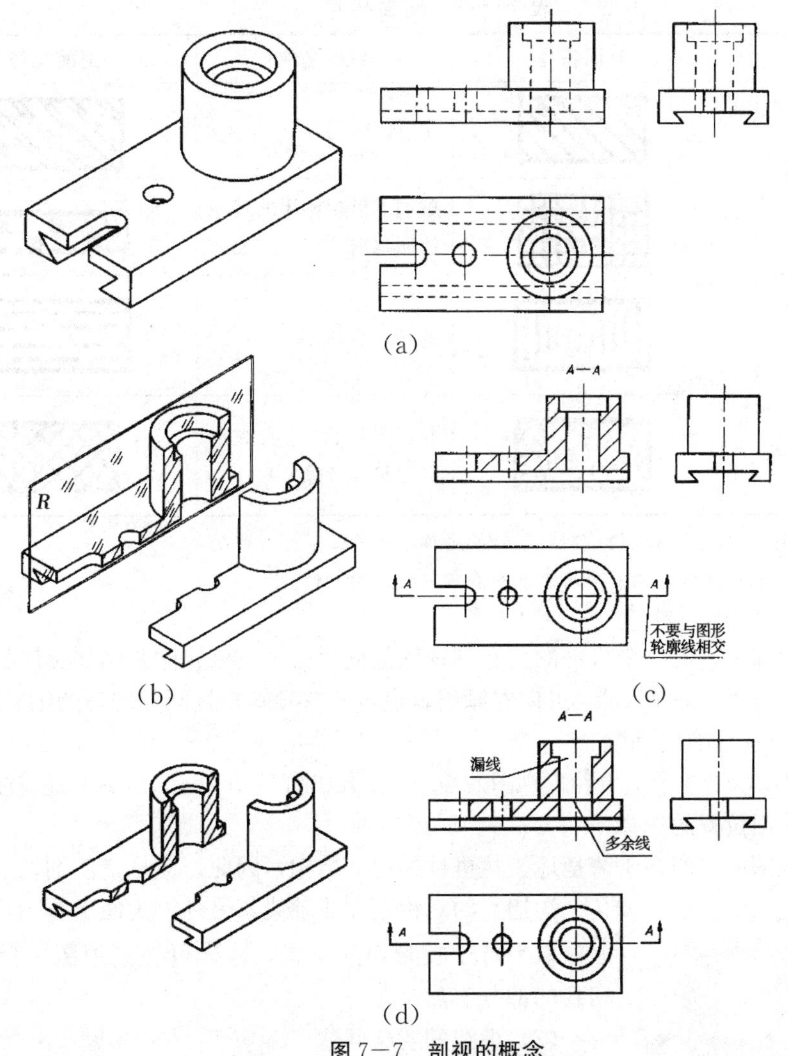

图 7—7　剖视的概念

图 7—7（a）是机件的三视图，主视图上有多条虚线。

图 7—7（b）表示进行剖视图的过程，假想用剖切平面 R 把机件切开，移去观察者与剖切平面之间的部分，将留下的部分向投影面投影，这样得到的图形就称为剖视图，简称剖视，见图 7—7（c）。

剖切平面与机件接触的部分，称为剖面。剖面是部切平面 R 和物体相交所得的交线围成的图形。为了区别剖到和未剖到的部分，要在剖到的实体部分上画上剖面符号，见图

7—7（c）。

因为剖切是假想的，实际上机件仍是完整的，所以画其他视图时，仍应按完整的机件画出。

图 7—7（d）中的画法是不正确的。

为了区别被剖到的机件的材料，国家标准 GB4457.5—84 规定了各种材料剖面符号的画法，见表 7—1。

表 7—1　剖面符号

材料名称	剖面符号	材料名称	剖面符号
金属材料（已有规定剖面符号者除外）		砖、固体材料	
线圈绕组元件		玻璃及供观察用的其他透明材料	
转子、电枢、变压器和电抗器等的叠钢片		液体	
型砂、填砂、粉末冶金、砂轮、陶瓷刀片、硬质合金刀片等		非金属材料（已有规定剖面符号者除外）	

注：1. 剖面符号仅表示材料的类别，材料的名称和代号必须另行注明。

2. 叠钢片的剖面线方向，应与束装中叠钢片的方向一致。

3. 液面用细实线绘制。

在同一张图样中，同一个机件的所有剖视图的剖面符号应该相同。例如金属材料的剖面符号，都画成与水平线成 45°（可向左倾斜，也可向右倾斜）且间隔均匀的细实线。

2. 画剖视图应注意的问题

以图 7—8 所示支架为例，介绍剖视图的画法，步骤如图 7—9 所示，绘制时还应注意：

（1）剖切平面位置的选择

因为画剖视图的目的在于清楚地表达机件的内部结构，因此，应尽量使剖切平面通过内部结构比较复杂的部位（如孔、沟槽）的对称平面或轴线。另外，为便于看图，剖切平面应取平行于投影面的位置，这样可在剖视图中反映出剖切到的部分实形。

图 7—8　支架

（2）虚线的省略问题

剖切平面后方的可见轮廓线都应画出，不能遗漏。不可见部分的轮廓线——虚线，在不影响对机件形状完整表达的前提下，不再画出。

（3）标注问题

剖视图标注的目的，在于表明剖切平面的位置和数量，以及投影的方向。一般用断开线（粗短线）表示剖切平面的位置，用箭头表示投影方向，用字母表示某处做了剖视。

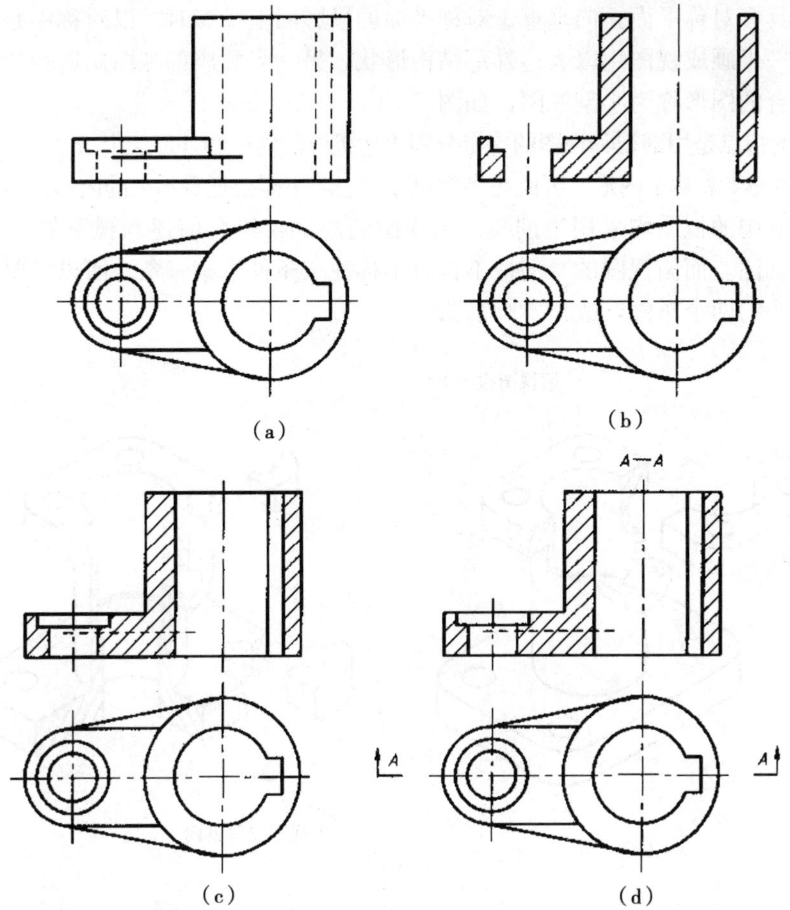

图 7—9　剖视图的画法

剖视图如满足以下三个条件，可不加标注：

①剖切平面是单一的，而且是平行于要采取剖视的基本投影面的平面。

② 剖视图配置在相应的基本视图位置。

③ 剖切平面与机件的对称面重合。

凡完全满足以下两个条件的剖视，在断开线的两端可以不画箭头：

①部切平面是基本投影面的平行面。

② 剖视图配置在基本视图位置，而中间又没有其他图形间隔。

二、剖视图的种类及其应用

根据机件被剖切范围的大小，剖视图可分为全剖视图、半剖视图和局部剖视图。

1. 全剖视图

用剖切平面完全地剖开机件后所得到的剖视图，称为全剖视图。

图 7—7（c）的主视图为全剖视，全剖视图标注方法是，在剖切位置画断开线（断开的粗实线）。断开线应画在图形轮廓线之外，不与轮廓线相交，且在两段粗实线的旁边写上两个相同的大写字母，然后在剖视图的上方标出同样的字母，如“A—A”。

2. 半剖视图

当机件具有对称平面，向垂直于对称平面的投影面上投影时，以对称中心线（细点画线）为界，一半画成视图用以表达外部结构形状，另一半画成剖视图用以表达内部结构形状，这样组合的图形称为半剖视图，如图 7－10。

半剖视的特点是用剖视和视图的一半分别表达机件的内形和外形。由于半剖视图的一半表达了外形，另一半表达了内形，因此在半剖视图上一般不需要把看不见的内形用虚线画出来。

图 7－10 中的视图均采用半剖视。主视图的半剖视符合前述剖视不加标注的三个条件，所以不标注。而俯视图的半剖视不符合不标注三条件上第三条，所以需要加注；但它符合不画箭头的两个条件，故可不画箭头。

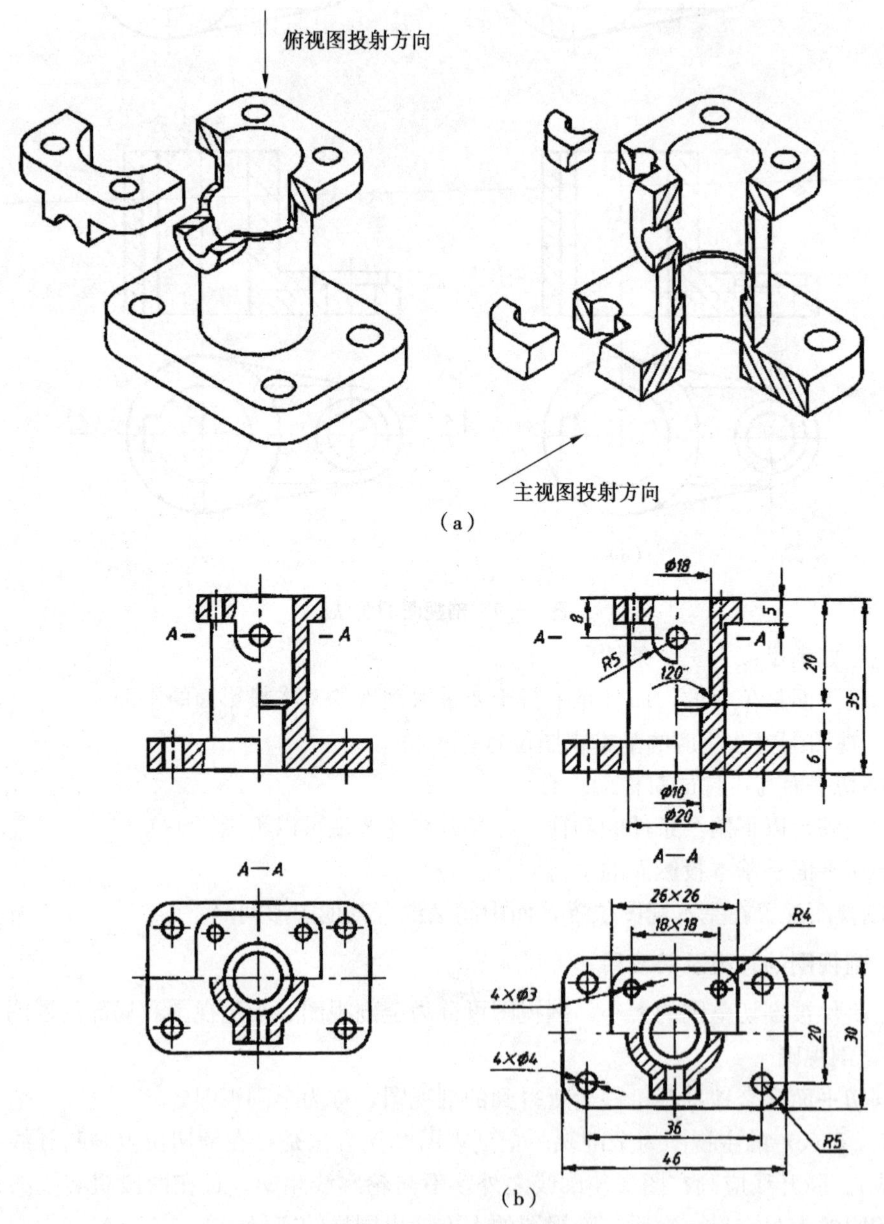

图 7－10　剖视图的画法

3. 局部剖视图

当机件尚有部分的内部结构形状未表达清楚，但又没有必要作全剖视或不适合于作半剖视时，可用剖切平面局部地剖开机件，所得的剖视图称为局部剖视图，如图 7—11。局部剖切后，机件断裂处的轮廓线用波浪线表示。为了不引起读图的误解，波浪线不要与图形中的其他图线重合，也不要画在其他图线的延长线上，如图 7—12。图 7—13 所示为波浪线的画法。

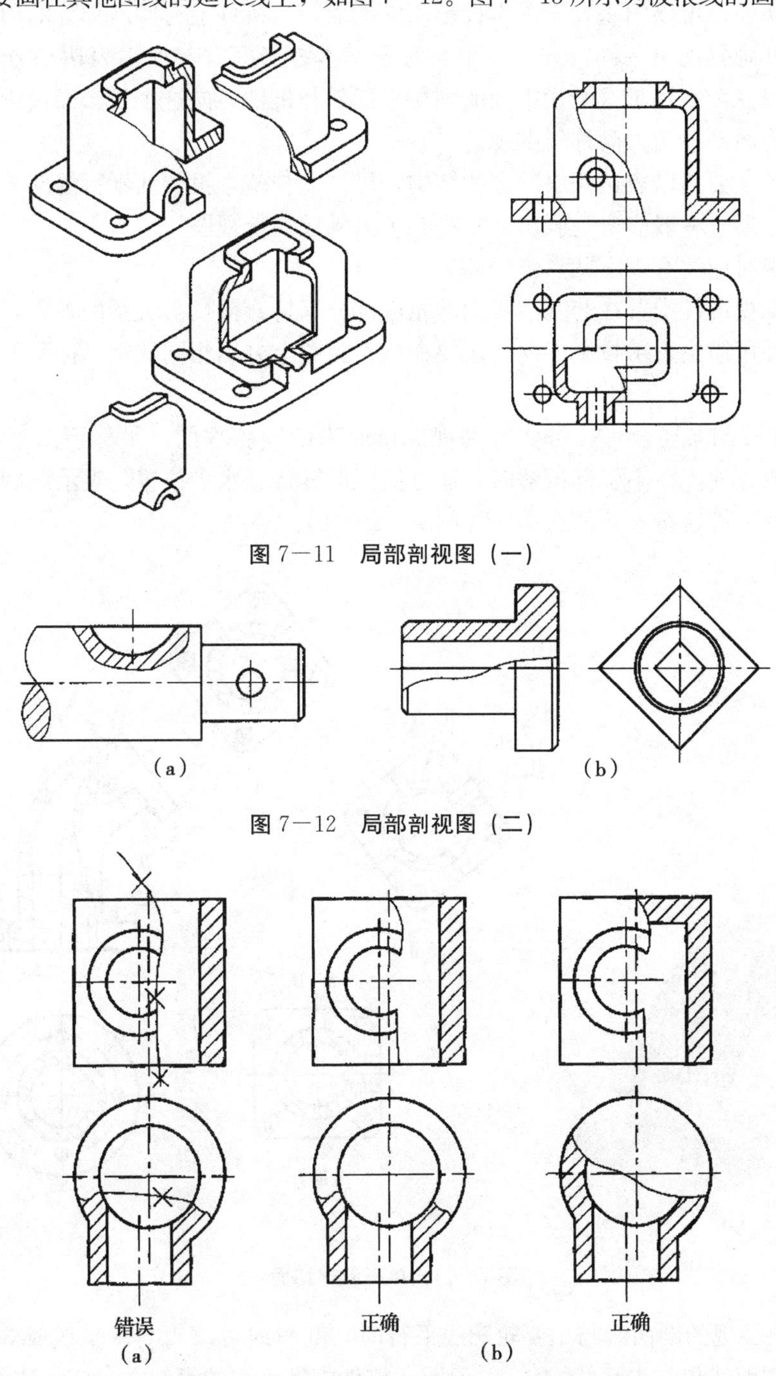

图 7—11　局部剖视图（一）

图 7—12　局部剖视图（二）

图 7—13　局部剖视图中波浪线的画法

三、剖切面的种类及方法

1. 单一剖切面

单一剖切面用得最多的是投影面的平行面，前面所举图例中的剖视图都是用这种平面剖切得到的。

单一剖切面还可以用垂直于基本投影面的平面，当机件上有倾斜部分的内部结构需要表达时，可和画斜视图一样，选择一个垂直于基本投影面且与所需表达部分平行的投影面，然后再用一个平行于这个投影面的剖切平面剖开机件，向这个投影面投影，这样得到的剖视图称为斜剖视图，简称斜剖视。

斜剖视图主要用以表达倾斜部分的结构，机件上与基本投影面平行的部分，在斜剖视图中不反映实形，一般应避免画出，常将它舍去画成局部视图。

画斜剖视时应注意以下几点：

(1) 斜剖视最好配置在与基本视图的相应部分保持直接投影关系的地方，标出剖切位置和字母，并用箭头表示投影方向，还要在该斜视图上方用相同的字母标明图的名称，如图 7—14 (b)。

(2) 为使视图布局合理，可将斜剖视保持原来的倾斜程度，平移到图纸上适当的地方；为了画图方便，在不引起误解时，还可把图形旋转到水平位置，表示该剖视图名称的大写字母应靠近旋转符号的箭头端，如图 7—14 (b)。

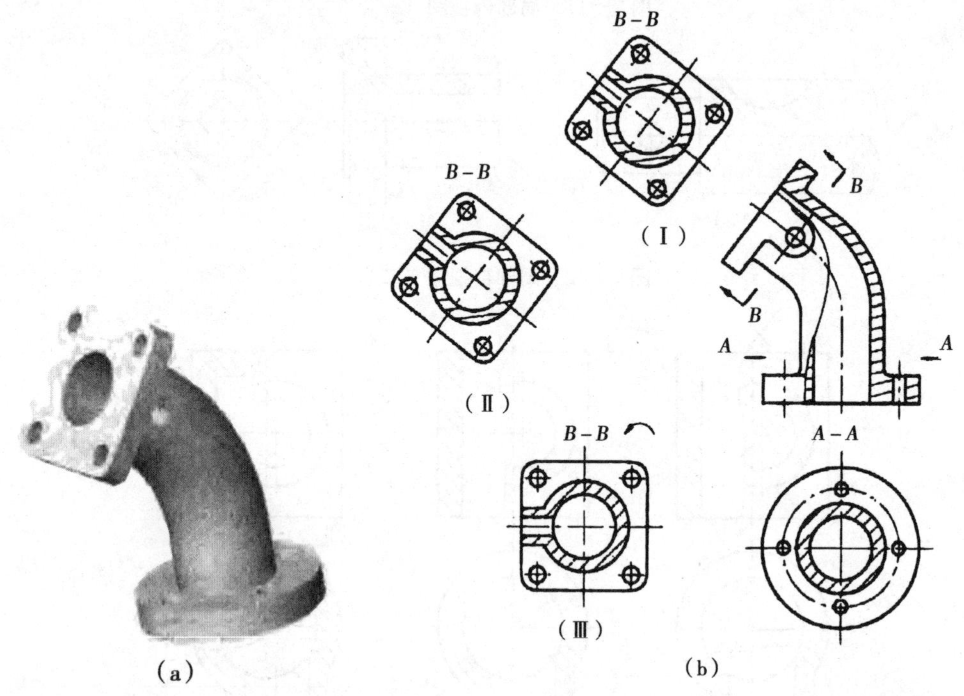

图 7—14 单一斜剖切面

(3) 当斜剖视的剖面线与主要轮廓线平行时，剖面线可改为与水平线成 30°或 60°角，原图形中的剖面线仍与水平线成 45°，但同一机件中剖面线的倾斜方向应大致相同。

2. 几个相交的剖切平面

当机件的内部结构形状用一个剖切平面不能表达完全，且这个机件在整体上又具有回转轴时，可用两个相交的剖切平面剖开，这种剖切方法称为旋转剖，如图 7－15 的俯视图为旋转剖切后所画出的全剖视图。

采用旋转剖面剖视图时，首先把由倾斜平面剖开的结构连同有关部分旋转到与选定的基本投影面平行，然后再进行投影，使剖视图既反映实形又便于画图。需要指出的是：

（1）旋转剖必须标注，标注时，在剖切平面的起、迄、转折处画上剖切符号，标上同一字母，并在起迄画出箭头表示投影方向，在所画的剖视图的上方中间位置用同一字母写出其名称“×—×”如图 7－15。

（2）在剖切平面后的其他结构一般仍按原来位置投影，如图 7－15 中小油孔的两个投影。

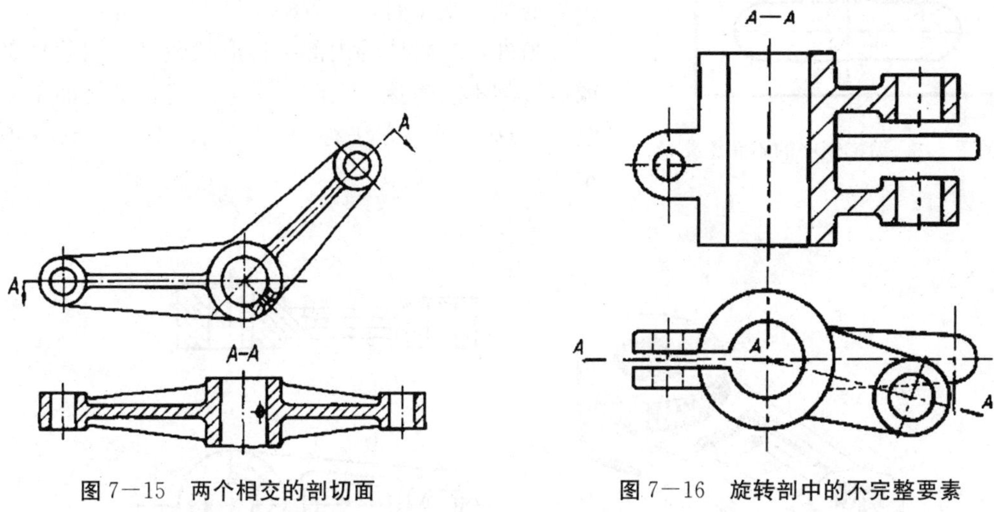

图 7－15　**两个相交的剖切面**

图 7－16　**旋转剖中的不完整要素**

（3）当剖切后产生不完整要素时，应将该部分按不剖画出，如图 7－16。

3. 几个平行的剖切平面

当机件上有较多的内部结构形状，而它们的轴线不在同一平面内时，可用几个互相平行的剖切平面剖切，这种剖切方法称为阶梯剖。图 7－17 所示机件用了两个平行的剖切平面剖切后画出的“A—A”全剖视图。

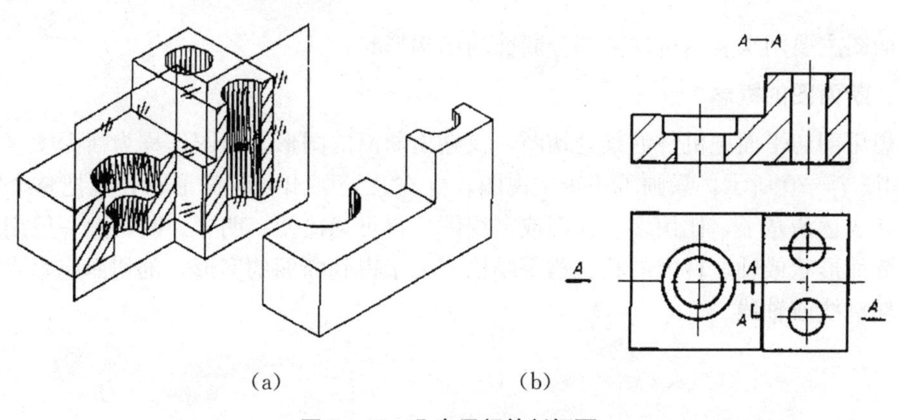

(a)　(b)

图 7－17　**几个平行的剖切面**

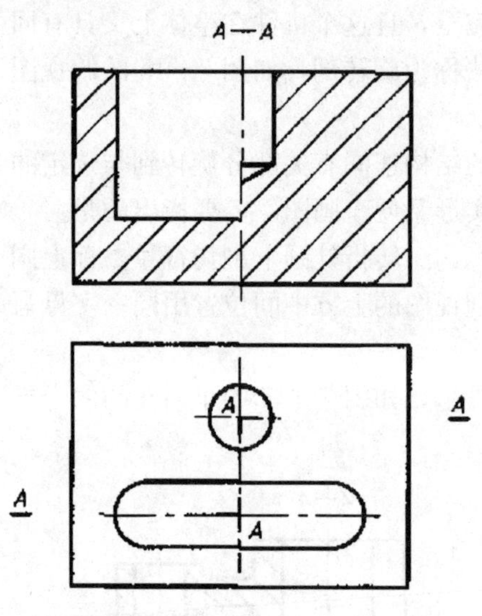

图 7—18 阶梯剖中的不完整要素

采用阶梯剖面剖视图时，各剖切平面剖切后所得的剖视图是一个图形，不应在剖视图中画出各剖切平面的界线，如图 7—17；在图形内也不应出现不完整的结构要素。仅当物体上两个要素在图形上具有公共对称中心线或轴线时，才可以各画一半，此时，不完整要素应以对称中心线或轴线为界，如图 7—18。

阶梯剖的标注与旋转剖的标注要求相同。在相互平行的剖切平面的转折处的位置不应与视图中的粗实线（或虚线）重合或相交，如图 7—17。当转折处的地方很小时，可省略字母。

另外，当物体的内部结构形状较多，用阶梯剖或旋转剖不能表达完全时，可采用组合剖切面剖开机件，这种剖切方法称为组合剖，如图 7—19 所示。

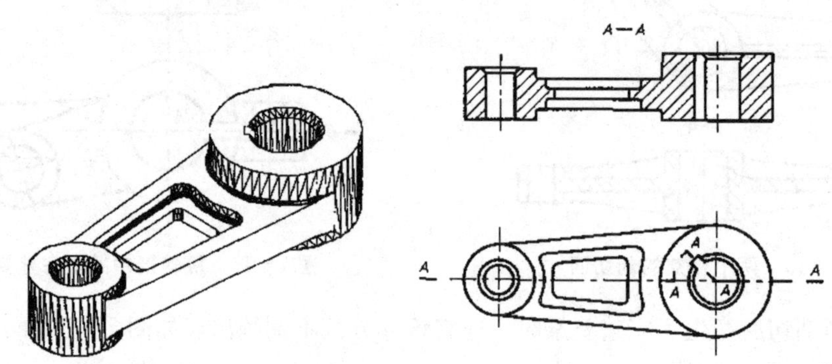

图 7—19 组合剖

第三节 断 面 图

断面图主要用来表达机件某部分断面的结构形状。

一、断面图的概念

假想用剖切平面把机件的某处切断，仅画出断面的图形，此图形称为断面图（简称断面）。如图 7—20 所示，只画了一个主视图，并在几处画出了断面形状，就把整个零件的结构形状表达清楚了，比用多个视图或剖视图显得更为简便、明了。断面图一般用来表示某处的断面形状或轴、杆上的孔、槽等结构。为了得到断面的实形，剖切面应垂直于机件的主要轮廓线或轴线。

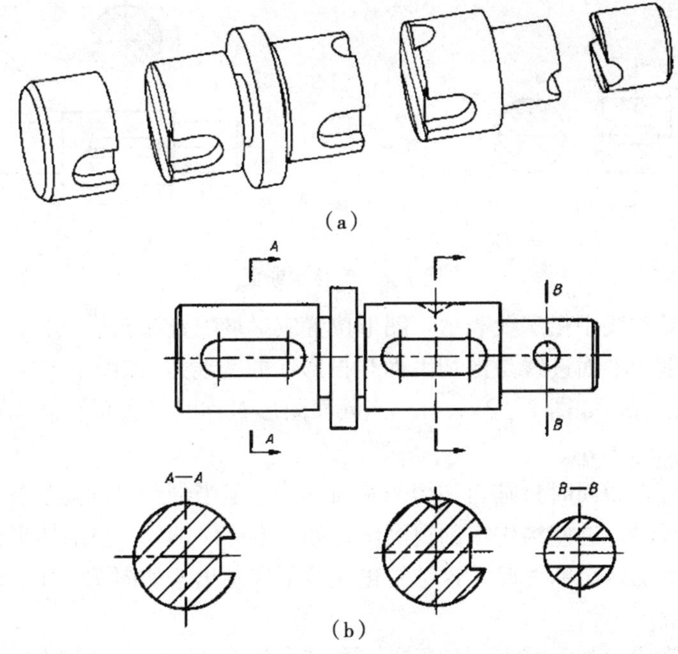

图 7—20　小轴的断面图

断面与剖视的区别在于：断面只画出剖切平面和机件相交部分的断面形状，而剖视则须把断面和断面后可见的轮廓线都画出来。

二、断面图的种类

断面按其在图纸上配置的位置不同，分为移出断面和重合断面。

1. 移出断面图

画在视图轮廓线以外的断面，称为移出断面。例如，图 7—21 (a)、(b)、(c)、(d)、(e)、(f) 均为移出断面。

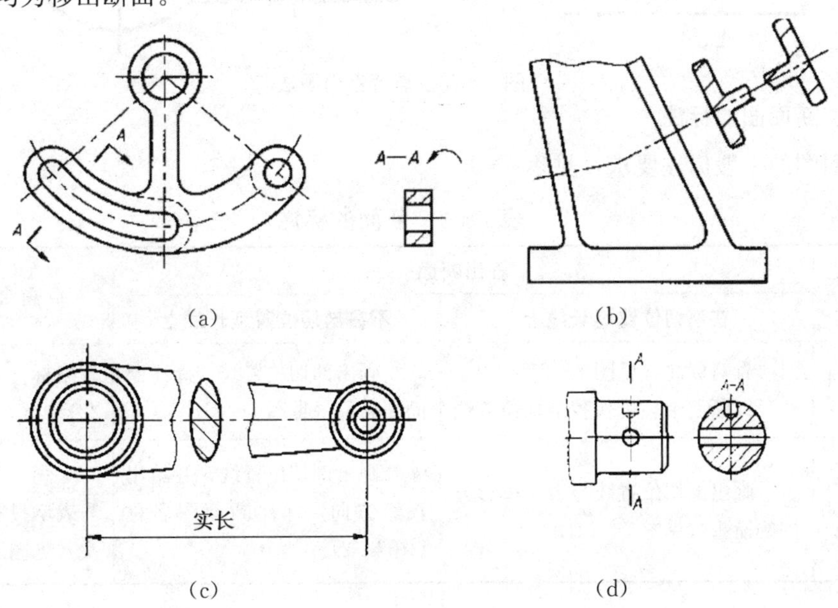

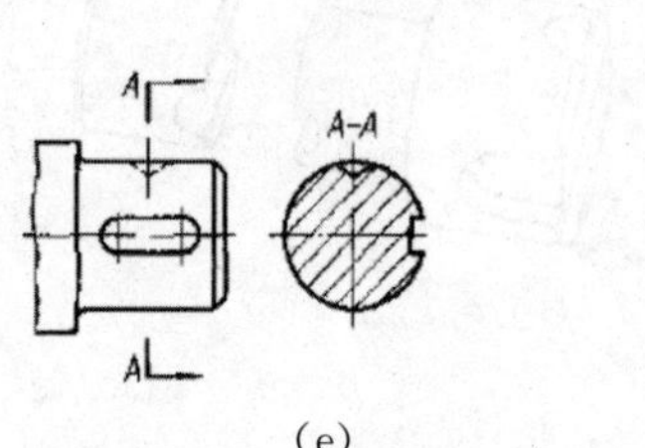

(e)

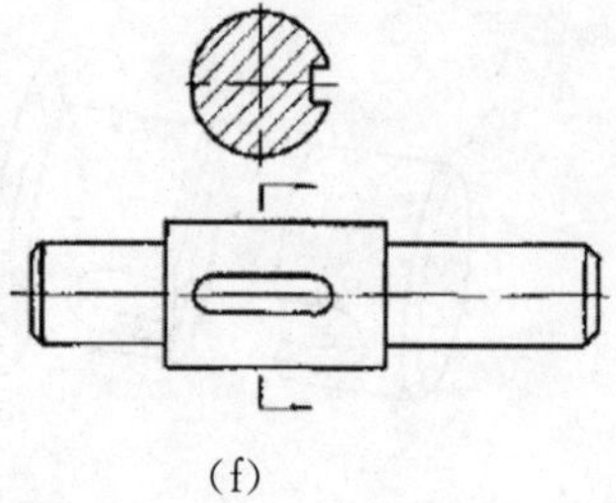
(f)

图 7—21 移出断面

移出断面的轮廓线用粗实线表示，图形位置应尽量配置在剖切位置符号或剖切平面迹线的延长线上（剖切平面迹线是剖切平面与投影面的交线），如图 7—21（b)、(f)。也允许放在图上任意位置，如图 7—21（a)。当断面图形对称时，也可将断面画在视图的中断处，如图 7—21（c）所示。

一般情况下，画断面时只画出剖切的断面形状，但当剖切平面通过机件上回转面形成的孔或凹坑的轴线时，这些结构按剖视画出，如图 7—21（d)。当剖切平面通过非圆孔会导致出现完全分离的两个断面时，这结构也应按剖视画出，如图 7—21（a）所示。

2. 重合断面图

画在视图轮廓线内部的断面，称为重合断面，例如 7—22 都是重合断面。

重合断面的轮廓线用细实线绘制，断面线应与断面图形的对称线或主要轮廓线成 45°角。当视图的轮廓线与重合断面的图形线相交或重合时，视图的轮廓线仍要完整地画出，不得中断，如图 7—22 的画法。

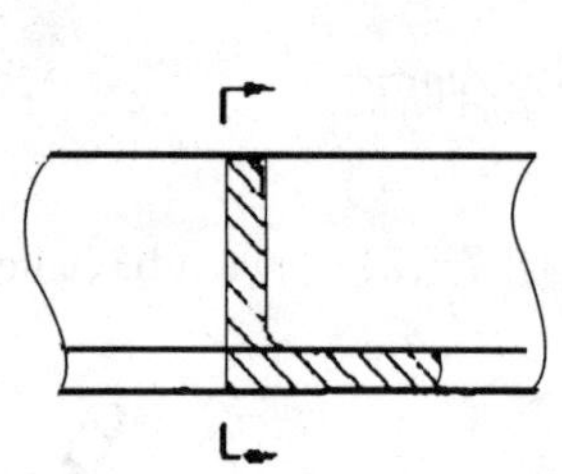

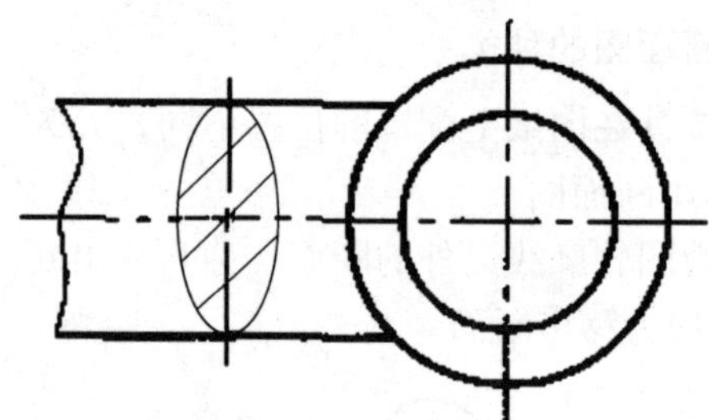

图 7—22 重合断面画法

三、断面图的标注

断面图的一般标注要求，见表 7—2。

表 7—2 断面的标注

<table>
<tr><th colspan="2" rowspan="2">断面种类及位置</th><th colspan="2">移出断面</th><th rowspan="2">重合断面</th></tr>
<tr><th>在剖切位置延长线上</th><th>不在剖切位置延长线上</th></tr>
<tr><td rowspan="2">剖面图形</td><td>对称</td><td>省略标注（见图 7—21b）
以断面中心线代替剖切位置线</td><td>画出剖切位置线，标注断面图名称（见图 7—21d）</td><td>省略标注（见图 7—22）</td></tr>
<tr><td>不对称</td><td>画出剖切位置线与表示投影方向的箭头（见图 7—21f）</td><td>画出剖切位置线，并给出投影方向，标注断面图名称（图 7—21e）</td><td>画出剖切位置线与表示投影方向的箭头（见图 7—22）</td></tr>
</table>

第四节　习惯画法和简化画法

对机件上的某些结构，国家标准 GB/T16675.1—1996 规定了习惯画法和简化画法，现分别介绍如下：

一、局部放大图

当机件的某些局部结构较小，在原定比例的图形中不易表达清楚或不便标注尺寸时，可将此局部结构用较大比例单独画出，这种图形称为局部放大图，如图 7—23 所示，此时，原视图中该部分结构可简化表示。

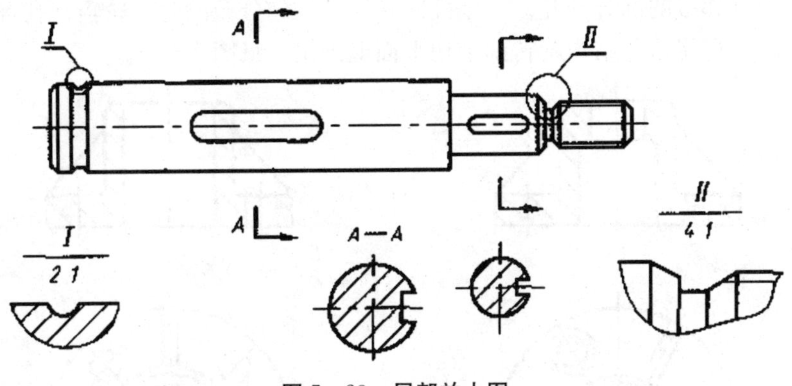

图 7—23　局部放大图

局部放大图可画成剖视、断面或视图。

二、其他习惯画法和简化画法

1. 当机件具有若干相同结构（齿、槽等），并按一定规律分布时，只需要画出几个完整的结构，其余用细实线连接，在零件图中则必须注明该结构的总数，见图 7—24。

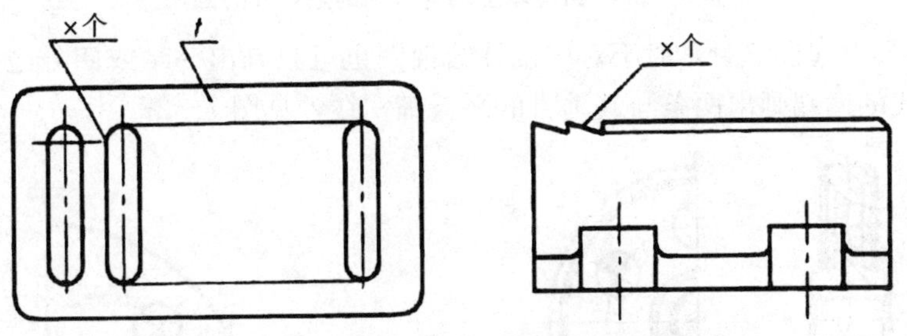

图 7—24　成规律分布的若干相同结构的简化画法

2. 若干直径相同且成规律分布的孔（圆孔、螺孔、沉孔等），可以仅画出一个或几个。其余只需用点画线表示其中心位置，在零件图中应注明孔的总数，见图 7—25。

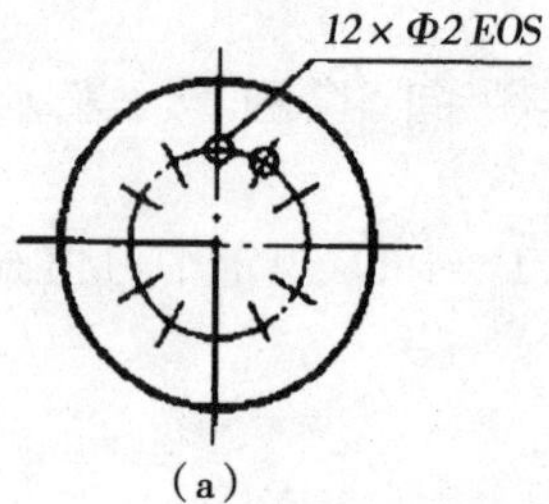

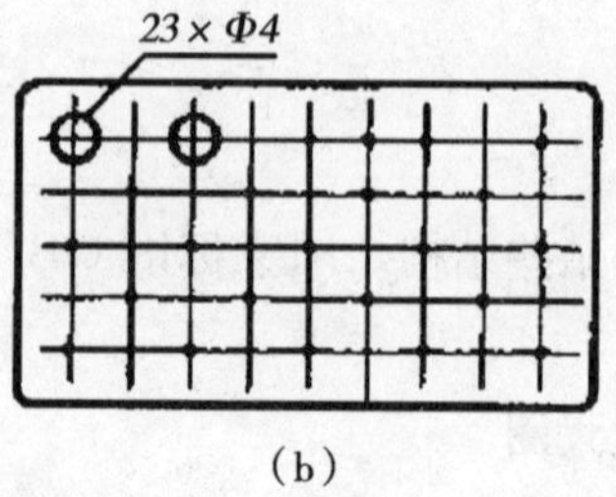

图 7—25 成规律分布的相同孔的简化画法

3. 对于机件的肋、轮辐及薄壁等，如按纵向剖切，这些结构都不画剖面符号，而用粗实线将它与其邻接的部分分开。当零件回转体上均匀分布的肋、轮辐、孔等结构不处于剖切平面上时，可将这些结构旋转到剖切平面上画出，见图 7—26。

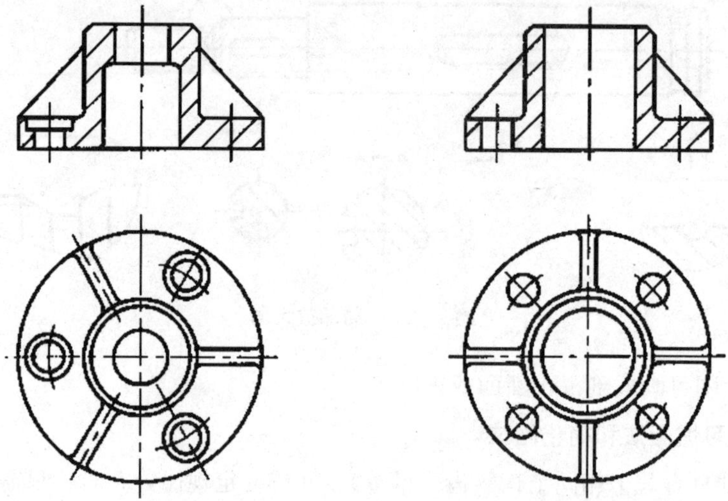

图 7—26 回转体上均匀分布的肋、孔的画法

4. 在不致引起误解时，对于对称机件的视图也可只画出一半或四分之一，此时必须在对称中心线的两端画出两条与其垂直的平行细实线，见图 7—27。

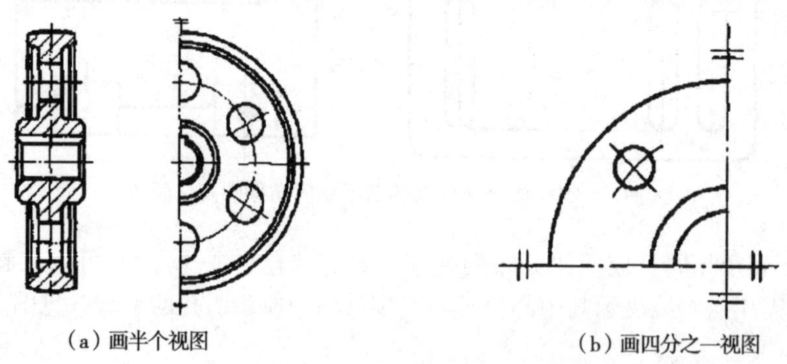

图 7—27 对称机件的简化画法

5. 对于网状物、编织物或机件上的滚花部分，可以在轮廓线附近用细实线示意画出，并在图上或技术要求中注明这些结构的具体要求，如图 7—28。

图 7—28　**滚花的画法**

6. 当图形不能充分表达平面时，可用平面符号（相交的两细实线）表示，见图 7—29。

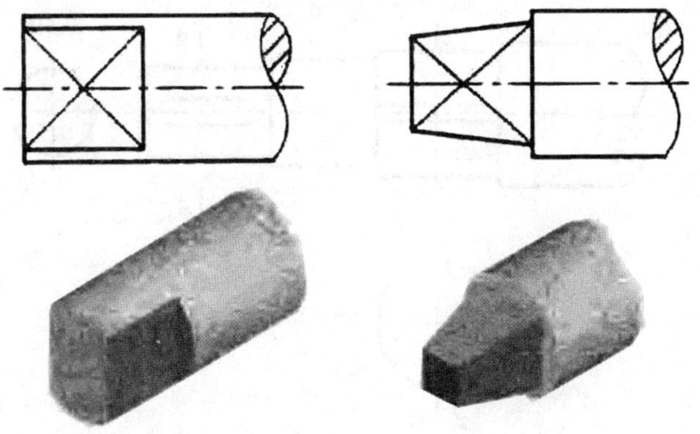

图 7—29　**表示平面的简化画法**

7. 机件上的一些较小结构，如在一个图形中已表达清楚时，其他图形可简化或省略，见图 7—30。

8. 机件上斜度不大的结构，如在一个图形中已表达清楚时，其他图形可按小端画出，见图 7—31。

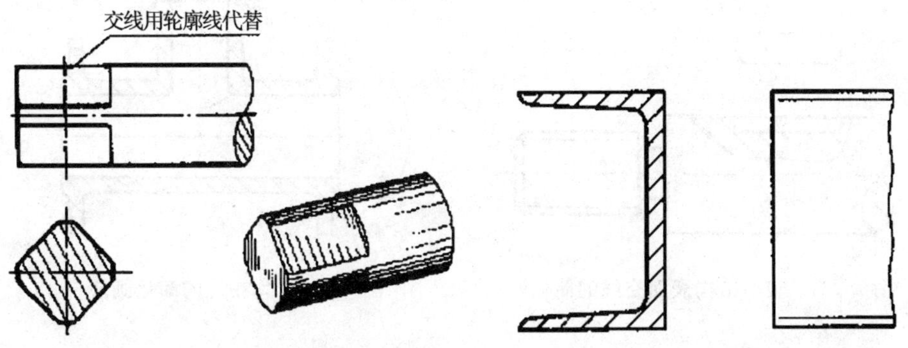

图 7—30　**机件上较小结构的简化画法**　　图 7—31　**斜度不大结构的简化画法**

9. 对于较长的机件（如轴、连杆、筒、管、型材等），若沿长度方向的形状一致或按一定规律变化时，为节省图纸和画图方便，可将其断开后缩短绘制，但要标注机件的实际尺寸。

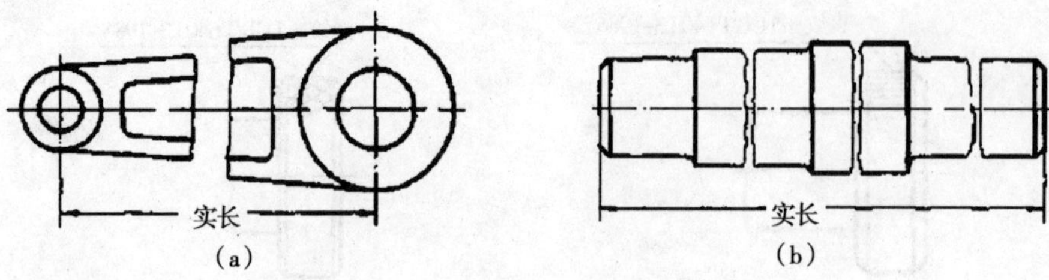

图 7－32　各种断裂画法

10. 在不致引起误解时，移出断面图允许省略剖面符号，但剖切位置和断面图的标注必须遵守原规定，如图 7－33。

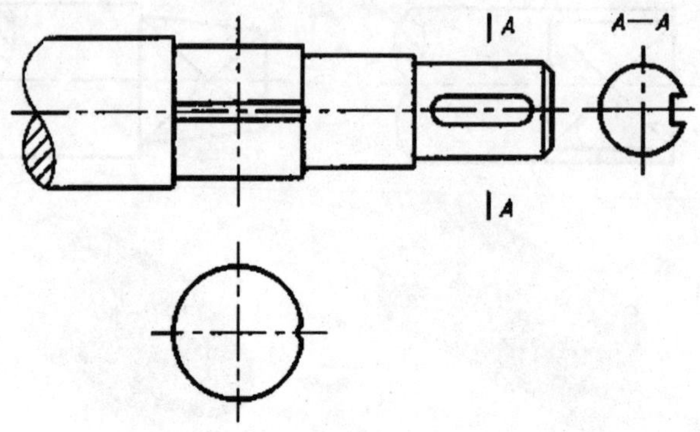

图 7－33　移出断面图的简化画法

11. 圆柱形物体上的孔、键槽等较小结构产生的表面交线，其画法允许简化，但必须有一个视图能清楚表达这些结构的形状，如图 7－34 所示。

12. 圆柱形法兰和类似物体上均匀分布的孔，可按图 7－35 所示的方法绘制。

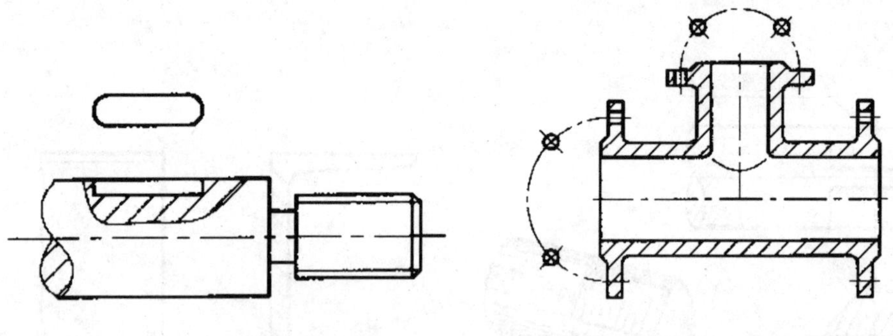

图 7－34　较小结构表面交线的简化

图 7－35　均布孔的简化画法

第八章　标准件和常用件

在机器或部件中，有些零件的结构和尺寸已全部实行了标准化，这些零件称为标准件，如螺栓、螺母、螺钉、垫圈、键、销等。还有些零件的结构和参数实行了部分标准化，这些零件称为常用件，如齿轮和蜗轮、蜗杆等。

由于标准件和常用件在机器中应用广泛，一般由专门工厂成批或大量生产。为便于绘图和读图，对形状比较复杂的结构要素，如螺纹、齿轮轮齿等，不必按其真实投影绘制，而要按照国家标准规定的画法和标记方法进行绘图和标注。

本章主要介绍标准件和常用件的规定画法和标注方法。

第一节　螺　纹

一、螺纹的形成、要素

1. 螺纹的形成

一平面图形（如三角形、矩形、梯形）绕一圆柱做螺旋运动得到一圆柱螺旋体，工业上常称为螺纹。在圆柱外表面上的螺纹为外螺纹；在圆柱（或圆锥）孔内表面上的螺纹称为内螺纹。

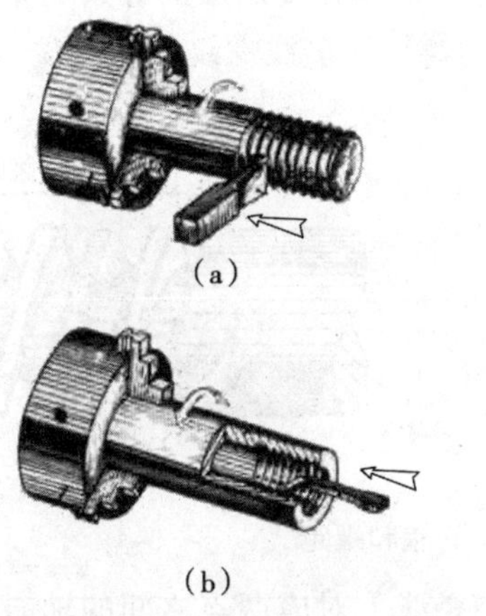

图 8－1　**螺纹加工方法**

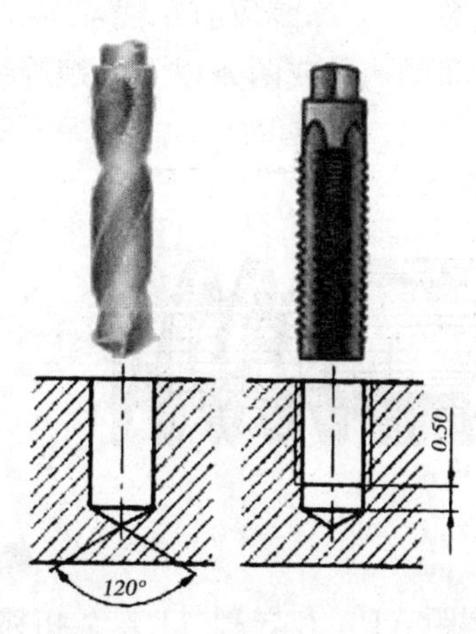

图 8－2　**螺纹孔加工方法**

螺纹的加工方法很多，图 8－1 是在车床上车制螺纹的情况。

加工不穿通的螺孔，可先用钻头钻出光孔，再用丝锥攻丝，如图 8－2 所示。

2. 螺纹的要素

螺纹的牙型、直径、线数、螺距、旋向等称为螺纹的要素，内外螺纹配对使用时，上述要素必须一致。

（1）牙型　沿螺纹轴线剖切时，螺纹牙齿轮廓的剖面形状称为螺纹的牙型，有三角形、梯形、锯齿形等，如图 8－3。不同的螺纹牙型，有不同的用途。

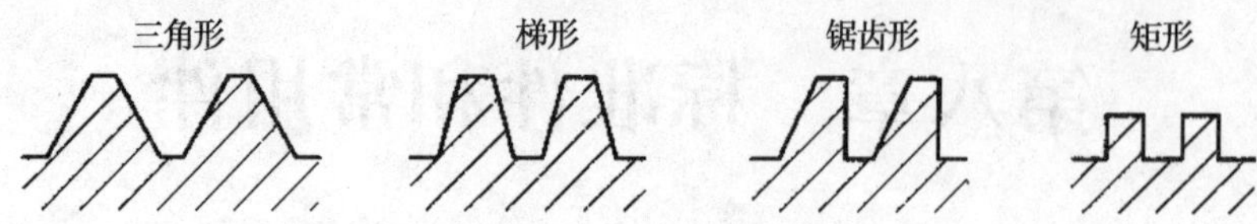

图 8－3　螺纹的牙型

（2）螺纹的直径（大径、小径、中径）　与外螺纹牙顶或内螺纹牙底相重合的假想圆柱面的直径称为大径（内、外螺纹分别用 D、d 表示），也称为螺纹的公称直径；与外螺纹牙底或内螺纹牙顶相重合的假想圆柱面的直径称为小径（内、外螺纹分别用 D_1、d_1 表示）；在大径与小径之间，其母线通过牙型沟槽宽度和凸起宽度相等的假想圆柱面的直径称为中径（内、外螺纹分别用 D_2、d_2 表示），如图 8－4 所示。

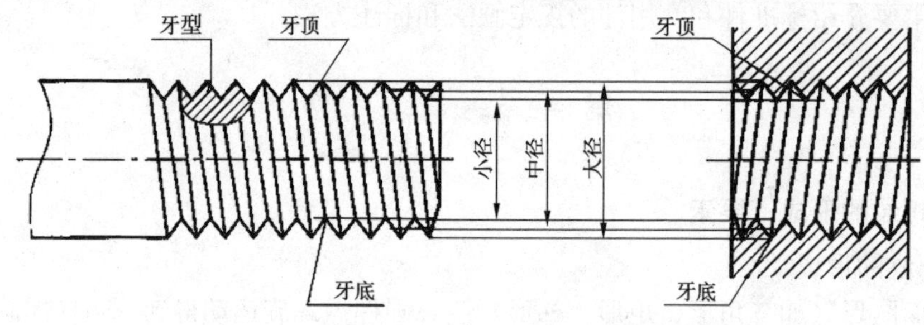

图 8－4　螺纹的直径

（3）线数（n）　螺纹有单线和多线之分，沿一条螺旋线形成的螺纹为单线螺纹；沿轴向等距分布的两条或两条以上的螺旋线所形成的螺纹为多线螺纹，如图 8－5 所示。

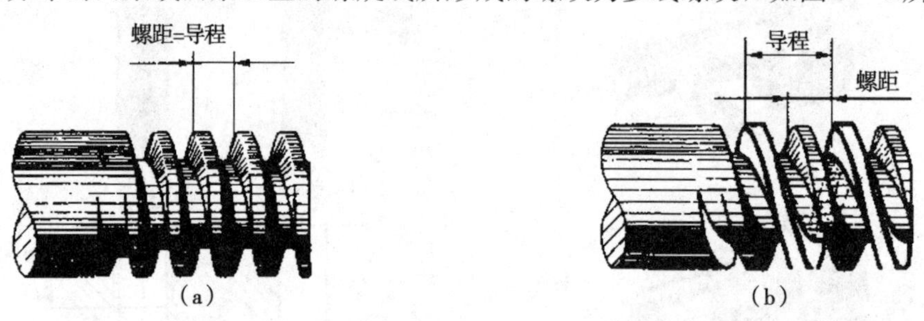

图 8－5　螺纹的线数、导程和螺距

（4）螺距（P）和导程（L）　相邻两牙在中径线上对应两点之间的轴向距离称为螺距。同一螺旋线上相邻两牙在中径线上对应两点之间的轴向距离称为导程。导程与螺距的关系为 L＝nP。

（5）旋向　螺纹有右旋和左旋之分。按顺时针方向旋转时旋进的螺纹称为右旋螺纹，按逆时针方向旋转时旋进的螺纹称为左旋螺纹。判别的方法是将螺杆轴线铅垂放置，面对螺纹，若螺纹自左向右升起，则为右旋螺纹，反之则为左旋螺纹，如图 8－6 所示。常用的螺纹多为右旋螺纹。

在螺纹诸要素中，牙型、大径和螺距是决定螺纹结构规格最基本的要素，称为螺纹三要素。凡螺纹三要素符合国家标准的称为标准螺纹。而牙型符合标准，直径或螺距不符合标准的称为特殊螺纹；对于牙型不符合标准的，称为非标准螺纹。

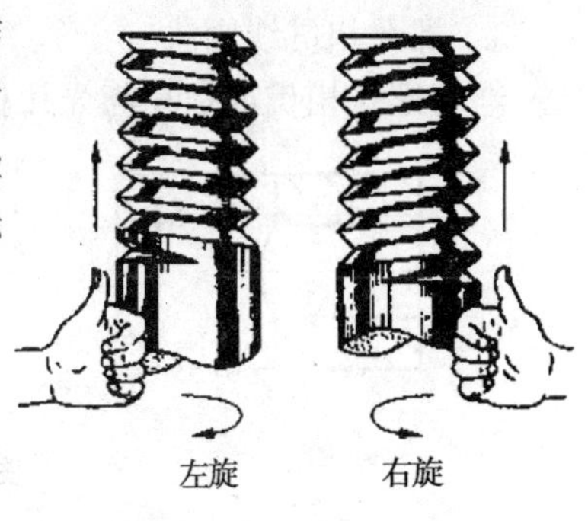

图 8－6　螺纹的旋向

二、螺纹的规定画法

1. 外螺纹画法

螺纹的牙顶（大径）及螺纹终止线用粗实线表示；牙底（小径）用细实线表示（小径近似的画成大径的0.85倍），并画入螺杆的倒角或倒圆部分，在垂直于螺纹轴线的投影面的视图中，表示牙底的细实线圆只画约 3/4 圈，此时，螺杆上的倒角或倒圆省略不画，如图 8－7 所示。

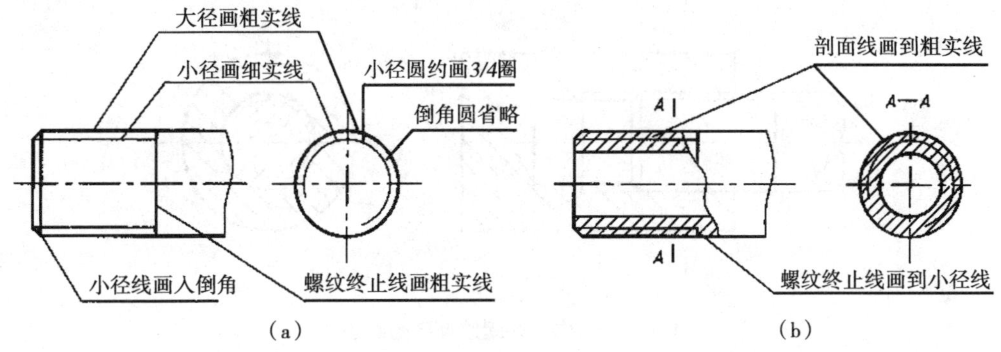

图 8－7　外螺纹的画法

2. 内螺纹的画法

内螺纹一般画成剖视图，其牙顶（小径）及螺纹终止线用粗实线表示；牙底（大径）用细实线表示，剖面线画到粗实线为止。不作剖视时，所有图线均用虚线绘制。在垂直于螺纹轴线的投影面的视图中，小径圆用粗实线表示；大径圆用细实线表示，且只画 3/4 圈，此时，螺孔上的倒角或倒圆省略不画，如图 8－8 所示。

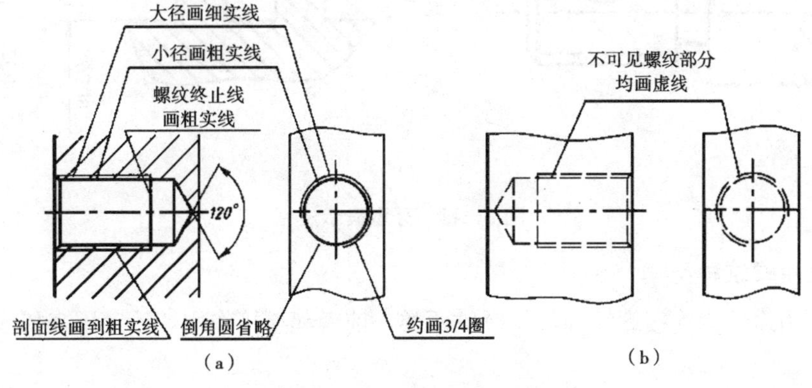

图 8－8　内螺纹的画法

3. 螺孔相贯线画法

当两螺孔相贯或螺孔与光孔相贯时，按图 8－9 所示绘制。

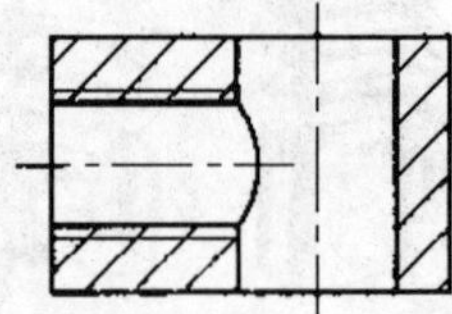
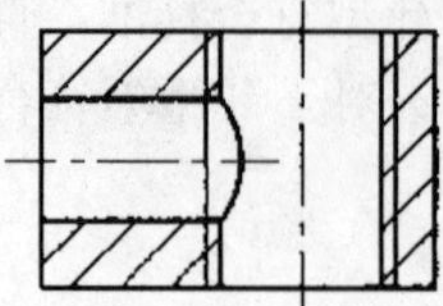
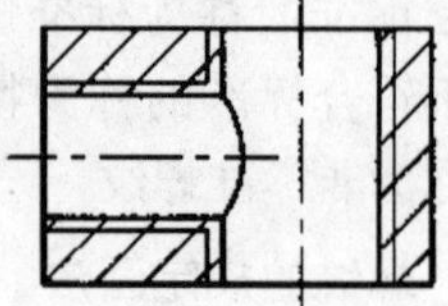

图 8－9　螺纹孔相贯线的画法

4. 螺纹连接画法

用剖视图表示一对内外螺纹连接时，其连接部分应按外螺纹绘制，其余部分仍按各自的规定画法绘制，如图 8－10 所示。但表示内、外螺纹大、小径的粗细实线必须分别对齐，且与倒角大小无关。

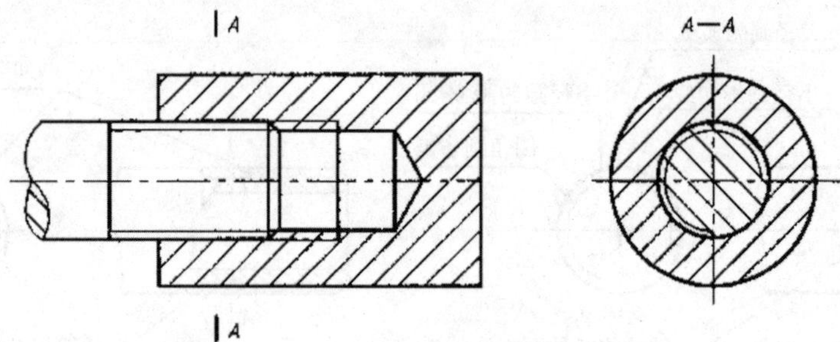

图 8－10　内、外螺纹连接的画法

5. 螺纹牙型的表示方法

当需要表示牙型时，可用局部剖视图或局部放大图表示，如图 8－11 所示。

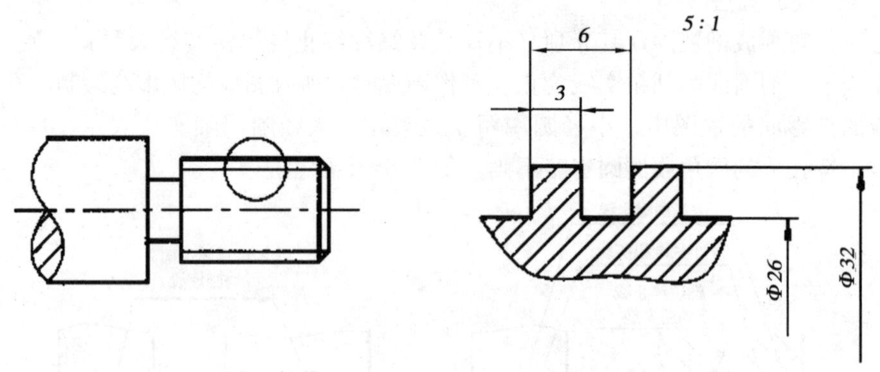

图 8－11　牙型表示法

三、常用螺纹种类

螺纹按用途分为连接螺纹和传动螺纹两类，前者起连接作用，后者用来传递动力和运动。

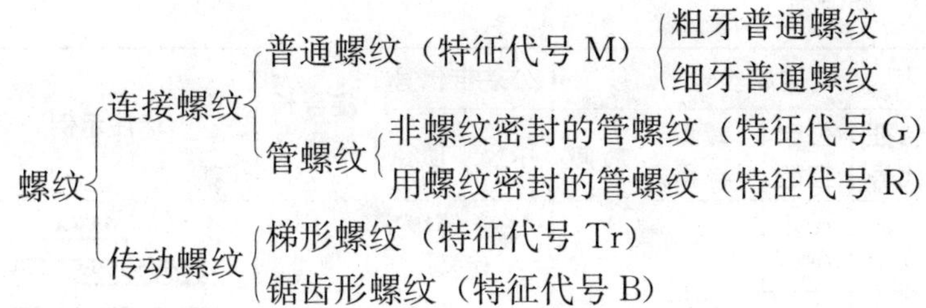

连接螺纹常见的有三种标准螺纹，即粗牙普通螺纹、细牙普通螺纹和管螺纹，这三种螺纹的牙型皆为三角形。其中普通螺纹的牙型为等边三角形（牙尖角为 60°），细牙和粗牙的区别是在外径相同的条件下，细牙螺纹比粗牙螺纹螺距小。而管螺纹的牙型为等腰三角形（牙尖角为 55°），公称直径以英寸（1 英寸＝25.4mm）为单位，螺距是以每英寸螺纹长度中有几个牙来表示。管螺纹多用于管件和薄壁零件上，其螺距和螺纹高度均小，详见有关管螺纹的标准。

传动螺纹常见的有梯形螺纹和锯齿形螺纹。梯形螺纹的牙型为等腰梯形，其牙型角为 30°，应用较广。锯齿形螺纹的牙型为不等腰梯形，其工作面的牙型斜角为 3°，非工作面的牙型斜角为 30°，只能传递单向动力。

四、螺纹标注

螺纹按国标的规定画法画出后，图上并未表明牙型、公称直径、螺距、线数和旋向等要素，因此，需要用标注代号或标记的方式来说明。各种常用螺纹的标注方式及示例见表 8－1。

表 8－1　螺纹种类及其标注示例

螺纹种类		牙型	螺纹代号				公差带代号		旋合长度代号	标注示例
			特征代号	公称直径	螺距（导程）	旋向	中径	顶径		
普通螺纹	粗牙普通螺纹	60°	M	20	2.5	右	6g	6g	N	M20-6g
	细牙普通螺纹			20	2	左	6H	6H	S	M20×2LH-6H-S
梯形螺纹		30°	Tr	30	6	左	7e		L	Tr30×6LH-7e-L
				30	6 (12)	右	7H		N	Tr30×12(P6)-7H

（续表）

螺纹种类	牙型	螺纹代号				公差带代号		旋合长度代号	标注示例
		特征代号	公称直径	螺距（导程）	旋向	中径	顶径		
非螺纹密封的管螺纹	55°	G	尺寸代号	1.814	右	公差等级代号			G3/4A
			3/4			A			
			1½	2.309	左				G1½-LH

1. 普通螺纹的标注

普通螺纹的标注格式为：

螺纹代号—公差带代号—旋合长度代号

其中，螺纹代号包括螺纹的特征代号（M）、公称直径、螺距（多线时为导程/线数）和旋向。粗牙普通螺纹不标注螺距数值。单线、右旋螺纹较常用，其线数和旋向可省略标注。

螺纹公差带代号包括中径公差带代号和顶径公差带代号，当两者相同时，只标注一个代号，两者不同时应分别标注。小写字母表示外螺纹。

螺纹旋合长度分短、中、长三组，分别用 S、N、L 表示。按中等旋合长度考虑时，可不标注。

例如 M10－5g6g－S 表示粗牙普通外螺纹，大径为 10mm，右旋，中径公差带为 5g，顶径公差带为 6g，短旋合长度。

2. 管螺纹的标注

（1）非螺纹密封的管螺纹，其内、外螺纹均为圆柱管螺纹，标注格式为：

螺纹特征代号　尺寸代号　公差等级代号—旋向

螺纹特征代号用 G 表示，尺寸代号有 1/8、1/2、1、1½等，外螺纹的公差等级代号分 A、B 两级，内螺纹则不标注；左旋螺纹在公差等级代号后加“LH”，右旋不标。例如：G1½ LH 表示内螺纹，尺寸代号为 1½，左旋。

（2）用螺纹密封的管螺纹标注 用螺纹密封的管螺纹，包括圆锥内螺纹与圆锥外螺纹连接和圆柱内螺纹与圆锥外螺纹连接两种型式。其标注格式为：

螺纹特征代号　尺寸代号—旋向

其中圆锥内螺纹、圆柱内螺纹、圆锥外螺纹的特征代号分别用 R_C、R_P、R 表示，尺寸代号有 1/8、1/4、1/2、1 等；左旋螺纹在尺寸后加“LH”。例如 R_C 1½表示圆锥内螺纹，尺寸代号为 1½，右旋。

3. 梯形和锯齿形螺纹标记

梯形和锯齿形螺纹的标注格式为：

螺纹特征代号　公称直径×螺距　旋向—中径公差带—旋合长度

梯形螺纹特征代号用 Tr 表示；锯齿形螺纹特征代号用 B 表示；左旋螺纹用“LH”

表示，如果是右旋螺纹，则不标注；如果是多线螺纹，则螺距处标注“导程（螺距）”；两种螺纹只标注中径公差带；旋合长度只有中等旋合长度（N）和长旋合长度（L）两种，若为中等旋合长度则不标注。

需要注意的是：梯形螺纹公称直径是指外螺纹大径。实际上内螺纹大径大于外螺纹大径，但标注内螺纹代号时要标注公称直径，即外螺纹大径。

例如：Tr40×7－7H 表示公称直径为 40mm，螺距为 7mm 的单线右旋梯形内螺纹，中径公差带为 7H，中等旋合长度。

五、螺纹的局部结构

图 8－12 画出了螺纹的末端、收尾和退刀槽等结构。

（1）螺纹的末端　为了便于装配和防止螺纹起始圈损坏，常在螺纹的起始处加工成一定的形式，如倒角，倒圆等，如图 8－12（a）所示。

（2）螺纹的收尾和退刀槽　车削螺纹时，刀具接近螺纹末尾处要逐渐离开工件，因此螺纹收尾部分的牙型是不完整的，螺纹的这一段牙型不完整的收尾部分称为螺尾，如图 8－12（c）所示。为了避免产生螺尾，可以预先在螺纹末尾处加工出退刀槽，然后再车削螺纹，如图 8－12（b、c）所示。

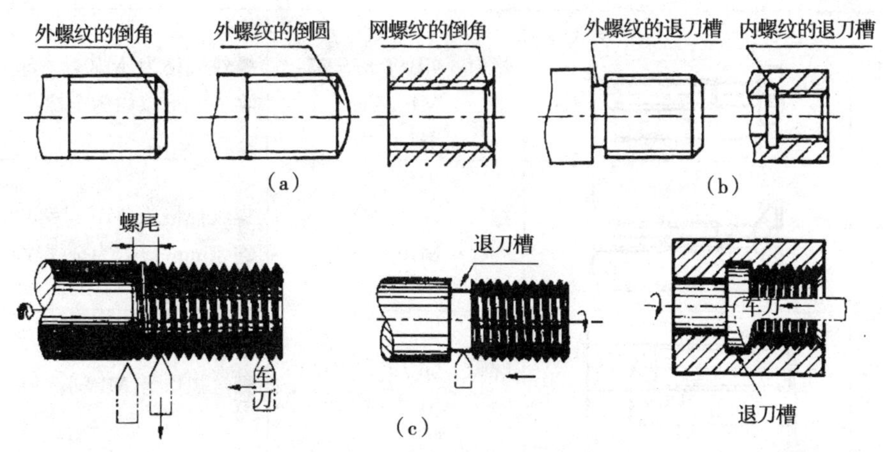

图 8－12　螺纹的局部结构

第二节　常用螺纹紧固件及其连接的画法

螺纹紧固件就是运用一对内、外螺纹的连接作用来连接和紧固一些零部件。

一、常用螺纹紧固件的种类及标记

常用的螺纹紧固件有螺栓、螺柱、螺钉、螺母和垫圈等，它们的结构和尺寸均已标准化，由专门的标准件厂成批生产。常用螺纹紧固件的完整标记由以下各项组成 名称 标准编号 型式 规格精度 其他要求 机械性能等级或材料及热处理 表面处理，例如：螺柱 GB898－88 M10×50 表示两端均为粗牙普通螺纹，d＝10mm，L＝50mm，性能等级为 4.8 级，不经表面处理，B 型、bm＝1.25d 的螺柱，根据螺纹紧固件的标记就可在相应的标准中查出有关的形状和尺寸。表 8－2 为常用的螺纹紧固件的标记示例。

表 8－2　螺纹紧固件及其标注示例

种类	结构型式和规格尺寸	标记示例	说明
六角头螺栓	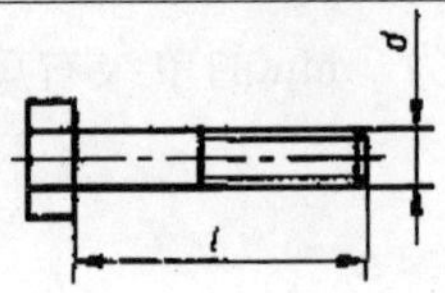 d　l	螺栓　GB/T 5782－86 M12×50	螺纹规格为 M12，l＝50mm（当螺纹杆上是全螺纹时，应选取标准编号为 GB/T 5783－86）
双头螺柱	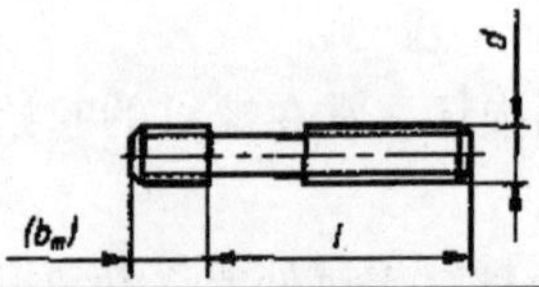 d　(b_m)　l	螺柱　GB/T 899－88 M12×50	两端螺纹规格均为 M12，l＝50mm，按 B 型制造（若为 A 型，则需要标记"A"）
开槽圆柱头螺钉	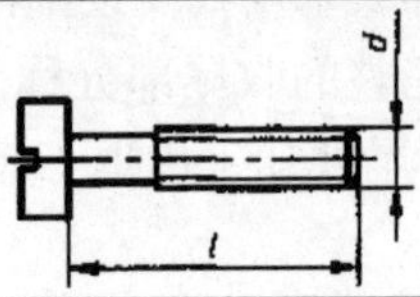 d　l	螺钉　GB/T 65－85 M10×50	螺纹规格为 M10，l＝50mm（l 值在 40mm 以内为全螺纹）
开槽盘头螺钉	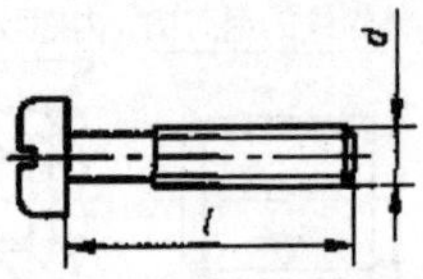 d　l	螺钉　GB/T 67－85 M10×50	螺纹规格为 M10，l＝50mm（l 值在 40mm 以内为全螺纹）
开槽沉头螺钉	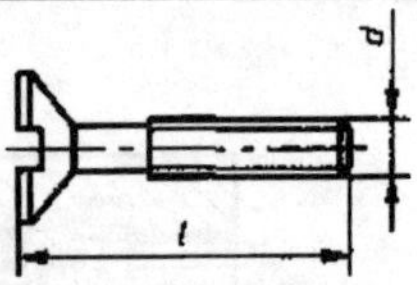 d　l	螺钉　GB/T 68－85 M10×50	螺纹规格为 M10，l＝50mm（l 值在 45mm 以内为全螺纹）
开槽锥端紧定螺钉	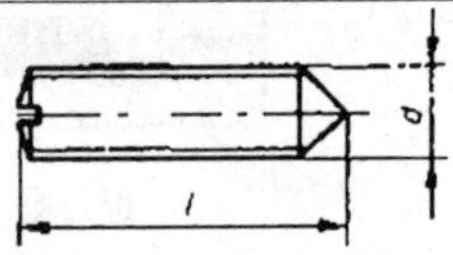 d　l	螺钉　GB/T 71－85 M12×40	螺纹规格为 M12，l＝40mm
Ⅰ型六角螺母	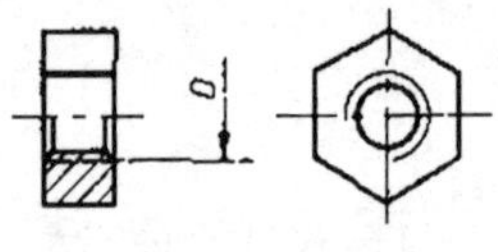 D	螺母　GB/T 6170－86 M8	螺纹规格为 M8 的Ⅰ型六角头螺母
平垫圈	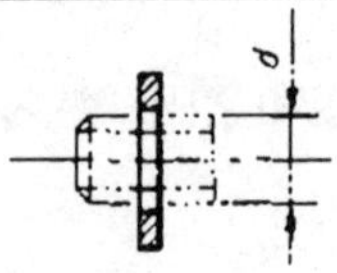 d	垫圈　GB/T 97.1－85 8－140HV	与螺纹规格 M8 配用的平垫圈，性能等级 140HV
标准型弹簧垫圈	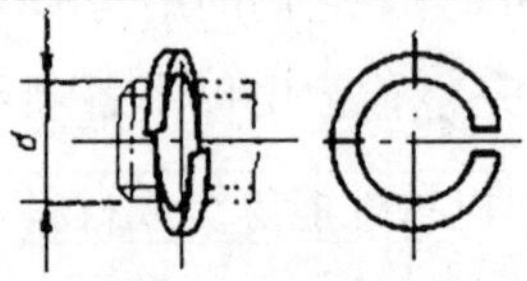 d	垫圈　GB/T 93－87 12	与螺纹规格 M12 配用的标准型弹簧垫圈

二、螺纹紧固件连接的画法

螺纹紧固件连接的基本形式有螺栓连接、双头螺柱连接、螺钉连接等。画零件装配（如螺纹紧固件连接）的视图时应遵守以下基本规定：

（1）两零件的接触面只画一条线，非接触面画两条线。

（2）在剖视图中，相邻的两零件的剖面线方向应相反，或方向一致但间隔不等。

（3）剖切平面通过标准件（螺栓、螺钉、螺母、垫圈等）和实心件（如球、轴等）的轴线时，这些零件按不剖绘制，仍画外形，需要时可采用局部剖视。

1. 螺栓连接

螺栓连接由螺栓、螺母、垫圈等组成，用于连接两个不太厚的并能钻成通孔的零件。将螺栓穿入被连接的两零件上的通孔中，再套上垫圈，以增加支撑和防止擦伤零件表面，然后拧紧螺母。螺栓连接是一种可拆卸的紧固方式。

单个螺纹紧固件的画法可根据公称直径查附表或有关标准，得出各部分的尺寸。螺栓的公称长度 l，应查阅垫圈、螺母的表格得出 h、m，再加上被连接零件的厚度等，经计算后选定。螺栓长度：

$l = \delta 1 + \delta 2 + h + m + a$

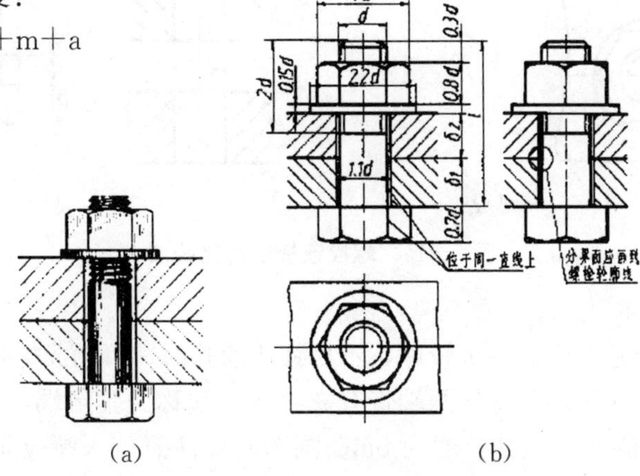

图 8－13　**螺栓连接**

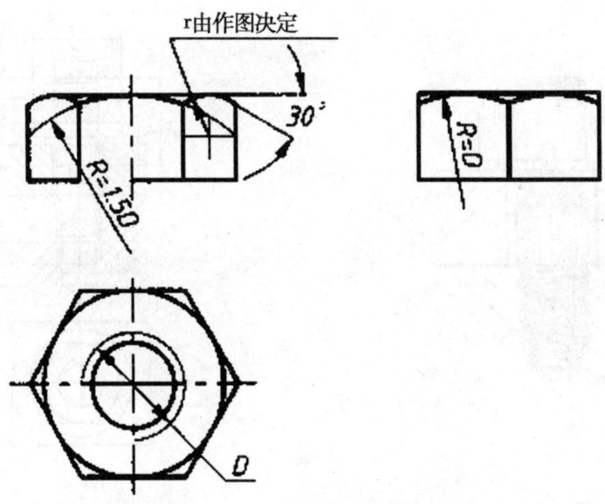

图 8－14　**六角螺栓头上的交线图**

其中 a 是螺栓伸出螺母的长度，一般可取 0.3d 左右（d 是螺栓的螺纹规格，即公称直径）。上式计算得出数值后，再从相应的螺栓标准所规定的长度系列中，选取合适的 l 值。但在绘制螺栓、螺母和垫圈时，通常按螺纹规格 d、螺母的螺纹规格 D、垫圈的公称尺寸 d 进行比例折算，得出各部分尺寸后按近似画法画出，如图 8－13 所示。对六角螺栓头及六角螺母上的交线，可按图 8－14 绘制。

螺栓的连接简化画法如图 8－15 所示。

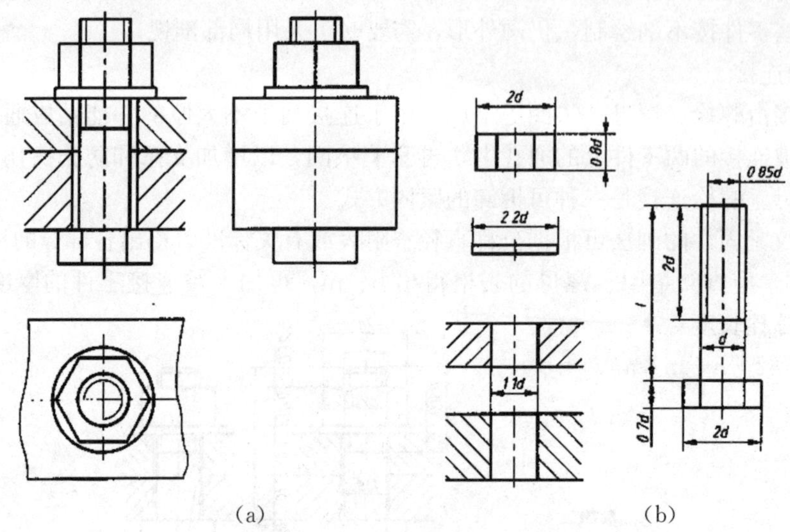

图 8－15　**螺栓连接的简化画法**

2. 双头螺柱连接

当被连接的两个零件中有一个较厚，不易钻成通孔时，可制成螺孔，用螺柱连接。螺柱连接画法如图 8－16 所示。螺柱两端带有螺纹，一端称为紧定端，其有效长度为 l，螺纹长度 b，另一端为旋入端，其长度为 bm。画图时要注意旋入端应完全旋入螺孔中，旋入端的螺纹终止线应与两个被连接零件接触面平齐。

螺柱连接的简化画法如图 8－17 所示。

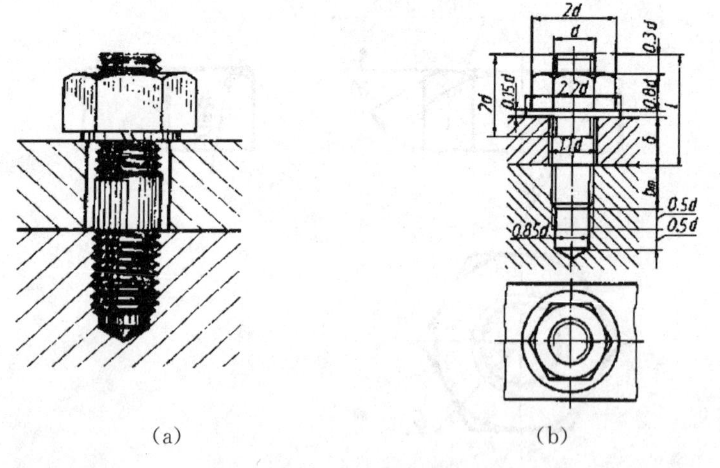

图 8－16　**螺柱连接**

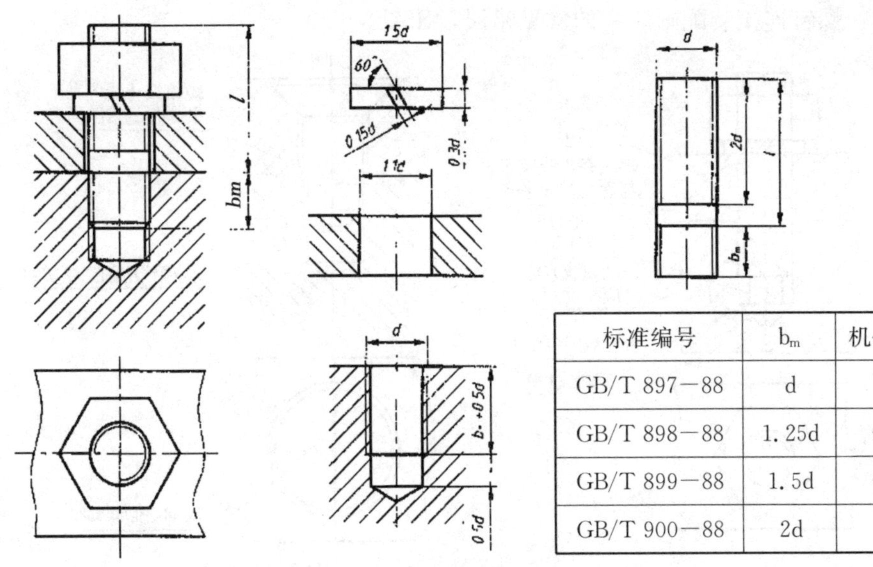

标准编号	b_m	机件材料
GB/T 897—88	d	钢
GB/T 898—88	1.25d	铸铁
GB/T 899—88	1.5d	铸铁
GB/T 900—88	2d	铝

图 8—17　螺柱连接的简化画法

3．螺钉连接

螺钉按用途可分为连接螺钉和紧定螺钉两种，螺钉一般用在不经常拆卸且受力不大的地方。通常在较厚的零件上制出螺孔，另一零件上加工出通孔。连接时，将螺钉穿过通孔旋入螺孔拧紧即可，如图 8—18 所示。螺钉的螺纹终止线应在螺孔顶面以上；螺钉头部的一字槽在端视图中应画成 45°方向。对于不穿通的螺孔，可以不画出钻孔深度，仅按螺纹深度画出。

画螺钉连接时应注意，螺钉的螺纹终止线要高于两连接板的接触面，螺钉头部开槽在主、俯视图中并不符合投影关系，俯视图要画成向右倾斜 45°。在图中若槽宽小于或等于 2mm 时，可以用 2 倍于粗实线宽的粗线表示，如图 8—19。

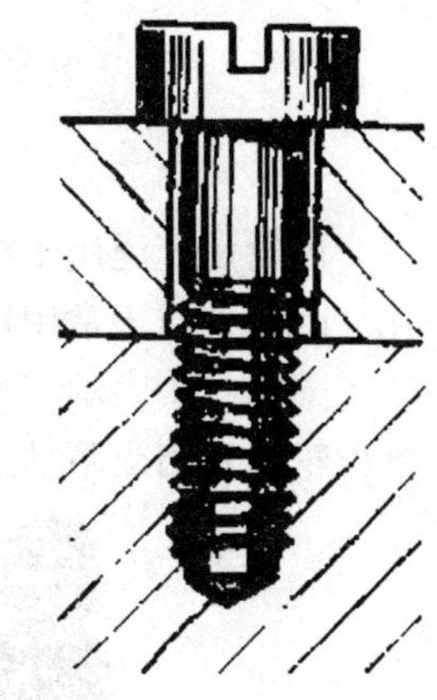

图 8—18　螺钉连接

(a)　　(b)　　(c)

图 8—19　螺钉连接的画法

螺柱、螺钉连接装配画法中的常见错误，如图 8－20。

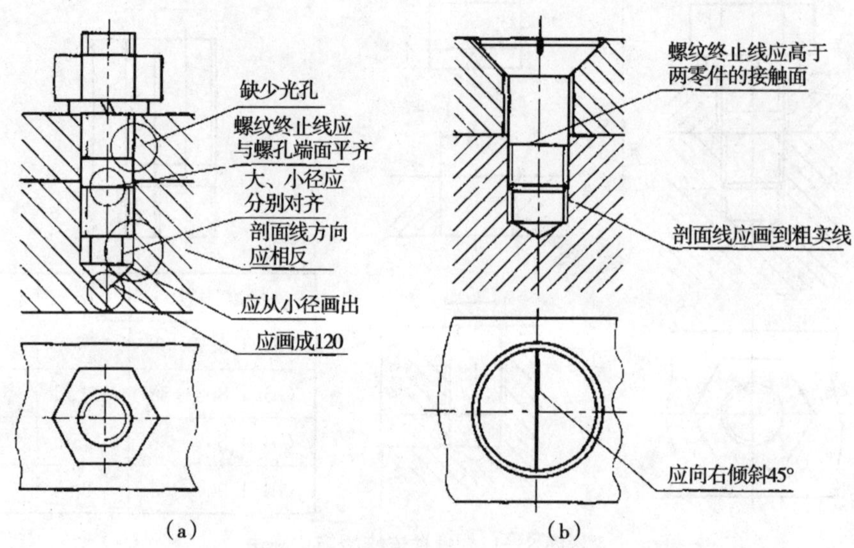

图 8－20　螺柱、螺钉连接装配画法的常见错误

第三节　齿　轮

齿轮是广泛用于机器或部件中的传动零件。齿轮的参数中只有模数，压力角已经标准化。因此它属于常用件，齿轮不仅可以用来传递动力，还能改变转速和回转方向。

图 8－21 表示三种常见的齿轮传动形式。圆柱齿轮通常用于平行两轴之间的传动；圆锥齿轮用于相交两轴之间的传动；蜗杆与蜗轮则用于交叉两轴之间的传动。

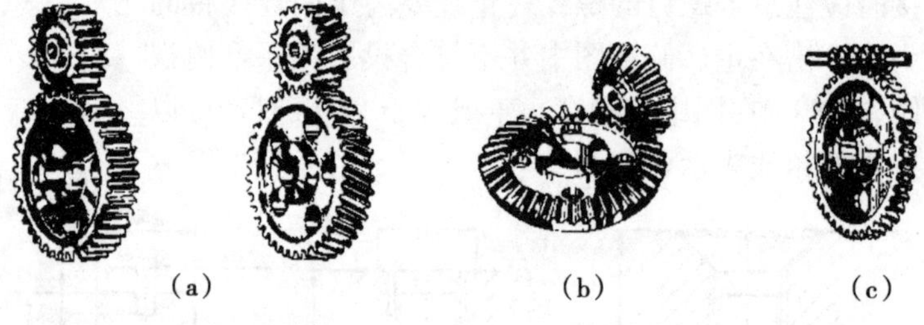

图 8－21　齿轮传动

一、圆柱齿轮

圆柱齿轮的轮齿有直齿、斜齿和人字齿等，是应用最广的一种齿轮。

1. 直齿圆柱齿轮各部分名称及尺寸计算

直齿圆柱齿轮各部分名称如图 8－22 所示。

（1）齿顶圆　齿轮的齿顶圆柱面与端平面（垂直于齿轮轴线的平面）的交线称为齿顶圆，其直径用 da 表示。

（2）齿根圆　齿轮的齿根圆柱面与端平面的交线称为齿根圆，其直径用 d_f 表示。

（3）分度圆　在齿顶圆和齿根圆之间，取一个作为计算齿轮各部分几何尺寸的基准的圆称为分度圆，其直径用 d 表示。

（4）节圆，中心距与压力角。

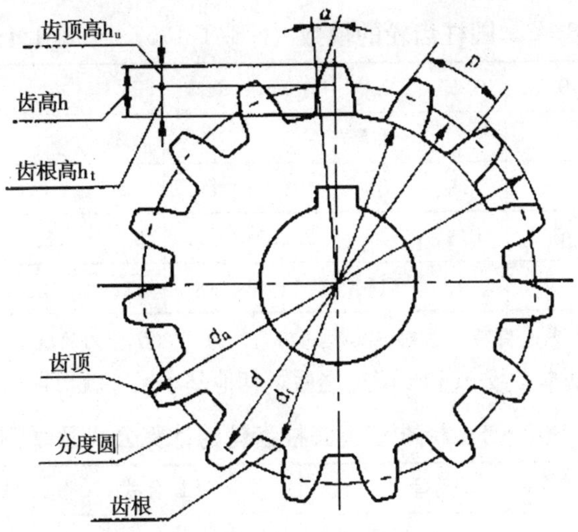

图 8－22　直齿圆柱齿轮端面投影图

如图 8－23 所示，当一对齿轮啮合时，齿廓在连心线 O_1O_2 上的接触点 C 称为节点。分别以 O_1，O_2 为圆心，O_1C、O_2C 为半径作相切的两个圆，称为节圆，其直径用 d1、d2 表示。对于标准齿轮来说，节圆和分度圆是重合的。连接两齿轮中心的连线 O_1O_2 称为中心距，用 a 表示。在节点 C 处，两齿廓曲线的公法线（即齿廓的受力方向）与两节圆的内公切线（即节点 C 处的瞬时运动方向）所夹的锐角，称为压力角，我国标准压力角为 20°。

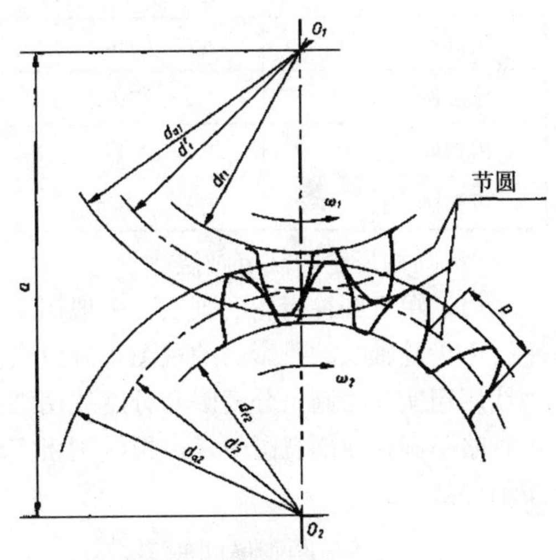

图 8－23　圆柱齿轮的啮合图

（5）全齿高、齿顶高、齿根高　齿顶圆与齿根圆之间的径向距离，称为全齿高，用 h 表示；齿顶圆与分度圆之间的径向距离称为齿顶高，用 ha 表示；轮齿在分度圆与齿根圆之间的径向距离称为齿根高，用 h_f 表示。$h=ha+h_f$。

（6）齿距、齿厚、槽宽　对分度圆而言，两个相邻轮齿齿廓对应点之间的弧长称为齿距，用 p 表示；每个轮齿齿廓在分度圆上的弧长称为齿厚，用 s 表示；每个齿槽在分度圆上的弧长称为槽宽，用 e 表示。

（7）模数　若以 z 表示齿轮的齿数，则分度圆周长为 $\pi d=zp$

$$d=zp/\pi$$

令

$$m=p/\pi$$

则

$$d=mz$$

m 称为齿轮的模数，单位是 mm。模数是设计、制造齿轮的重要参数，它代表了轮齿的大小。齿轮传动中只有模数相等的一对齿轮才能互相啮合。为便于设计和加工，国家规定了统一的标准模数系列，见表 8－3 所示。

表 8－3　圆柱齿轮的模数（GB/T 1357－1987）(mm)

第一系列	0.1	0.12	0.15	0.2	0.25	0.3	0.4	0.5	0.6	0.8	1
	1.25	1.5	2	2.5	3	4	5	6	8	10	12
	16	20	25	32	40	50					
第二系列	0.35	0.7	0.9	1.75	2.25	2.75	(3.25)	3.5	(3.75)	4.5	5.5
	(6.5)	7	9	(11)	14	18	22	28	(30)	36	45

注：在选用模数时，应优先选用第一系列，其次选用第二系列，括号内的模数尽可能不选用。

当标准直齿轮的基本参数 m 和 z 确定之后，其他基本尺寸就可用公式计算，见表 8－4。

表 8－4　标准直齿圆柱齿轮的计算公式及举例

名称	代号	计算公式	举例（已知 m=2，z=29）
齿顶高	h_a	$h_a=m$	$h_a=2$
齿根高	h_f	$h_f=1.25m$	$h_f=2.5$
齿高	h	$h=h_a+h_f=2.25m$	$h=4.5$
分度圆直径	d	$d=zm$	$d=58$
齿顶圆直径	d_a	$d_a=(z+2)m$	$d_a=62$
齿根圆直径	d_f	$d_f=(z-2.5)m$	$d_f=53$

2. 圆柱齿轮的规定画法

（1）单个圆柱齿轮的画法　一般用两个视图来表示单个齿轮，如图 8－24 所示。其中平行于齿轮轴线的投影面的视图常画成全剖视图或半剖视图。根据国标规定，齿顶圆和齿顶线用粗实线绘制；分度圆和分度线用细点画线绘制；齿根圆和齿根线用细实线绘制，也可省略不画；在剖视图中，齿根线用粗实线绘制，当剖切平面通过齿轮轴线时，轮齿一律按不剖处理。

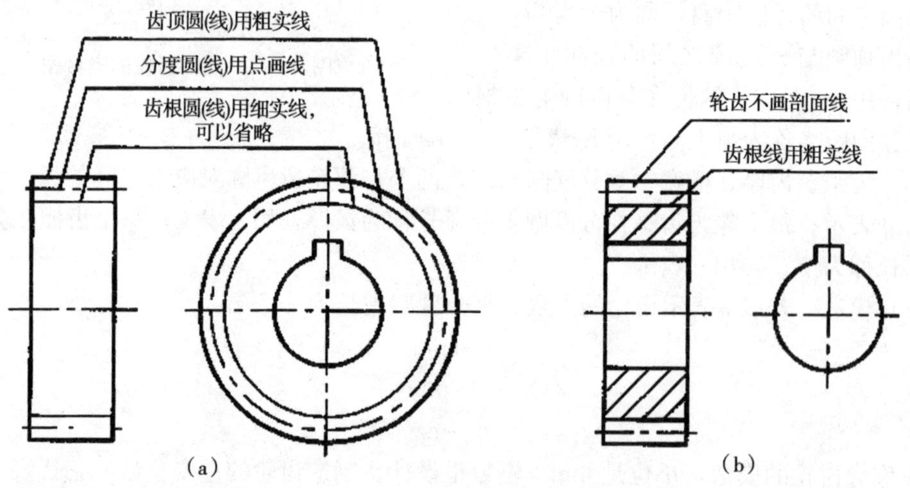

图 8－24　圆柱齿轮的画法

(2) 圆柱齿轮的啮合画法　根据国标规定，在垂直于齿轮轴线的投影面的视图中，啮合区内的齿顶圆均用粗实线绘制（图 8－25a），也可省略不画（图 8－25b），相切的两分度圆用点画线画出，两齿根圆省略不画。在平行于齿轮轴线的投影面的外形视图中，不画啮合区内的齿顶线，节线用粗实线画出，其他处的节线仍用点画线绘制。在剖视图中，在啮合区内，将一个齿轮的轮齿用粗实线绘制，另一个齿轮的轮齿被遮挡的部分，用虚线绘制，如图 8－25 所示。图 8－26 为一直齿圆柱齿轮的工作图。

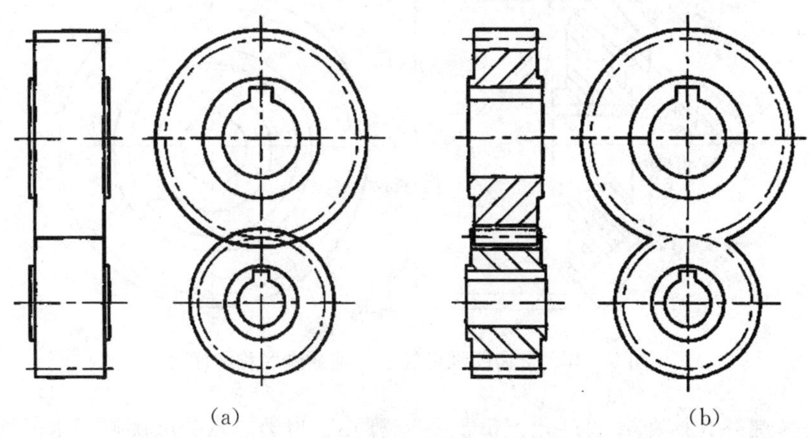

图 8－25　直齿圆柱齿轮啮合的画法

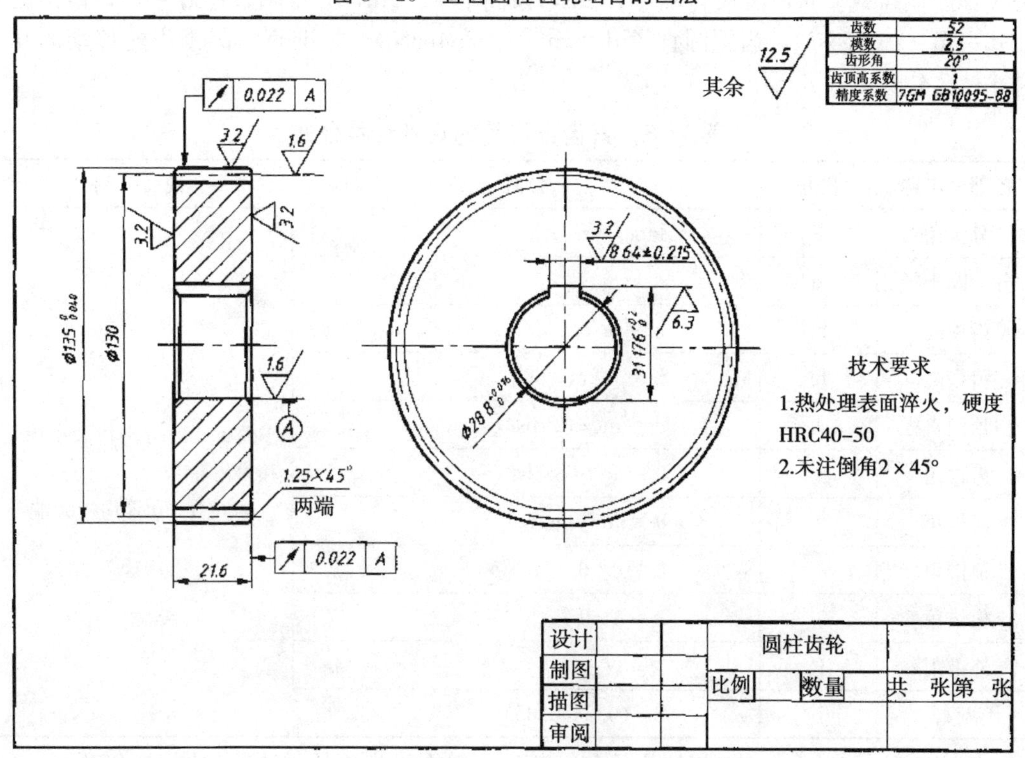

图 8－26　直齿圆柱齿轮零件图

二、圆锥齿轮简介

圆锥齿轮通常用于垂直相交两轴之间的传动。由于轮齿位于圆锥面上，所以圆锥齿轮的轮齿一端大、另一端小，齿厚是逐渐变化的，直径和模数也随着齿厚的变化而变化。规定以大端的模数为准，用它决定轮齿的有关尺寸。一对锥齿轮啮合也必须有相同的模数。锥齿轮各部分几何要素的名称，见图 8－27。

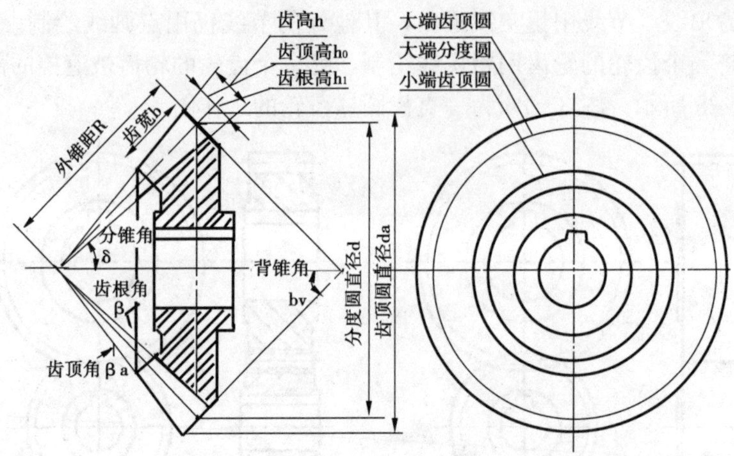

图 8－27　直齿圆锥齿轮各几何要素名称和代号

锥齿轮各部分几何要素的尺寸，也都与模数 m、齿数 z 及分度圆锥角 δ 有关。其计算公式：齿顶高 $h_a = m$，齿根高 $h_f = 1.2m$，齿高 $h = 2.2m$，分度圆直径 $d = mz$，齿顶圆直径 $d_a = m(z + 2\cos\delta)$，齿根圆直径 $d_f = m(z - 2.4\cos\delta)$。标准直齿圆锥齿轮传动的几何尺寸计算公式见表 8－5。

表 8－5　直齿锥齿轮的尺寸计算公式

各部分名称	代号	公式	说　明
分锥角	δ	$\tan\delta_1 = z_1/z_1$	①角标 1、2 分别代表小齿轮和大齿轮 ②m、d、h_a、h_f 等均指大端
分度圆半径	d	$d = zm$	
齿顶高	h_a	$h_a = m$	
齿根高	h_f	$h_f = 1.2m$	
齿顶圆直径	d_a	$d_a = m(z + 2\cos\delta)$	
齿顶角	θ_a	$\theta_a = \text{arcty}\ h_a/R$	
齿根角	θ_f	$\theta_f = \text{arcty}\ h_f/R$	
顶锥角	δ_a	$\delta_a = \delta + \theta_a$	
根锥角	δ_f	$\delta_f = \delta - \theta_f$	
外锥距	R	$R = \sqrt{r_1^2 + r_2^2}$	
齿宽	b	$b = (0.2 \sim 0.35)R$	

锥齿轮的规定画法，与圆柱齿轮基本相同。单个锥齿轮的画法，如图 8－27 所示，一般用主、左两视图表示，主视图画成剖视图，在投影为圆的左视图中，用粗实线表示齿轮大端和小端的齿顶圆，用点画线表示大端的分度圆，不画齿根圆。图 8－28 是锥齿轮的零件图。

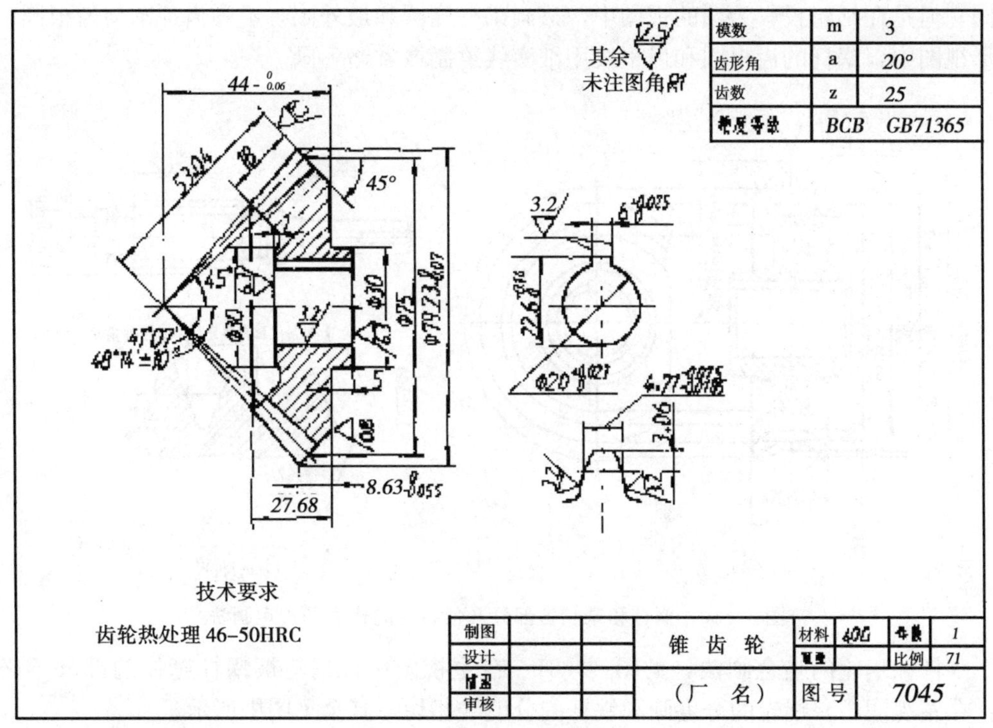

图 8－28　**锥齿轮的零件图**

圆锥齿轮的啮合画法，如图 8－29 所示，主视图画成剖视图，由两齿轮的节圆锥面相切，因此，其节线重合，画成点画线；在啮合区内，应将其中一个齿轮的齿顶线画成粗实线，而将另一个齿轮的齿顶线画成虚线或省略不画（在图 8－29 中，画成虚线），左视图画成外形视图，对标准齿轮来说，节圆锥面和分度圆锥面，节圆和分度圆是一致的。

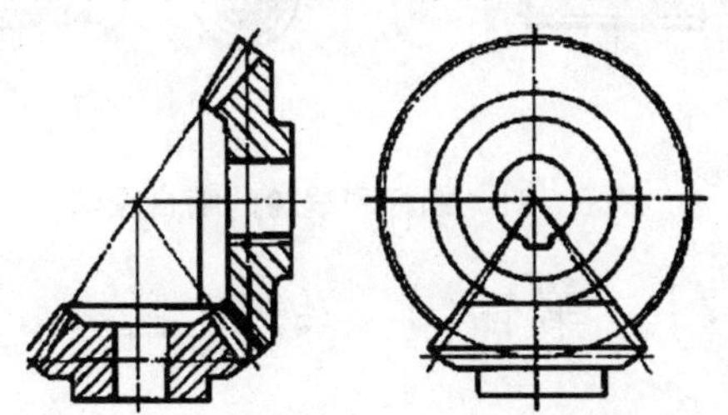

图 8－29　**锥齿轮啮合画法**

三、蜗杆和蜗轮简介

蜗杆和蜗轮用于垂直交叉两轴之间的传动，通常蜗杆是主动的，蜗轮是从动的。蜗杆、蜗轮的传动比大，结构紧凑，但效率低。蜗杆的齿数（即头数）z1 相当于螺杆上螺纹的线数。蜗杆常用单头或双头，在传动时，蜗杆旋转一圈，则蜗轮只转过一个齿或两个齿。因此，可得到大的传动比（i＝z2/z1，z2 为蜗轮齿数）。蜗杆和蜗轮的轮齿是螺旋形的，蜗轮的齿顶面和齿根面常制成圆环面。啮合的蜗杆、蜗轮的模数相同，且蜗轮的螺旋角和蜗杆的螺旋线升角大小相等、方向相同。

蜗杆和蜗轮各部分几何要素的代号和规定画法，见图 8－30，其画法与圆柱齿轮基本相同，但是在蜗轮投影为圆的视图中，只画出分度圆和最外圆，不画齿顶圆与齿根圆。在外形视图中，蜗杆的齿根圆和齿根线用细实线绘制或省略不画。

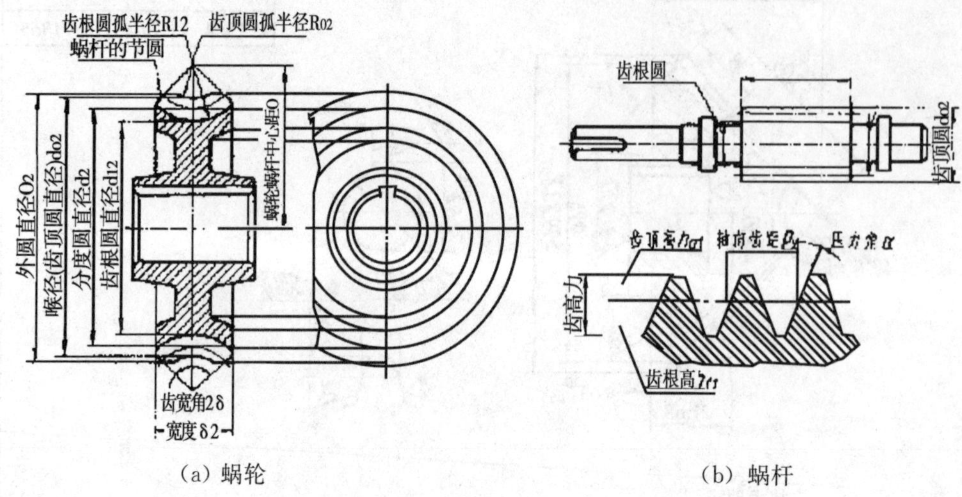

(a) 蜗轮　　(b) 蜗杆

图 8－30　蜗杆和蜗轮各部分几何要素的代号和规定画法

蜗杆和蜗轮的啮合画法，见图 8－31。在主视图中，蜗轮被蜗杆遮住的部分不必画出；在左视图中，蜗轮的分度圆和蜗杆的分度线相切，其余见图中所示。

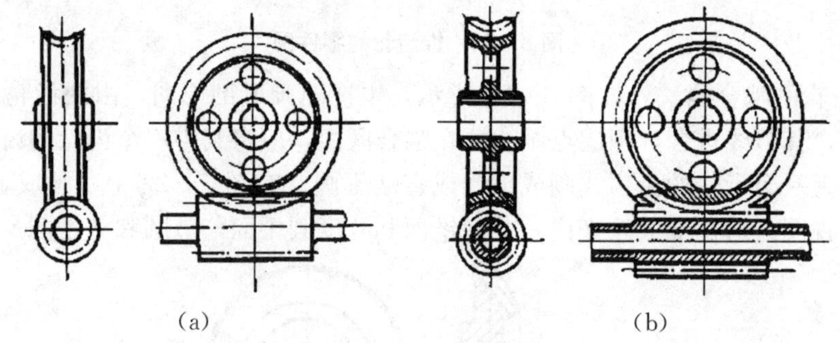

(a)　　(b)

图 8－31　蜗杆和蜗轮的啮合画法

第四节　键与销

一、键联接

键是标准件，用来实现轴上零件的周向固定，借以传递扭矩，如图 8－32。

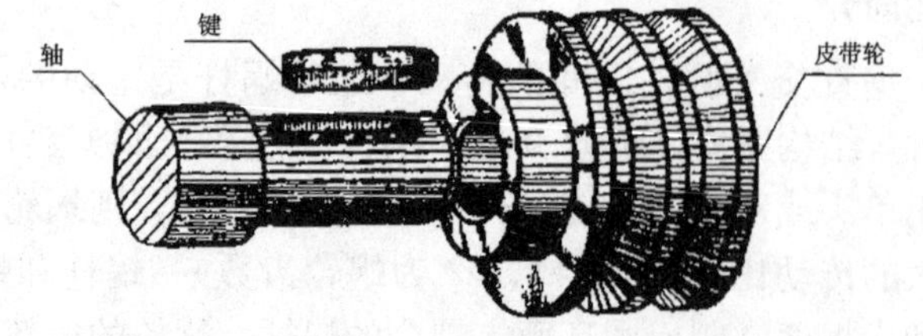

图 8－32　键联接

1. 常用键的种类与标记

常用的键有普通平键、半圆键、钩头楔键等（图 8－33），其型式与标记示例见表 8－6。键和键槽的结构型式及尺寸可查阅相应的标准。

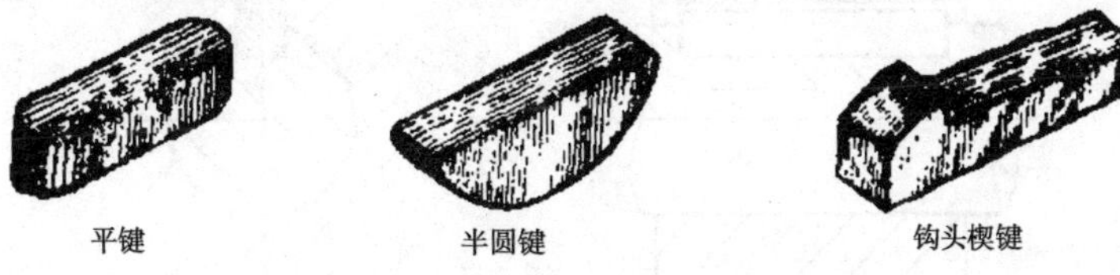

图 8－33　常用的键结构

表 8－6　键的结构型式及标记示例

名称	普通平键			半圆键
结构型式及规格尺寸	A型 h l b	B型 h l b	C型 h l b	d_1 b h
标记示例	键 5×20 GB/T 1096	键 B5×20 GB/T 1096	键 C5×20 GB/T 1096	键 6×25 GB/T 1099
说明	圆头普通平键 b＝5mm l＝20mm 标记中省略“A”	平头普通键 b＝5mm l＝20mm	单圆头普通平键 b＝5mm l＝20mm	半圆键 b＝5mm d_1＝25mm

注：标记示例中标准编号省略了年代号，表内图中省略了倒角。

轴和轮毂上键槽的画法和尺寸标注，如图 8－34 所示，键和键槽尺寸根据轴的直径可在附录中查得。

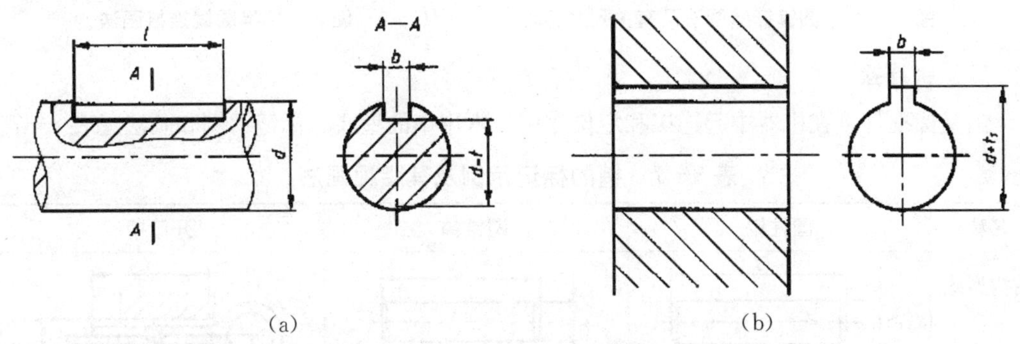

图 8－34　普通平键键槽的画法

2. 平键连接的画法

平键连接画法如图 8－35 所示，其中有关尺寸可根据轴径 d 查阅相应的标准。

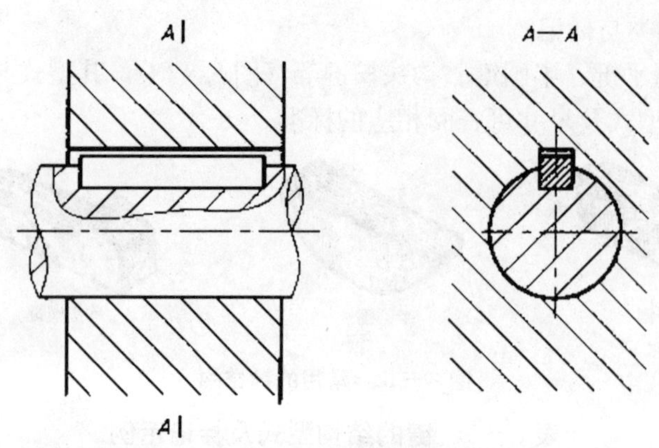

图 8—35　普通平键连接画法

3. 半圆键

半圆键常用在载荷不大的传动轴上，联结情况和画图要求与普通平键相似，两侧面与轮和轴接触，顶面应有间隙。其键槽画法及有关尺寸如图 8—36 所示，连接画法如图 8—37 所示。

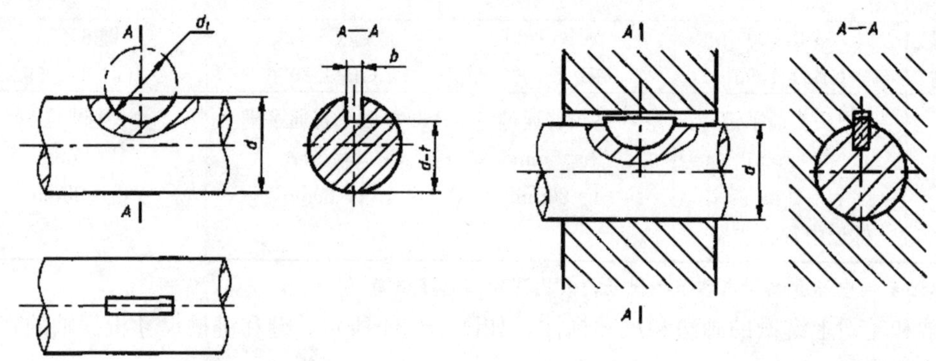

图 8—36 半圆键键槽画法及有关尺寸标注　　图 8—37 半圆键连接画法

二、销连接

销是标准件，在机器中起连接和定位作用。常用销的型式、标记示例和画法见表 8—7。

表 8—7　销的标记示例及其装配画法

名称	圆柱销	圆锥销	开口销
结构型式及规格尺寸	l h	l n	l D
标记示例	销 GB/T 119—1986　B5×20	销 GB/T 117—1986　A6×24	销 GB/T 91—1986　5×30
说明	公称直径 *d*＝5*mm*，长度 *l*＝20*mm* 的 *B* 型圆柱销	公称直径 *d*＝6*mm*，长度 *l*＝24*mm* 的 *A* 型圆锥销	公称直径 *D*＝5*mm*，长度 *l*＝20*mm* 的开口销

（续表）

名称	圆柱销	圆锥销	开口销
装配画法	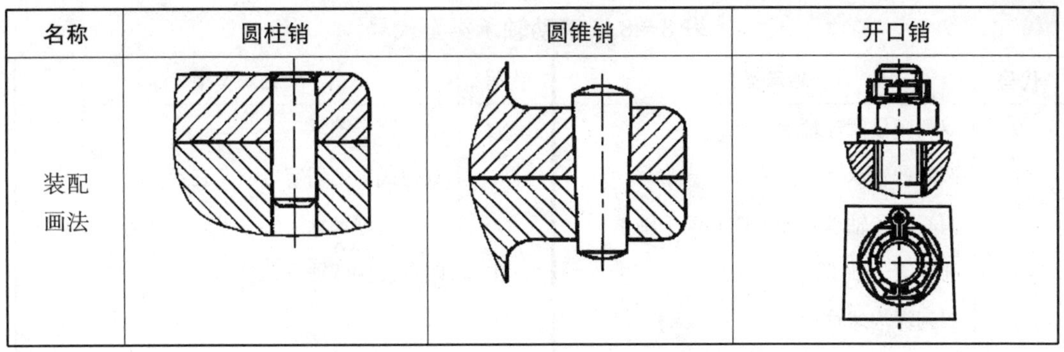		

第五节　滚动轴承

滚动轴承是支承轴的一种标准组件。由于结构紧凑、摩擦力小，所以得到广泛使用。本节主要介绍滚动轴承的类型、代号及画法。

一、滚动轴承的构造、类型和代号

1. 滚动轴承的构造

滚动轴承由内圈、外圈、滚动体、隔离圈（或保持架）等零件组成，如图 8—38 所示。

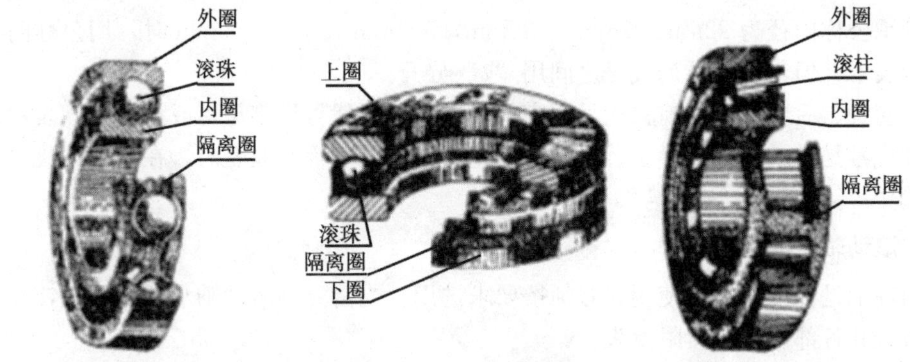

图 8—38　滚动轴承

2. 滚动轴承的代号

滚动轴承代号是由字母加数字来表示滚动轴承的结构、尺寸、公差等级、技术性能等特征的产品符号，它由基本代号、前置代号和后置代号构成，其排列方式如下：

| 前置代号 | 基本代号 | 后置代号 |

（1）基本代号　基本代号表示轴承的基本类型、结构和尺寸，是轴承代号的基础。基本代号由轴承类型代号、尺寸系列代号、内径代号构成，其排列方式如下：

| 轴承类型代号 | 尺寸系列代号 | 内径代号 |

轴承类型代号用数字或字母表示，见表 8—8 所示。

尺寸系列代号由轴承的宽（高）度系列代号和直径系列代号组合而成，用两位阿拉伯数字来表示。它的主要作用是区别内径相同而宽度和外径不同的轴承。具体代号需查阅相关标准。

表 8－8　滚动轴承类型代号

代号	轴承类型	代号	轴承类型
0	双列角接触球轴承	N	圆柱滚子轴承
1	调心球轴承		双列或多列用字母 NN 表示
2	调心滚子轴承和推力调心滚子轴承	U	外球面球轴承
3	圆锥滚子轴承	QJ	四点接触球轴承
4	双列深沟球轴承		
5	推力球轴承		
6	深沟球轴承		
7	角接触球轴承		
8	推力圆柱滚子轴承		

注：在表中代号后或前加字母或数字，表示该类轴承中的不同结构。

内径代号表示轴承的公称内径，一般用两位阿拉伯数字表示。代号数字为 00，01，02，03 时，分别表示轴承内径 d＝10mm，12mm，15mm，17mm；代号数字为 04－96 时，代号数字乘 5，即为轴承内径；轴承公称内径为 1～9mm 时，用公称内径毫米数直接表示；轴承公称内径为 22mm，28mm，32mm，500mm 或大于 500mm 时，用公称内径毫米数直接表示，但与尺寸系列代号之间用“/”分开。

（2）前置、后置代号　前置代号用字母表示，后置代号用字母（或加数字）表示。前置、后置代号是轴承在结构形状、尺寸、公差、技术要求等有改变时，在其基本代号左右添加的代号。

二、滚动轴承的画法

滚动轴承是标准组件，使用时必须按要求选用。当需要画滚动轴承的图形时，可采用简化画法，其各部尺寸参看附录表。

常用滚动轴承的简化画法如表 8－9 所示。

表 8－9　常用滚动轴承的型式和画法

轴承类型	结构型式	简化画法	示意画法
深沟球轴承 （GB276－89） 0008 型			

（续表）

轴承类型	结构型式	简化画法	示意画法
圆锥滚子轴承 （GB297－84） 7000 型			
平底推力球轴承 （GB301－84） 8000 型			

第六节　弹　簧

弹簧是一种用来减振、夹紧、测力和贮存能量的零件。其种类多、用途广，这里只介绍常用的圆柱螺旋弹簧。

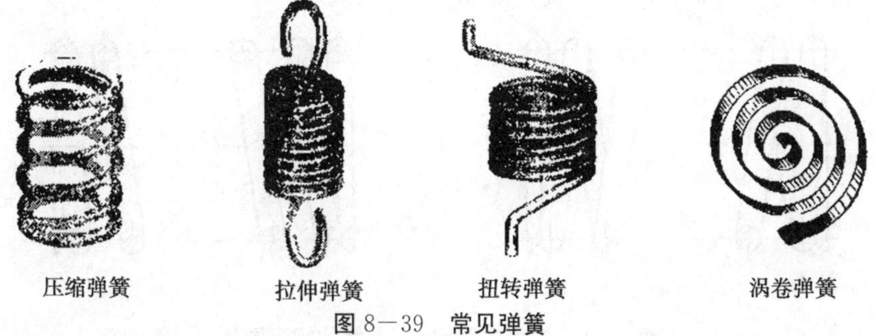

图 8－39　常见弹簧

圆柱螺旋弹簧，根据用途不同可分为压缩弹簧、拉伸弹簧和扭转弹簧等，如图 8－39 所示。以下介绍圆柱螺旋压缩弹簧的尺寸计算和画法。

一、圆柱螺旋压缩弹簧的各部分名称及其尺寸计算（图 8－40）

1. 弹簧丝直径 d

2. 弹簧直径

弹簧中径 D（弹簧的规格直径）

弹簧内径 D_1 $D_1=D-d$

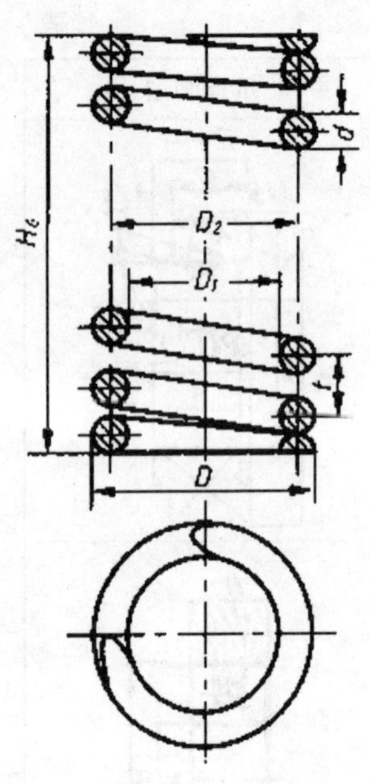

图 8－40　弹簧的参数

弹簧外径 D_2 $D_2=D+d$

3. 节距 p 除支撑圈外，相邻两圈沿轴向的距离。一般 $p\approx D/3\sim D/2$

4. 有效圈数 n、支承圈数 n_2、和总圈数 n_1 为了使压缩弹簧工作时受力均匀，保证轴线垂直于支承端面，两端常并紧且磨平。这部分圈数仅起支承作用，称为支承圈。支承圈数（n_2）有 1.5 圈、2 圈和 2.5 圈三种。其中 2.5 圈用得较多，即两端各并紧 1/2 圈、磨平 3/4 圈。压缩弹簧除支承圈外，具有相同节距的圈数称为有效圈数，有效圈数 n 与支承圈数 n_2 之和称为总圈数，即：$n_1=n+n_2$

5. 自由高度（或长度）H_0 弹簧在不受外力时的高度

$H_0=np+（n_2-0.5）d$

6. 弹簧展开长度 L 制造时弹簧丝的长度

二、普通圆柱螺旋压缩弹簧的标记

GB2089－80 规定的标记格式如下：

名称　端部型式　$d\times D\times H_0$　精度　旋向　标准号　材料牌号　表面处理

例　压簧Ⅰ 3×20×80 GB2089－80 表示普通圆柱螺旋压缩弹簧，两端并紧并磨平，d＝3mm，D＝20mm，H0＝80mm，按 3 级精度制造，材料为碳素弹簧钢丝，B 级且表面氧化处理的右旋弹簧。

三、圆柱螺旋压缩弹簧的规定画法

1. 在平行于弹簧轴线的投影面上的视图中，其各圈的轮廓应画成直线，如图 8－41（a）所示。常采用通过轴线的全剖视，如图 8－41（b）：

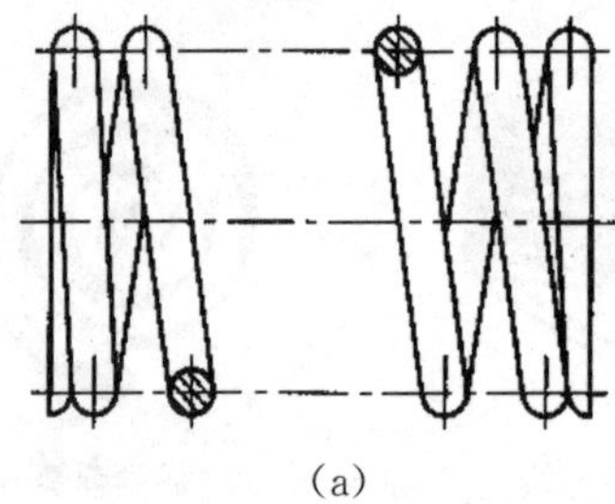

(a)

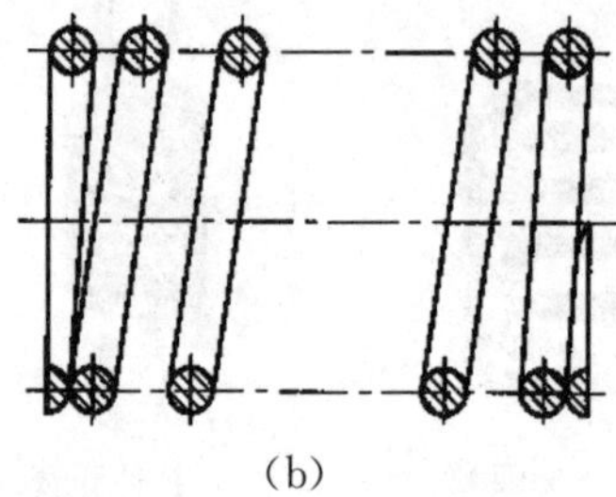

(b)

图 8－41　圆柱螺旋压缩弹簧的规定画法

剖视图的画图步骤如图 8－42 所示：

（a）根据自由高度 H0 和弹簧中径 D2，画出长方形 ABCD；

（b）画出支撑圈部分，d 为材料直径；

（c）画出有效圈部分。根据节距 t 依次在 1、2、3、4、5 各点画出截面圆；

（d）按右旋做出相应圆的切线，画出剖面线，加深，完成作图。

2. 表示四圈以上的螺旋弹簧时，允许每端只画两圈（不包括支承圈），中间各圈可省略不画，只画通过簧丝剖面中心的两条点画线。当中间部分省略后，也可适当地缩短图形的长度，如图 8—42 所示。

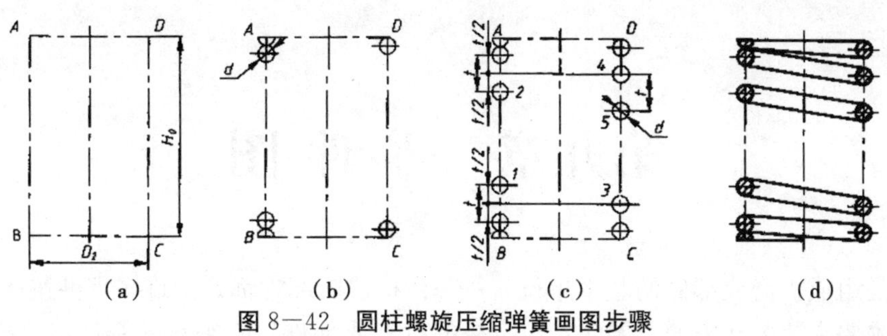

图 8—42　圆柱螺旋压缩弹簧画图步骤

3. 在装配图中，弹簧中间各圈采取省略画法后，弹簧后面被挡住的零件轮廓不必画出，如图 8—43（a）所示。

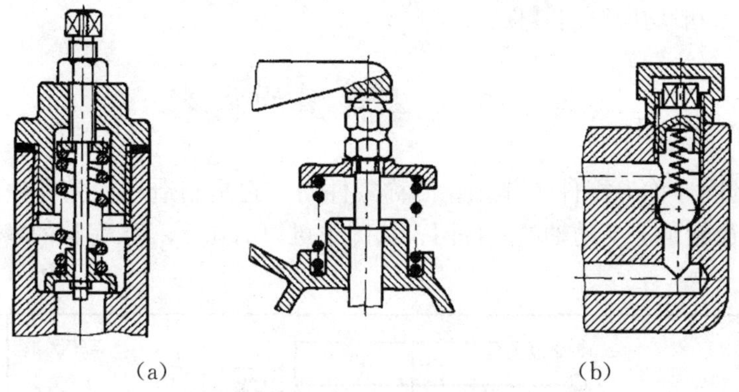

图 8—43　装配图中弹簧的画法

4. 当弹簧被剖切，簧丝直径在图上小于 2mm 时，其剖面可以涂黑表示，如图 8—43（b）所示，也可采用示意图画法，如图 8—43（c）所示。

5. 在图样上，螺旋弹簧均可画成右旋，但左旋弹簧不论画成左旋还是右旋，一律要加注“左旋”字样。

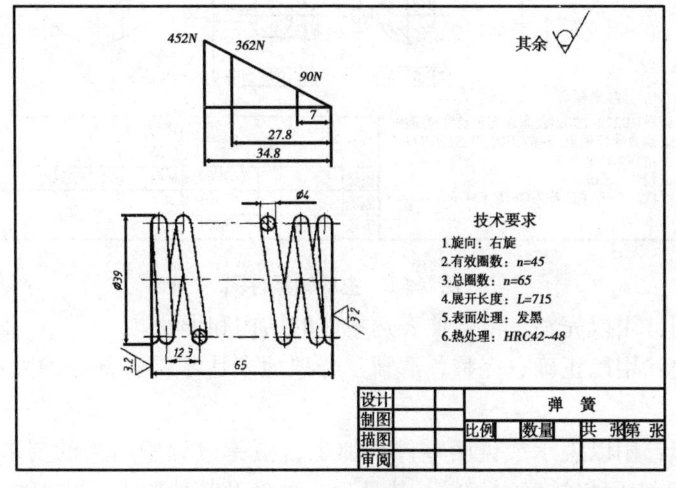

图 8—44　弹簧零件图

第九章　零件图

零件是组成机器或部件的基本单位。每一台机器或部件都是由许多零件按一定的装配关系和技术要求装配起来的。要生产出合格的机器或部件，必须首先制造出合格的零件。而零件又是根据零件图来进行制造和检验的。零件图是用来表示零件结构形状、大小及技术要求的图样，是直接指导制造和检验零件的重要技术文件。机器或部件中，除标准件外，其余零件，一般均应绘制零件图。

第一节　零件图的内容

表达零件的图样称为零件工作图，简称零件图。它是制造和检验零件的重要技术文件。图 9－1 是齿轮泵上主动轴的零件图。从图中可以看出，一张完整的零件图，一般应具有下列内容：

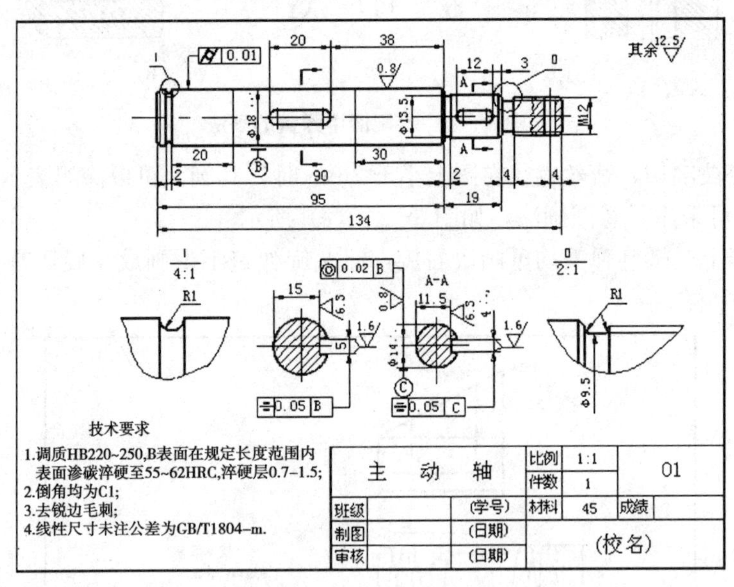

图 9－1　主动轴零件图

1. 一组视图：用以完整、清晰地表达零件的结构和形状。

2. 全部尺寸：用以正确、完整、清晰、合理地表达零件各部分的大小和各部分之间的相对位置关系。

3. 技术要求：用以表示或说明零件在加工、检验过程中所需的要求。如尺寸公差、形状和位置公差、表面粗糙度、材料、热处理、硬度及其他要求。技术要求常用符号或文字来表示。

4. 标题栏：标准的标题栏由更改区、签字区、其他区、名称及代号区组成。一般填写零件的名称、材料标记、阶段标记、重量、比例、图样代号、单位名称以及设计、制图、审核、工艺、标准化、更改、批准等人员的签名和日期等内容，见第一章中所示。学校一般用校用简易标题栏，如图 9－1 中所示。

第二节　零件视图的选择

零件的视图是零件图中的重要内容之一，必须使零件上每一部分的结构形状和位置都表达完整、正确、清晰，并符合设计和制造要求，且便于画图和看图。

要达到上述要求，在画零件图的视图时，应灵活运用前面学过的视图、剖视、断面以及简化和规定画法等表达方法，选择一组恰当的图形来表达零件的形状和结构。

一、主视图的选择

主视图是零件的视图中最重要的视图，选择零件图的主视图时，一般应从主视图的投射方向和零件的摆放位置两方面来考虑。

1. 确定零件位置

零件的摆放位置。一般分别从以下几个原则来考虑：

（1）工作位置原则　所选择的主视图的位置，应尽可能与零件在机械或部件中的工作位置相一致。

这样看图时便于把零件和整个机器联系起来，想象其工作情况。在装配时，也便于直接对照图样进行装配。

（2）加工位置原则　工作位置不易确定或按工作位置画图不方便的零件，主视图一般按零件在机械加工中所处的位置作为主视图的位置。因为，零件图的重要作用之一是用来指导制造零件的，若主视图所表示的零件位置与零件在机床上加工时所处位置一致，则工人加工时看图方便。

如图 9－1 所示轴，它的形状基本上是由几段直径不同的圆柱体构成的。该零件的主要加工方法是车削，有些重要表面还要在磨床上进一步加工。为了便于工人对照图样进行加工，故按该轴在车床和磨床上加工时所处的位置来绘制主视图。

（3）自然摆放稳定原则　如果零件为运动件，工作位置不固定，或零件的加工工序较多其加工位置多变，则可按其自然摆放平稳的位置为画主视图的位置。

确定零件位置，应根据具体情况进行分析，从有利于看图出发，在满足形体特征原则的前提下，充分考虑零件的工作位置和加工位置。另外还要适当照顾习惯画法，如图 9－1 所示轴，一般按习惯（也符合加工位置原则）绘制主视图，而不用工作位置绘制主视图。

2. 选择主视图的投射方向

当零件的位置确定以后，还需确定主视图的投射方向。

选择主视图的投射方向，应考虑形体特征原则，即所选择的投射方向所得到的主视图应最能反映零件的形状特征。如图 9－2 所示的轴，可分别用 A、B、C 方向作为主视图的投射方向。但比较一下就会得出，选择 A 方向比较好，最能反映轴的主要形状特征。

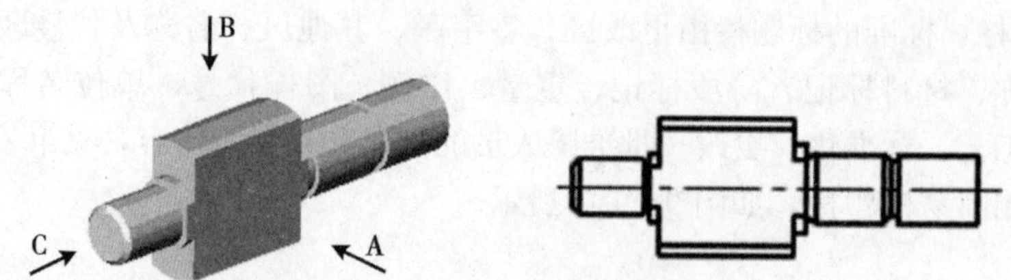

图 9—2 主视图投射方向的选择

二、其他视图的选择

对于十分简单的轴、套、球类零件，一般只用一个视图，再加所注的尺寸，就能把其结构形状表达清楚。但是对于一些较复杂的零件，只靠一个主视图是很难把整个零件的结构形状表达完全的。因此，一般在选择好主视图后，还应选择适当数量的其他视图与之配合，才能将零件的结构形状完整清晰地表达出来。一般应优先考虑选用左、俯视图，然后再考虑选用其他视图。

一个零件需要多少视图才能表达清楚，只能根据零件的具体情况分析确定。考虑的一般原则是：在保证充分表达零件结构形状的前提下，尽可能使零件的视图数目为最少。应使每一个视图都有其表达的重点内容，具有独立存在的意义。

零件应选用哪些视图，完全是根据零件的具体结构形状来确定的。如果视图的数目不足，则不能将零件的结构形状完全表达清楚。这样不仅会使看图困难，而且在制造时容易造成错误，给生产造成损失。反之，如果零件的视图过多，则不仅会增加一些不必要的绘图工作量，而且还会使看图繁琐。

总之，零件的视图选择是一个比较灵活的问题。在选择时，一般应多考虑几种方案，加以比较后，力求用较好的方案表达零件。通过多画、多看、多比较、多总结，不断实践，才能逐步提高表达能力。

画零件图时应尽量采用国家标准允许的简化画法作图，以提高绘图工作效率。

第三节 零件图上的尺寸标注

零件的视图只用来表示零件的结构形状，其各组成部分的大小和相对位置，与组合体一样，是根据视图上所标注的尺寸数值来确定的。

一、对零件图上标注尺寸的要求

零件图上的尺寸是加工和检验零件的重要依据，是零件图的重要内容之一，是图样中指令性最强的部分。如果尺寸标注不当或不全甚至有错，就会给零件的制造带来困难或根本无法制造，给生产造成损失。所以在零件图上标注尺寸，必须予以高度重视。

在零件图上标注尺寸，必须做到：正确、完整、清晰、合理。

对于前三项要求，在第八章组合体的尺寸标注中我们已经进行过较详细的讨论。本节着重讨论尺寸标注的合理性问题和常见结构的尺寸注法，并进一步说明清晰标注尺寸的注意事项。

二、合理标注尺寸的初步知识

所谓标注尺寸的合理性，就是要求图样上所标注的尺寸既要符合零件的设计要求，又要符合生产实际，便于加工和测量，并有利于装配。然而，要做到合理标注尺寸，需要具备较多的机械设计和工艺方面的知识，只靠本门课程的学习还不能完全解决，只有在有关后继课程学习之后并通过大量生产实践后才能逐步解决。这里只介绍一些合理标注尺寸的初步知识。

合理标注尺寸，首先要正确选择尺寸基准。关于基准的概念，在组合体中已经讲过，标注尺寸的起点，称为尺寸基准（简称基准）。零件上的面、线、点，均可作为尺寸基准，如图 9—3 所示。

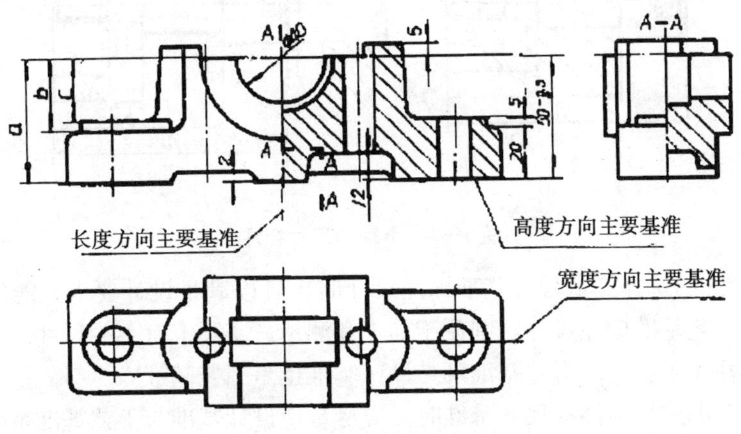

图 9—3　尺寸基准的选择

1. 尺寸基准的种类　从设计和工艺的不同角度来确定基准，可把基准分成设计基准和工艺基准两类。

（1）设计基准　从设计角度考虑，为满足零件在机器或部件中对其结构、性能的特定要求而选定的一些基准，称为设计基准。图 9－4 所示的轴承座，从设计的角度来研究，通常一根轴需有两个轴承来支承，两个轴承孔的轴线应处于同一轴线上，也就是要保证两个轴承座的轴承孔的轴线距底面等高。因此，在标注轴承支承孔高度方向的定位尺寸时，应以轴承座的底面 E 为基准。为了保证底板两个螺栓孔之间的距离及对于轴承支承孔的对称关系，在标注两孔长度方向的定位尺寸时，应以轴承座的对称平面 B 为基准。底面 E 和对称面 B 就是该轴承座的设计基准。

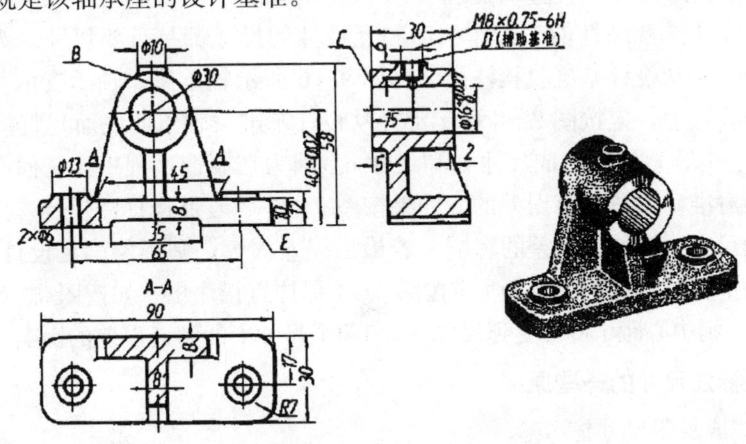

图 9—4　轴承座的尺寸标注

（2）工艺基准　从加工工艺的角度考虑，为便于零件的加工、测量和装配而选定的一些基准，称为工艺基准。

如图 9－5 所示的小轴，在车床上车削外圆时，车刀的最终位置是以小轴的右端面 F 为基准来定位的，这样工人加工时测量方便，所以在标注尺寸时，轴向以端面 F 为其工艺基准。

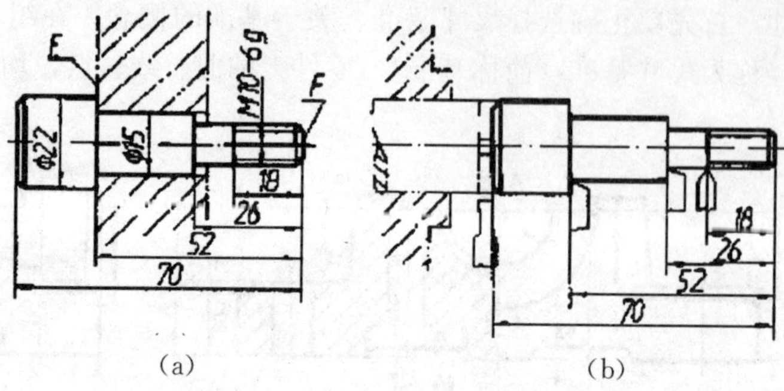

图 9－5　小轴的尺寸标注

2. 尺寸基准的选择　从设计基准标注尺寸时，可以满足设计要求，能保证零件的功能要求，而从工艺基准标注尺寸，则便于加工和测量。实际上有不少尺寸，从设计基准标注与工艺要求并无矛盾，即有些基准既是设计基准也是工艺基准。

通常，在考虑选择零件的尺寸基准时，应尽量使设计基准与工艺基准重合，以减少尺寸误差，保证产品质量。如图 9－4 所示轴承座底面 E，既是设计基准也是工艺基准。

任何一个零件都有长、宽、高三个方向的尺寸，因此，每一个零件也应有三个方向的尺寸基准。如图 9－4 所示轴承座，其高度方向的尺寸基准是底面 E，长度方向的尺寸基准是对称面 B，宽度方向的尺寸基准是端面 C。

为了满足设计和制造要求，零件上某一方向的尺寸，往往不能都从一个基准注出。如图 9－4 所示轴承座高度方向的尺寸，主要以底面 E 为基准注出，而顶部的螺孔深度尺寸 6，为了加工和测量方便，则是以顶面 D 为基准标注的。可见零件的某个方向可能会出现两个或两个以上的基准。在同方向的多个基准中，一般只有一个是主要基准，其他为次要基准，或称辅助基准。辅助基准与主要基准之间应有联系尺寸，如图 9－4 中 58 就是 E 与 B 的联系尺寸。

3. 重要尺寸必须从设计基准直接注出

零件上凡是影响产品性能、工作精度和互换性的尺寸都是重要尺寸。为保证产品质量，重要尺寸必须从设计基准直接注出。如图 9－6 所示轴承座，轴承支承孔的中心高是高度方向的重要尺寸，应按图 9－4 所示那样从设计基准（轴承座底面）直接注出尺寸 a，而不能像图 9－6（a）那样注成尺寸 b 和尺寸 c。因为在制造过程中，任何一个尺寸都不可能加工得绝对准确，总是有误差的。如果按图 9－6（b）那样标注尺寸，则中心高 a 将受到尺寸 b 和尺寸 c 的加工误差的影响，若最后误差太大，则不能满足设计要求。同理，轴承座上的两个安装螺孔的中心距 l 应按图 9－4 那样直接注出。如按图 9－6（a）所示分别标注尺寸 e，则中心距 l 将常受到尺寸 90 和两个尺寸 e 的制造误差的影响。

三、合理标注尺寸的一些原则

1. 避免注成封闭尺寸链

一组首尾相连的链状尺寸称为尺寸链，如图 9－7（a）中 a、b、c、d 尺寸就组成一个尺寸链。组成尺寸链的每一个尺寸称为尺寸链的环。从加工的角度来看，在一个尺寸链中，总有一个尺寸是其他尺寸都加工完后自然得到的。例如加工完尺寸a、b和d后，尺寸c就自然得到了。这个自然得到的尺寸称为尺寸链的封闭环。如果尺寸链中所有各环都注上尺寸，如图9—7(a)所示，这样的尺寸链称封闭尺寸链。在标注尺寸时，应避免注成封闭尺寸链。通常是将尺寸链中最不重要的那个尺寸作为封闭环，不注写尺寸，如图9—7(b)所示。这样，使该尺寸链中其他尺寸的制造误差都集中到这个封闭环上来，从而保证主要尺寸的精度。

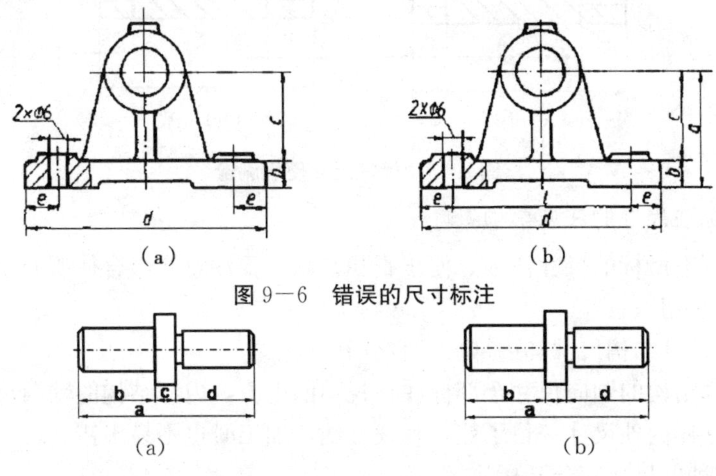

图9—6　错误的尺寸标注

图9—7　避免标注封闭的尺寸链

2. 适当考虑从工艺基准标注尺寸

零件上除主要尺寸应从设计基准直接注出外，其他尺寸则应适当考虑按加工顺序从工艺基准标注尺寸，以便于工人看图、加工和测量，减少差错。如图9—8所示，图中尺寸是按加工工序标注的，便于加工时看图、测量，因而是合理的。

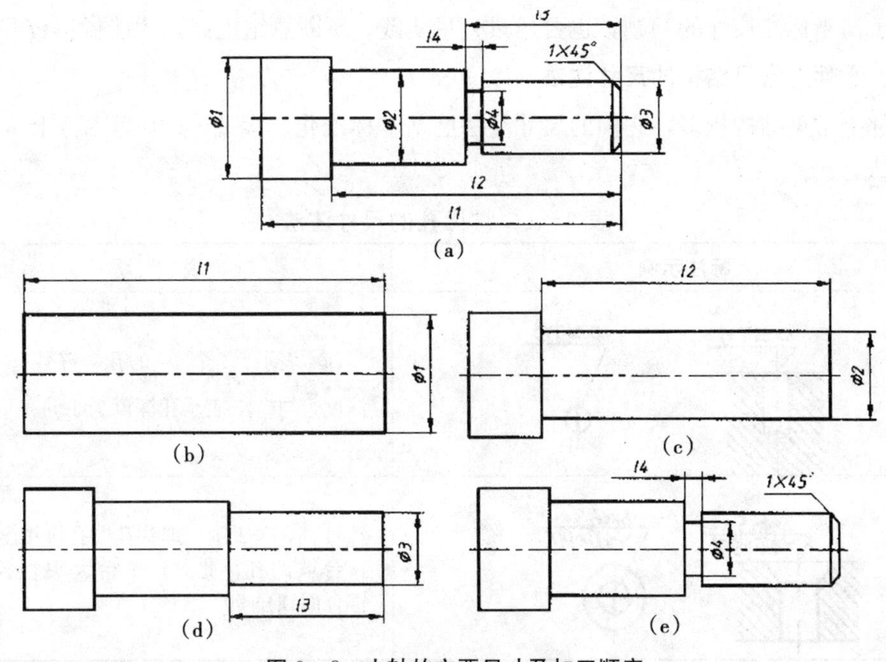

图9—8　小轴的主要尺寸及加工顺序

3. 考虑测量的方便与可能

在图 9－9 中，显然（a）组图中所注各尺寸测量不方便，不能直接测量。而（b）组图中的注法测量就方便，能直接测量。

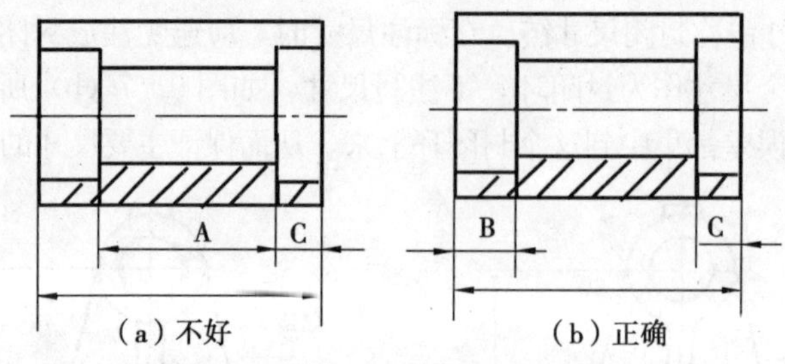

（a）不好　（b）正确

图 9－9　标注尺寸便于测量

四、清晰标注尺寸的注意事项

要使零件图上所标的尺寸清晰，便于查找，除了要注意在组合体所介绍的有关要求以外，还应注意以下几点：

1. 零件的外部结构尺寸和内部尺寸宜分开标注

例如，外部结构的轴向尺寸全部标注在视图的上方，内部结构的轴向尺寸全部标注在视图的下方。这样内外尺寸一目了然，查找方便，加工时也不易出错。

2. 不同工种的尺寸宜分开标注

例如，铣削加工的轴向尺寸全部标注在视图的上方，而车削加工的轴向尺寸全部标注在视图的下方。这样标注其清晰程度是显而易见的，工人看图方便。

3. 适当集中标注尺寸

例如，零件上某一结构在同工序中应保证的尺寸，应尽量集中标注在一个或两个表示该结构最清晰的视图中。不要分散注在几个地方，以免看图时到处寻找，浪费时间。

关于清晰标注尺寸的问题，也要通过大量实践，不断总结提高，才能做得较好。

五、零件上常见结构的尺寸注法

零件上常见结构较多，它们的尺寸注法已基本标准化。表 9－1 中为零件上常见孔的尺寸注法。

表 9－1　常见孔的尺寸注法

标注示例	说　明
4×Φ4↧10　或　4×Φ4↧10	4×Φ4 表示，4 个 Φ4 的孔，符号 ↧ 表示深度，↧ 10 表示孔深度为 10*mm*
6×Φ6.5 ⌵Φ10×90°　或　6×Φ6.5 ⌵Φ10×90°	符号“⌵”表示“埋头孔”孔口作出倒圆锥台坡的孔，此处，锥台大头直径 10，锥台面顶角 90°

（续表）

标注示例	说　明
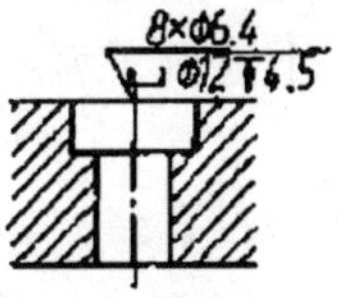 8×Φ6.4 ⌴Φ12↧4.5　或　8×Φ6.4 ⌴Φ12↧4.5 	符号“⌴”表示“沉孔（更大一些的圆柱孔）或锪平（孔端刮出一圆平面）”，此处为沉孔直径 12，沉孔深 4.5*mm*，标注时若无深度后附，则表示刮出一指定直径的圆平面即可。
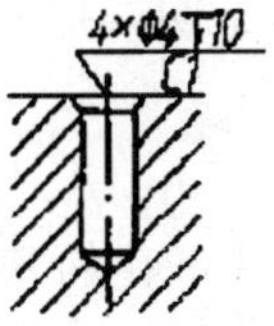 4×Φ4↧10 C1　或　4×Φ4↧10 C1 	4 个 *Φ*4，深 10 的孔，孔口有 1×45°的倒角。
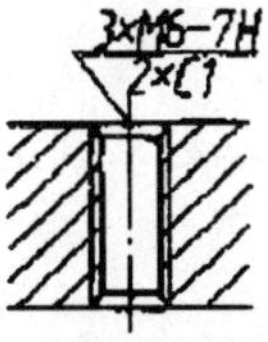 3×M6-7H 2×C1　或　3×M6-7H 2×C1 	3 个 *N*6－7*H* 螺纹通孔，两端孔口有 1×45°的倒角。
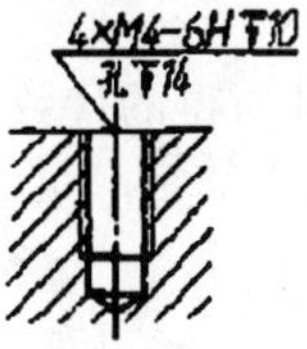 4×M4-6H↧10 孔↧14　或　4×M4-6H↧10 孔↧14 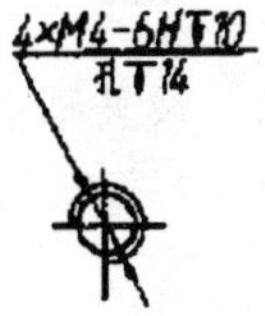	4 个 *M*4－6*H* 螺纹有孔，螺纹部分深 10*mm*，作螺纹前钻孔深 14*mm*。

第四节　零件图上的技术要求

在零件图上，除了用视图表达出零件的结构形状和用尺寸标明零件的各组成部分的大小及位置关系外，通常还标注有相关的技术要求。

零件图上的技术要求一般有以下几个方面的内容：零件的极限与配合要求；零件的形状和位置公差；零件上各表面的粗糙度；对零件材料的要求和说明；零件的热处理、表面处理和表面修饰的说明；零件的特殊加工、检查、试验及其他必要的说明；零件上某些结构的统一要求，如圆角、倒角尺寸等。

以上内容，凡已有规定代、符号的，用代、符号直接标注在图上，无规定代、符号的，则可用文字或数字说明，书写在零件图的右下角标题栏的上方或左方适当空白处，如图 9－1 中所示。

一、极限与配合

在一批相同规格的零件或部件中，不经选择任取一件，且不经修配或其他加工，就能顺利装配到机械上去，并能够达到预期的性能和使用要求。我们把这批零件或部件所具有的这种性质称为互换性。在日常生活和现代工业生产中，人们常和互换性打交道。例如，自行车上的螺钉或螺帽掉了，手表上的发条断了或电池坏了，我们只要到商店去买一个相同规格的螺钉、螺帽、发条或电池换上就行了。又例如，一辆自行车、一只手表、一辆汽车或一架飞机，都是由许多零部件组合而成的，而这些零部件又往往是由不同的车间、工厂甚至不同的国家生产，最后由一家工厂组装而成。这样做既经济又方便。这是什么原因呢？这是因为，这些合格的零部件都是按互换性原则进行设计和生产制造的，在其尺寸大小、规格及功能上彼此具有相互替换的性能。假如没有互换性，上述例子就不能实现，我们在生活和生产中就会遇到很大困难。

如果能将所有相同规格的零件的几何尺寸做成与理想的一样，没有丝毫差别，则这批零件肯定具有很好的互换性。但是在实际中由于加工和测量总是不可避免地存在着误差，完全理想的状况是不可能实现的。在生产中，人们通过大量的实践证明，把尺寸的加工误差控制在一定的范围内，仍然能使零件达到互换的目的。

1. 极限与配合的基本术语及定义

（1）基本尺寸　它是设计中给定的尺寸，即图纸上标注的尺寸。孔的基本尺寸用 L 表示，轴的基本尺寸 l 表示。

（2）实际尺寸　通过测量所得到的尺寸。

（3）极限尺寸　允许尺寸变化的两个界限值。它以基本尺寸为基数来确定。两个界限值中较大的一个称为最大极限尺寸；较小的一个称为最小极限尺寸。

孔或轴允许的最大尺寸，分别用 L_{max}、l_{max} 表示；

孔或轴允许的最小尺寸，分别用 L_{min}、l_{min} 表示。

（4）偏差　某一尺寸（实际尺寸、极限尺寸等）减其基本尺寸所得的代数差。偏差可以为正、为负或为零。

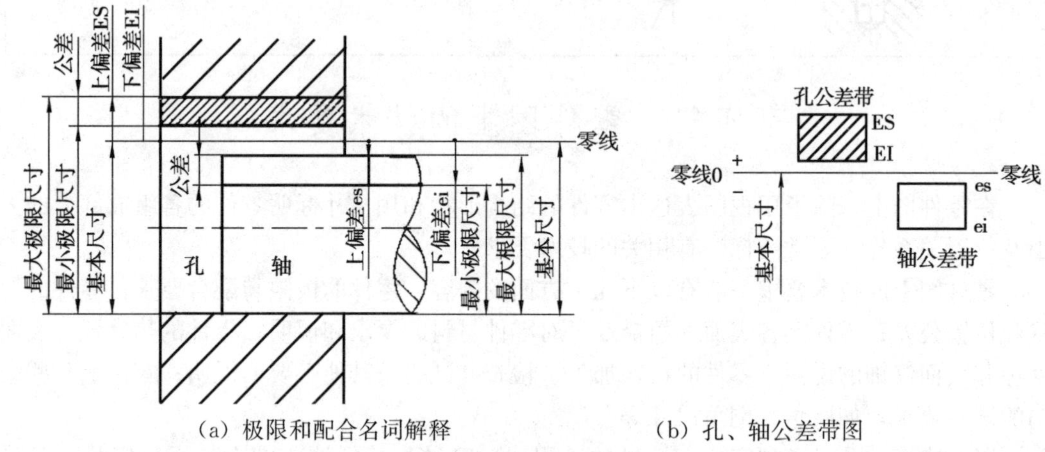

（a）极限和配合名词解释　　（b）孔、轴公差带图

图 9－10　术语图解

（5）极限偏差　指上偏差和下偏差。最大极限尺寸减其基本尺寸所得的代数差称为上偏差；最小极限尺寸减其基本尺寸所得的代数差称为下偏差。

轴的上偏差用 es 表示，下偏差用 ei 表示。孔的上偏差用 ES 表示，下偏差用 EI 表示。

（6）尺寸公差（简称公差，用 T 表示）　最大极限尺寸减最小极限尺寸之差，或上偏差减下偏差之差。是允许尺寸的变动量。孔公差用 Th 表示，轴公差用 Ts 表示。

由于最大极限尺寸总是大于最小极限尺寸，上偏差总是大于下偏差，所以它们的代数差值总为正值，一般将正号省略，取其绝对值。即尺寸公差是一个没有符号的绝对值。

（7）标准公差（IT）　标准公差是国家标准极限与配合制中所规定的任一公差。国家标准将标准公差分为 20 个公差等级，用标准公差等级代号 IT01，IT0，IT1，……IT18 表示。“IT”为“国际公差”的符号，阿拉伯数字 01，0，1，……18 表示公差等级。如 IT8 的含意为 8 级标准公差。在同一尺寸段内，从 IT01 至 IT18，精度依次降低，而相应的标准公差值依次增大。

高 —— 精度 ——▶ 低
IT01　IT0　IT1……IT18
小 ◀—— 标准公差值 —— 大

（8）基本偏差

在极限与配合制中，确定公差带相对零线位置的极限偏差称为基本偏差。它可以是上偏差或下偏差，一般为靠近零线的那个偏差。国家标准对孔和轴分别规定了 28 个基本偏差。并规定：大写字母表示孔的基本偏差，小写字母表示轴的基本偏差。图 9－11 为孔和轴的基本偏差系列示意图。

从图 9－11 可知：

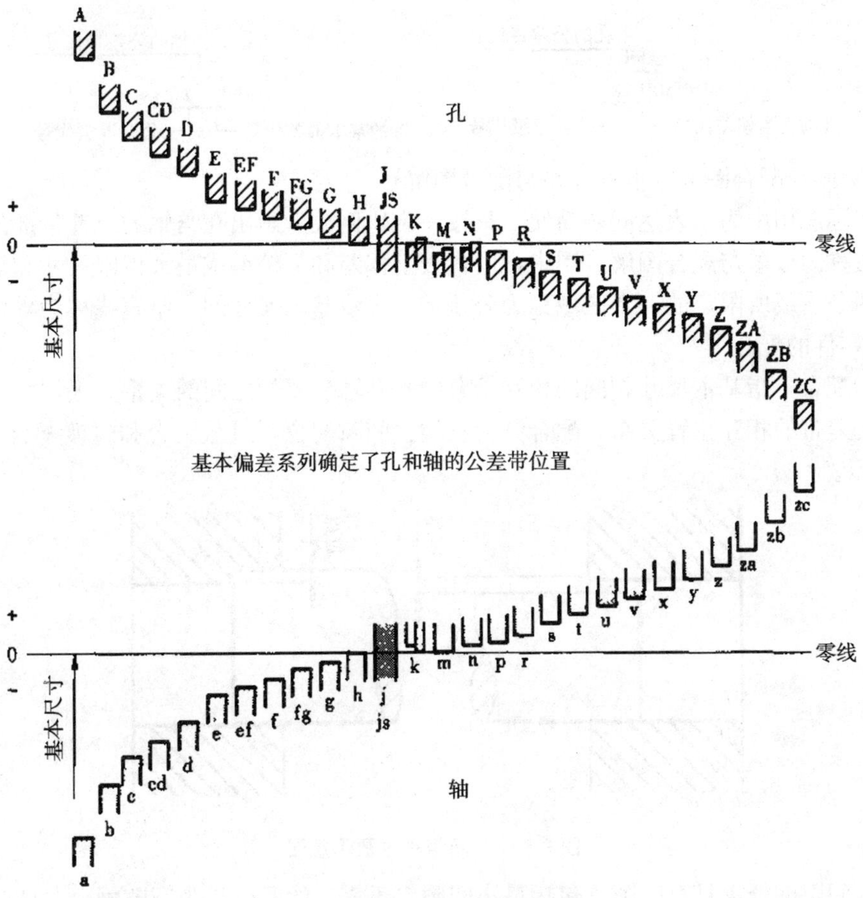

图 9－11　基本偏差系列图

轴的基本偏差从 a～h 为上偏差，从 j～zc 为下偏差，js 的上、下偏差分别为$+\frac{IT}{2}$和$-\frac{IT}{2}$。

孔的基本偏差从 A～H 为下偏差，从 J～ZC 为上偏差。JS 的上、下偏差分别为$+\frac{IT}{2}$和$-\frac{IT}{2}$。

轴和孔的另一偏差可根据轴和孔的基本偏差和标准公差，按以下代数式计算。

轴的上偏差（或下偏差）：

$$es=ei+IT \text{ 或 } ei=es-IT;$$

孔的另一偏差（或下偏差）：

$$ES=EI+IT \text{ 或 } EI=ES-IT。$$

（9）孔、轴的公差带代号　由基本偏差与公差等级代号组成，并且要用同一号字母书写。例如 Φ50H8 的含义是：基本尺寸为 Φ50，公差等级为 8 级，基本偏差为 H 的孔的公差带。

孔的公差带代号
Φ50H 8
孔的基本偏差代号　公差等级代号

轴的公差带代号
Φ50f 7
轴的基本偏差代号　公差等级代号

2. 极限与配合图解（也称公差与配合图解）

在实际应用中为了表达问题简便，只按一定比例放大画出孔与轴的公差带部分，这种图示方法称为极限与配合图解。图中，由代表上偏差和下偏差或最大极限尺寸和最小极限尺寸的两条直线所限定的一个区域称为公差带，表示基本尺寸的一条直线称为零线。

3. 零件的配合

（1）配合　指基本尺寸相同的相互结合的孔和轴公差带之间的关系。根据相互结合的孔和轴公差带的相互位置关系，配合分为三类：间隙配合，过盈配合和过渡配合，如图 9－12 所示。

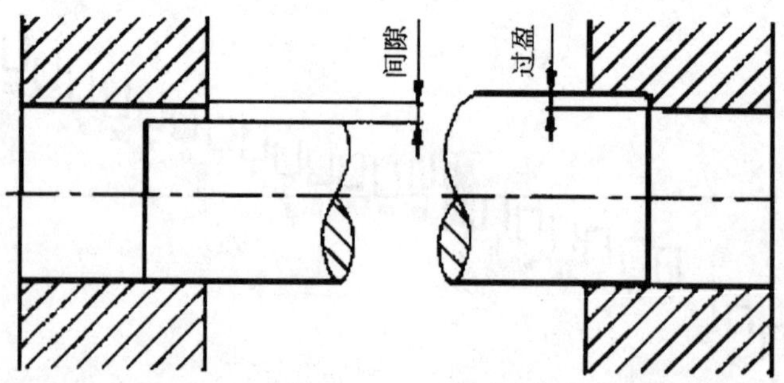

图 9－12　间隙和过盈示意图

（2）间隙配合　具有间隙（包括最小间隙等于零）的配合称为间隙配合。此时，孔公差带在轴公差带之上，如图 9－13 所示。

（3）过盈配合　具有过盈（包括最小过盈等于零）的配合。此时，孔的公差带在轴的公差带之下，如图 9－13 所示。

（4）过渡配合　可能具有间隙或过盈的配合称为过渡配合。此时，孔的公差带与轴的公差带相互交叠，如图 9－13 所示。

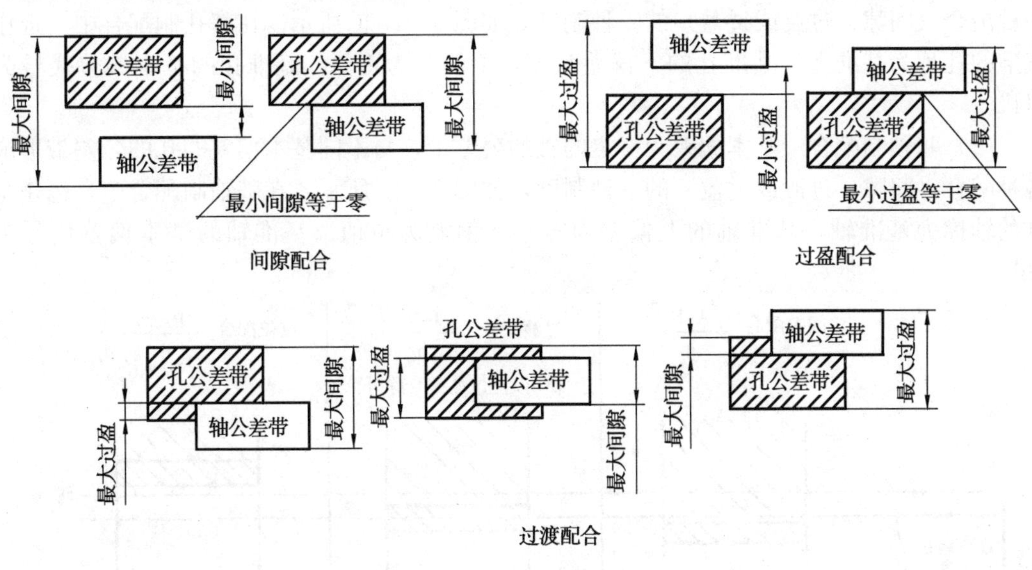

图 9－13　零件的配合

4. 配合制

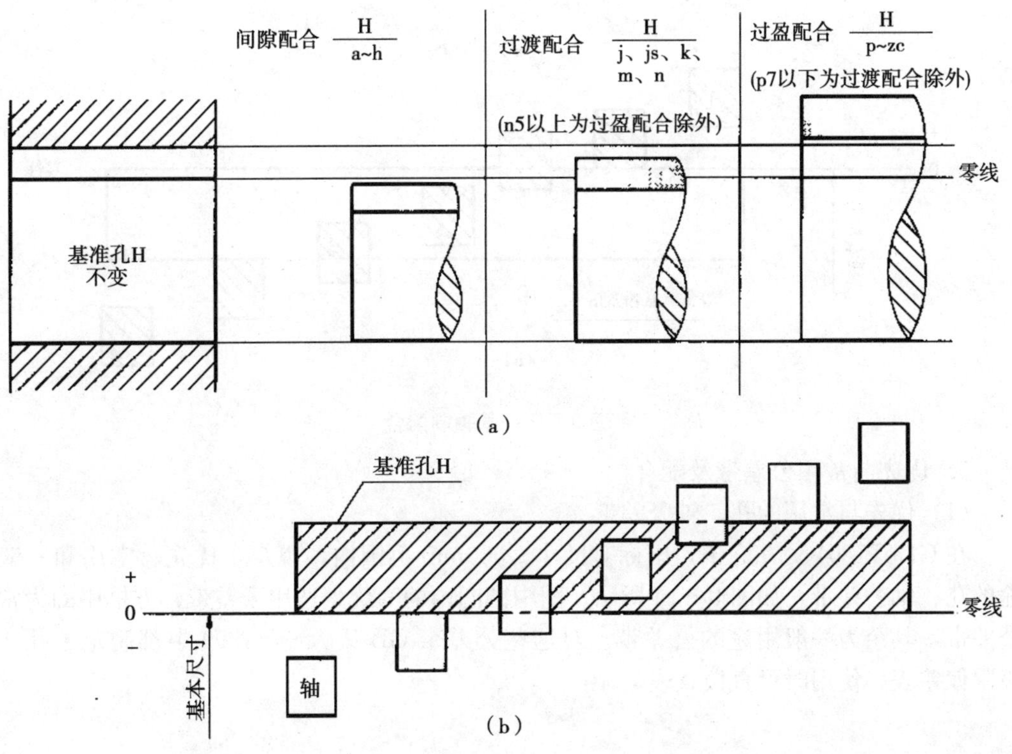

图 9－14　基孔制配合

同一极限制的孔和轴组成配合的一种制度称为配合制。国家标准规定了两种配合制，即基孔制配合和基轴制配合。

（1）基孔制配合　基本偏差为一定的孔的公差带，与不同基本偏差的轴的公差带形成各种配合（间隙、过渡或过盈）的一种制度，如图 9－14 的所示。在基孔制配合中，选作基准的孔称为基准孔，基准孔的下偏差为零，上偏差为正值。基准孔的基本偏差代号为“H”。

（2）基轴制配合　基本偏差为一定的轴的公差带，与不同基本偏差的孔的公差带形成各种配合（间隙、过渡或过盈）的一种制度，如图 9－15 所示。在基轴制配合中，选作基准的轴称为基准轴，基准轴的上偏差为零，下偏差为负值。基准轴的基本偏差代号为“h”。

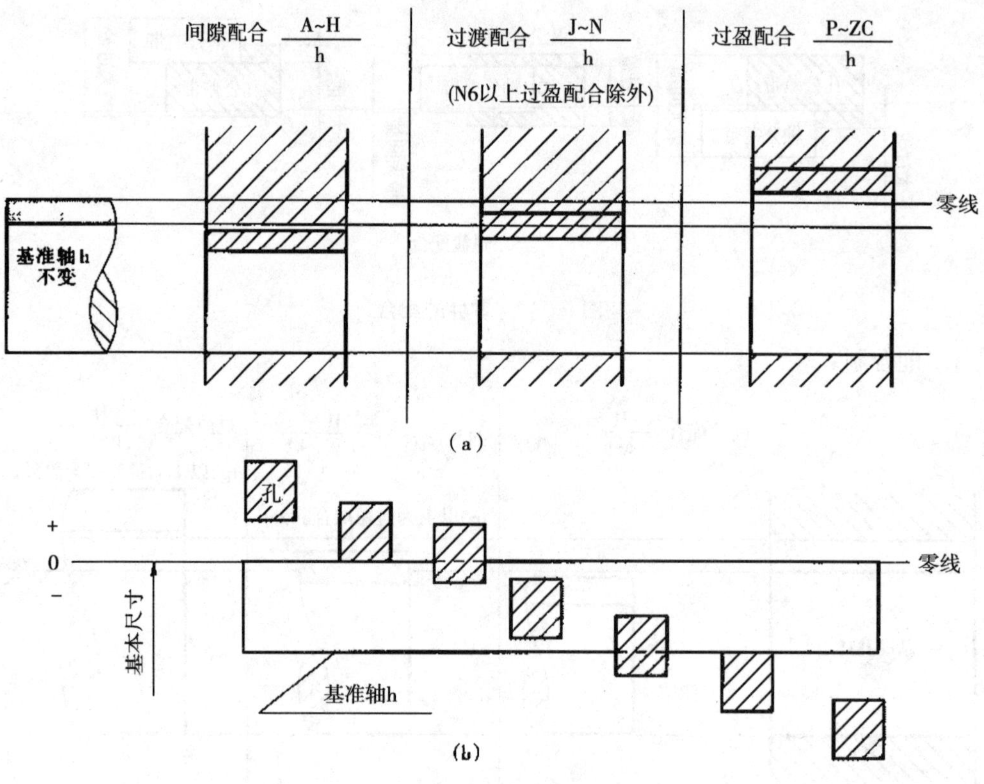

图 9－15　**基轴制配合**

5．优先与常用公差带及配合

（1）优先与常用的孔、轴公差带

在 GB/T1801－1999 中，国标对尺寸≤500mm 范围内，规定了优先、常用和一般用途的孔、轴公差带，如图 9－16 所示。图中圆圈内的为优先选用公差带，方框中的为常用公差带，其余为一般用途的公差带。对这些公差带 GB/T1800－1999 中都制定了孔、轴极限偏差表，使用时可直接查表。

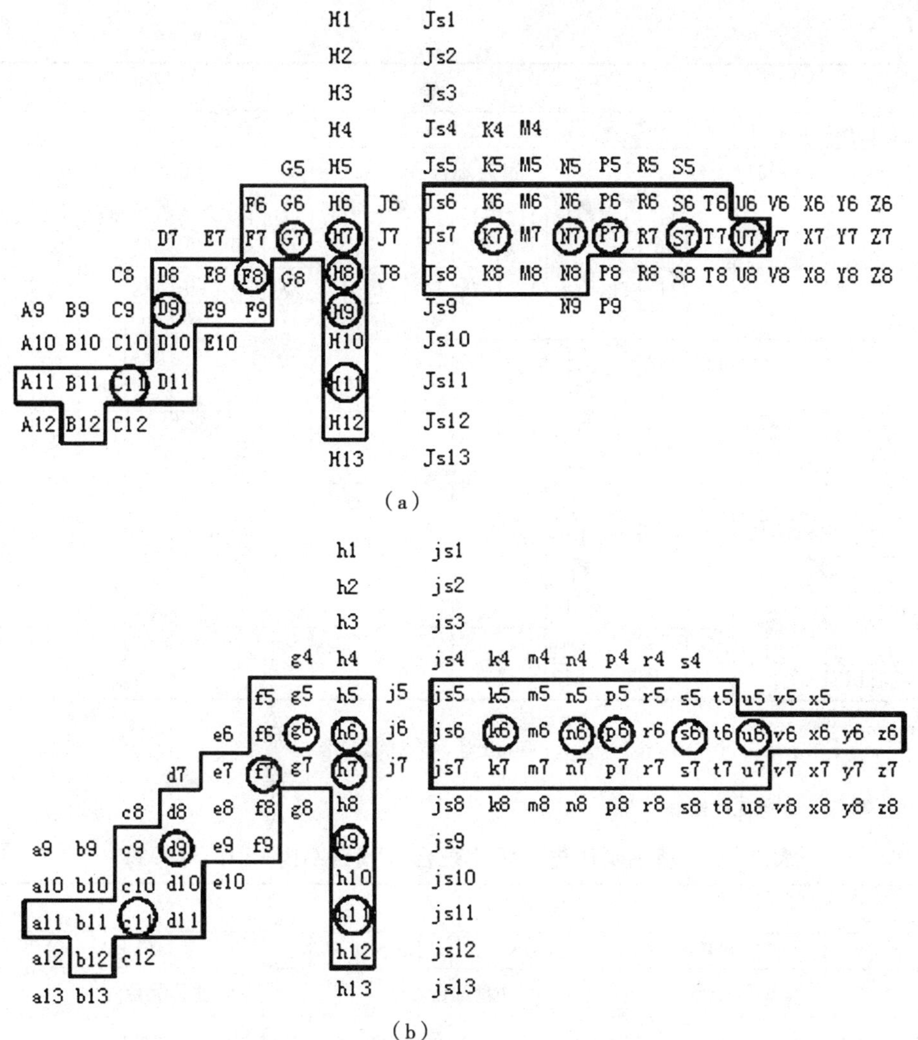

图 9－16　国标规定的孔、轴公差带

（a）优先、常用和一般用途的孔公差带（b）优先、常用和一般用途的轴公差带

（2）优先与常用配合

国标在规定了上述孔、轴公差带的基础上，还规定了优先与常用配合。基孔制的优先与常用配合见表 9－2。基轴制规定的优先与常用配合见表 9－3。国标对两种基准制中优先与常用配合的极限间隙或极限过盈也列了表格，可直接查用（本书略）。

表 9－2　基孔制优先、常用配合（摘自 GB/1801－1999）

基准孔	轴																				
	a	b	c	d	e	f	r	h	js	k	m	n	p	r	s	t	u	v	x	y	z
	间隙配合								过渡配合			过盈配合									
H6						$\frac{H6}{f5}$	$\frac{H6}{g5}$	$\frac{H6}{h5}$	$\frac{H6}{js5}$	$\frac{H6}{k5}$	$\frac{H6}{m5}$	$\frac{H6}{n5}$	$\frac{H6}{p5}$	$\frac{H6}{r5}$	$\frac{H6}{s5}$	$\frac{H6}{t5}$					

（续表）

基准孔	轴																				
	a	b	c	d	e	f	r	h	js	k	m	n	p	r	s	t	u	v	x	y	z
	间隙配合								过渡配合			过盈配合									
H7						H7/f6	◤H7/g6	◤H7/h6	H7/js6	◤H7/k6	H7/m6	◤H7/n6	◤H7/p6	H7/r6	◤H7/s6	H7/t6	◤H7/u6	H7/v6	H7/x6	H7/y6	H7/z6
H8					H8/e7	◤H8/f7	H8/g7	◤H8/h7	H8/js7	H8/k7	H8/m7	H8/n7	H8/p7	H8/r7	H8/s7	H8/t7	H8/u7				
				H8/d8	H8/e8	H8/f8		H8/h8													
H9			H9/c9	◤H9/d9	H9/e9	H9/f9		◤H9/h9													
H10			H10/c10	H10/d10				H10/h10													
H11	H11/a11	H11/b11	◤H11/c11	H11/d11				◤H11/h11													
H12		H12/b12						H12/h12													

注：① $\frac{H6}{n5}$、$\frac{H7}{p6}$在基本尺寸≤3mm 和$\frac{H8}{r7}$≤100mm 时，为过渡配合。

②标注◤符号者为优先配合。

表 9－3 基轴制优先、常用配合（摘自 GB/1801－1999）

基准孔	孔																				
	A	B	C	D	E	F	G	H	JS	K	M	N	P	R	S	T	U	V	X	Y	Z
	间隙配合								过渡配合			过盈配合									
h5						F6/h5	G6/h5	H6/h5	JS6/h5	K6/h5	M6/h5	N6/h5	P6/h5	R6/h5	S6/h5	T6/h5					
h6						F7/h6	◤G7/h6	◤H7/h6	JS7/h6	◤K7/h6	M7/h6	◤N7/h6	◤P7/h6	R7/h6	◤S7/h6	T7/h6	◤U7/h6				
h7					E8/h7	◤F8/h7		◤H8/h7	JS8/h7	K7/h7	M7/h7	N7/h7									
h8				D8/h8	E8/h8	F8/h8		H8/h8													
h9				◤D9/h9	E9/h9	F9/h9		◤H9/h9													
h10				D10/h10				H10/h10													
h11	A11/h11	B11/h11	◤C11/h11	D10/h11				◤H11/h11													
h12		B12/h12						H12/h12													

注：标注◤符号者为优先配合。

6. 极限与配合的标注

(1) 零件图上的标注

零件图上，一些重要的尺寸，一般应标注出极限偏差或公差带代号，如图 9－17。

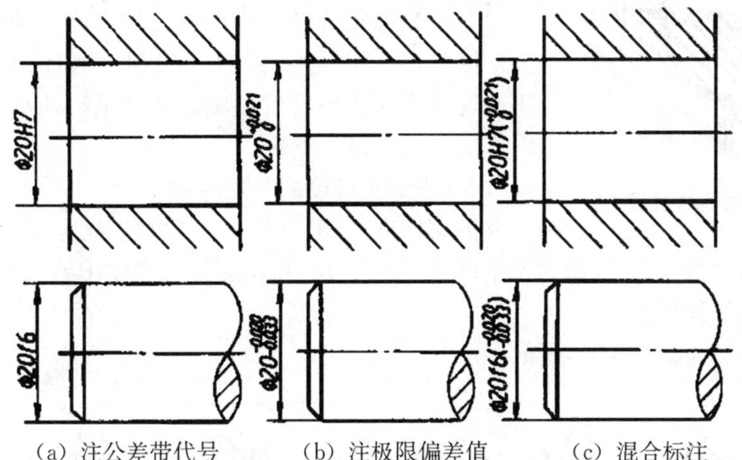

(a) 注公差带代号　　(b) 注极限偏差值　　(c) 混合标注

图 9－17　零件图中极限的注法

用于大批量生产的零件图，可只注公差带代号。公差带代号的注写形式如图 9－17 (a) 所示。用于中小批量生产的零件图，一般可只注极限偏差，如 9－17 (b) 所示，标注时应注意，上下偏差绝对值不同时，偏差数字用比基本尺寸数字小一号的字体书写。下偏差应与基本尺寸注在同一底线上。若某一偏差为零时，数字"0"不能省略，必须标出，并与另一偏差的整数个位对齐。若上下偏差绝对值相同符号相反时，则偏差数字只写一个，并与基本尺寸数字字号相同。如要求同时标注公差带代号及相应的极限偏差时，其极限偏差应加上圆括号，如图 9－17 (c) 所示。

(2) 装配图上的标注

在装配图上，一般标注配合代号，也可标注极限偏差，如图 9－18。具体注法如下：

在装配图上标注线性尺寸的配合代号时，配合代号必须注写在基本尺寸的右边，用分数形式注出，分子为孔的公差带代号，分母为轴的公差带代号。

在装配图中标注相配零件的极限偏差时，孔的基本尺寸和极限偏差注写在尺寸线的上方，轴的基本尺寸和极限偏差注写在尺寸线的下方。

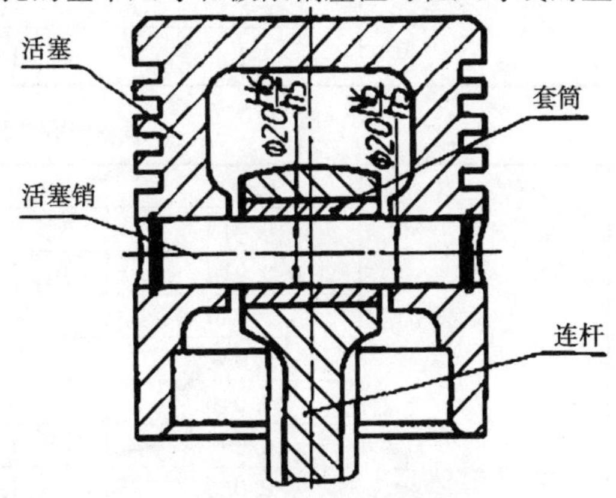

图 9－18　装配图中配合的标注

二、表面粗糙度

1. 表面粗糙度的基本概念

经过加工后的机器零件，其表面状态是比较复杂的。若将其截面放大来看，零件的表面总是凹凸不平的，是由一些微小间距和微小峰谷组成的，如图 9－19 所示。

我们将这种零件加工表面上具有的微小间距和微小峰谷组成的微观几何形状特征称为表面粗糙度。这是由切削过程中刀具和零

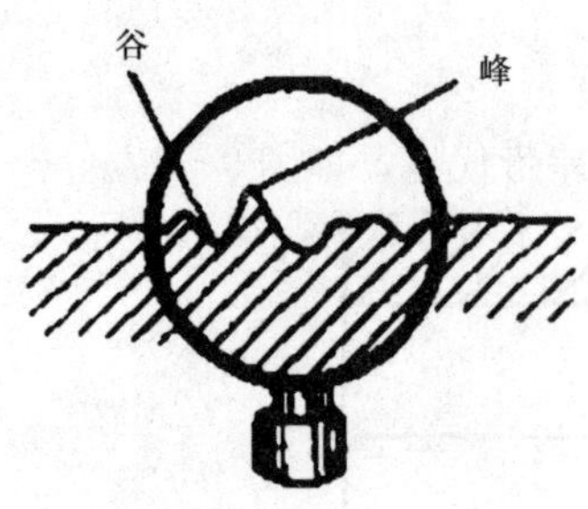

图 9－19　表面的微观状况

件表面的摩擦、切屑分裂时工件表面金属的塑性变形以及加工系统的高频振动或锻压、冲压、铸造等系统本身的粗糙度影响造成的。

零件表面粗糙度对零件的使用性能和使用寿命影响很大。因此，在保证零件的尺寸、形状和位置精度的同时，不能忽视表面粗糙度的影响，特别是转速高、密封性能要求好的部件要格外重视。

2. 表面粗糙度的评定参数

国家标准（GB/T1031－1995）规定了三项高度参数，即轮廓算术平均偏差 Ra、微观不平度十点高度 Rz 和轮廓最大高度 Ry。这里只介绍最常用的轮廓算术平均偏差 Ra。

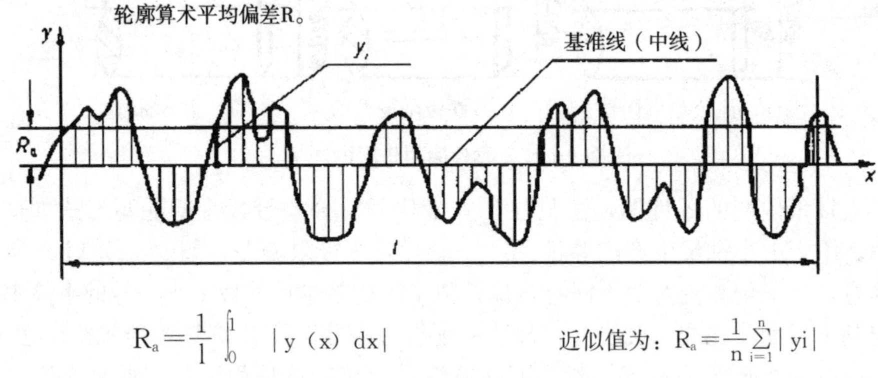

$$R_a=\frac{1}{l}\int_0^l |y(x)dx|$$　　近似值为：$R_a=\frac{1}{n}\sum_{i=1}^{n}|yi|$

图 9－20　轮廓算术平均偏差

参数 Ra 数值规定列于表 9－4 及表 9－5，应优先选用表 9－4 中的数值。

表 9－4　Ra 第一系列值

R_a	0.012	0.2	3.2	50
				100
	0.025	0.4	6.3	
	0.05	0.8	12.5	
	0.1	1.6	25	

表 9－5　Ra 第二系列值

R_a	0.008	0.125	2.0	32
	0.010	0.160	2.5	40
	0.016	0.25	4.0	63
	0.020	0.32	5.0	
	0.032	0.50	8.0	
	0.040	0.63	10.0	80
	0.063	1.00	16.0	
	0.080	1.25	20	

3. 表面粗糙度在图样上的标注（GB/T 131—93）

零件的每一个表面都应该有粗糙度要求，并且应在图样上用代（符）号标注出来。

（1）表面粗糙度的符号　表面粗糙度的基本符号如图 9—21 所示，其中 H1、H2、d′的具体尺寸见表 9—6 所示。表面粗糙度的全部符号都是在基本符号的基础上变化而得，见表 9—7。

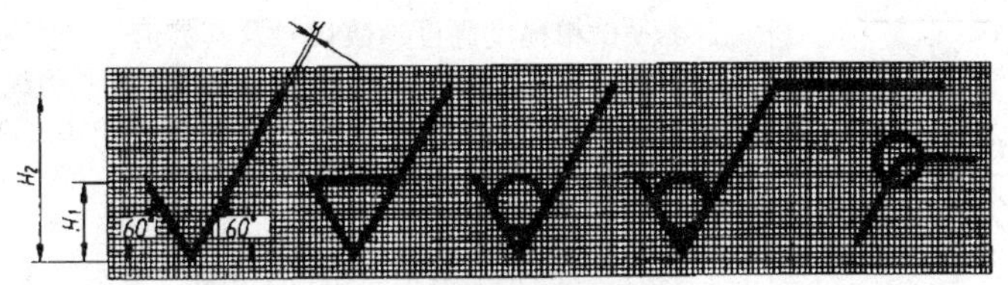

图 9—21　符号的画法

表 9—6　符号的具体尺寸要求

轮廓线的线宽 b	0.35	0.5	0.7	1	1.4	2	2.8	
数字与大写字母(或/和小写字母)的高度 k	2.5	3.5	5	7	10	14	20	
符号的线宽 d′ 数字与字母的笔画宽度 d	0.25	0.35	0.5	0.7	1	1.4	2	
高度 H_1	3.5	5	7	10	14	20	28	
高度 H_2	8	11	15	21	30	42	60	

表 9—7　表面粗糙度符号及意义

符　　号	意义及说明
	基本符号，表示表面可用任何方法获得。当不加注粗糙度参数值或有关说明（例如：表面处理、局部热处理状况等）时，仅适用于简化代号标注。
	基本符号加一短画，表示表面是用去除材料的方法获得。例如：车、铣、钻、磨、剪切、抛光、腐蚀、电火花加工、气割等。
	基本符号加一小圆，表示表面是用不去除材料的方法获得。例如：铸、锻、冲压变形、热轧、粉末冶金等。 或者用于保持原供应状况的表面（包括保持上道工序的状况）。
	在上述三个符号的长边上均可加一横线，用于标注有关参数和说明。
	在上述三个符号上均可加一小圆，表示所有表面具有相同的表面粗糙度要求。

（2）表面粗糙度的代号　在表面粗糙度符号中注写上粗糙度的高度参数及其他有关参数后便组成表面粗糙度代号，如表 9－8 所示。

表 9－8　表面粗糙度的代号

代　号	含　义
a_1 a_2 b c/f (e) d	a_1、a_2——粗糙度高度参数代号及其数值（单位为 μm） b——加工要求、镀覆、涂覆、表面处理或其他说明 c——取样长度（单位为 mm）或波纹度（单位为毫 μm） d——加工纹理方向符号 e——加工余量（单位为 mm） f——粗糙度间距参数值（单位为 mm）轮廓支承长度率

（3）表面粗糙度代号中的标注规定

表面粗糙度高度参数轮廓算术平均偏差 Ra 值的标注形式及意义见表 9－9。参数值的单位为微米，参数代号 Ra 省略不注。

当允许在表面粗糙度参数的所有实测值中超过规定值的个数少于总数的 16%时，应在图样上标注表面粗糙度参数的上限值或下限值，当要求在表面粗糙度参数的所有实测值中不得超过规定值时，应在图样上标注表面粗糙度参数的最大值和最小值。

表 9－9　表面粗糙度参数标注方法及意义

代号	意　义	代号	意　义
3.2	用任何方法获得的表面粗糙度，R_a 的上限值为 3.2μm	3.2max	用任何方法获得的表面粗糙度，R_a 的最大值为 3.2μm
3.2	用去除材料方法获得的表面粗糙度，R_a 的上限值为 3.2μm	3.2max	用去除材料方法获得的表面粗糙度，R_a 的最大值为 3.2μm
3.2	用不去除材料方法获得的表面粗糙度，R_a 的上限值为 3.2μm	3.2max	用不去除材料方法获得的表面粗糙度，R_a 的最大值为 3.2μm
3.2 1.6	用去除材料方法获得的表面粗糙度，R_a 的上限值为 3.2μm，R_a 的下限值为 1.6μm	3.2max 1.6min	用去除材料方法获得的表面粗糙度，R_a 的最大值为 3.2μm，R_a 的最小值为 1.6μm

注：仅规定一个参数值时称为上限值，同时规定两个参数值时称为上限值与下限值。

（4）表面粗糙度代号、符号在图样上的标注

零件图上所标注的表面粗糙度代（符）号是指该表面完工后的要求。

表面粗糙度符号、代号一般注在可见轮廓线、尺寸界线、引出线或它们的延长线上。符号的尖端必须从材料外指向表面，如图 9－22 所示。

表面粗糙度代号中数字及符号的方向必须按图 9－22 的规定标注。

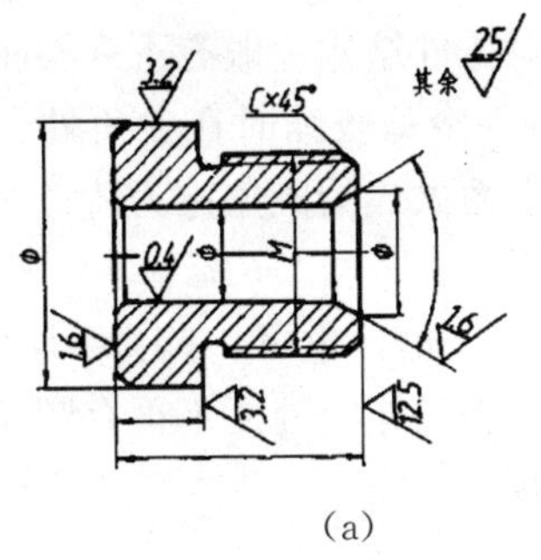

(a)

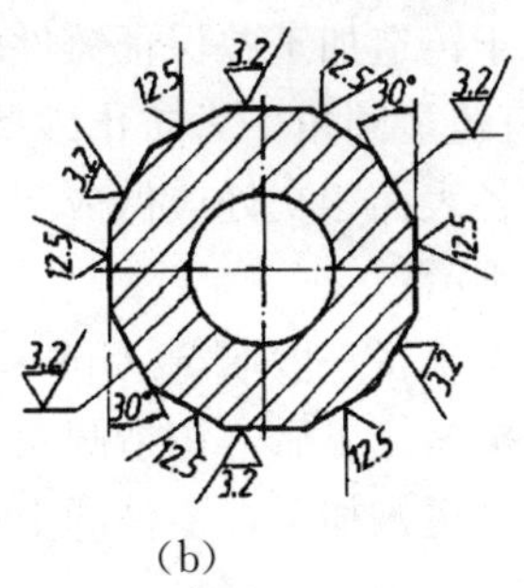

(b)

图 9－22　表面粗糙度代号在图样上的标注方法

带有横线的表面粗糙度符号应按图 9－23 的规定标注。

在同一图样上，每一表面一般只标注一次符号、代号，并尽可能靠近有关的尺寸线。当地位狭小或不便标注时，符号、代号可以引出标注。

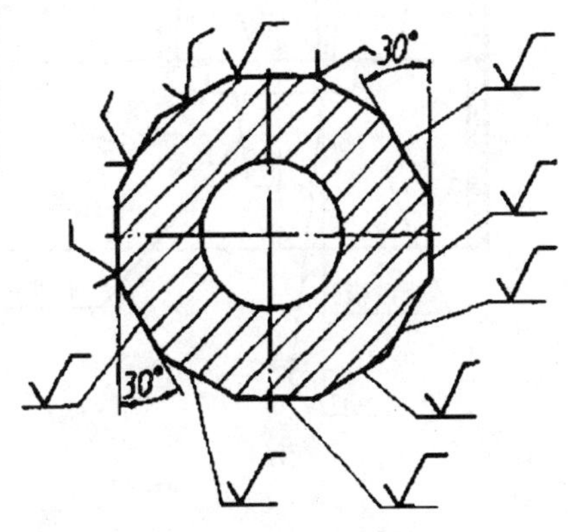

图 9－23　带有横线的表面粗糙度代号的标注

三、零件材料

在机械制造业中，制造零件所用的材料一般有金属材料和非金属材料两类，金属材料用得最多。常用的金属材料和非金属材料及其性能参见相关手册。

制造零件所用的材料，应根据零件的使用性能及要求，并兼顾经济性，选择性能与零件要求相适应的材料。

零件图中，应将所选用的零件材料的名称或代号填写在标题栏内。

四、其他

对于零件的特殊加工、检查、试验、结构要素的统一要求及其他说明应根据零件的需要注写。一般用文字注写在技术要求的文字项目内。

第五节　加工工艺对零件结构的要求

一、铸造工艺对铸件结构的要求

砂型铸造是最常用的铸造方法之一，如图 9－24。砂型铸造的过程是，木模工按图样先做出木模，有铸孔的零件还要做出供制造泥芯用的泥芯箱，然后由造型工制成型箱和泥芯。砂型分为上下两部分，上型还需做出浇注用的浇口（金属液体进口）和冒口（空气和金属液体溢出口）。型箱做好后，将木模从型箱中取出，放入泥芯，合箱，将熔化的金属液体浇入具有与零件结构形状相应的空腔内，直至金属液体从冒口溢出为止。待铸件冷却后取出，清除砂粒，切除铸件上冒口和浇口处的金属块，就得到了铸件毛坯。经检验合格后，一般就可送去进行机械加工了。如有特殊要求，还要进行时效处理（消除内应力的一种处理方法）才能进行机械加工。

为了便于铸造加工并保证铸件的质量，铸造工艺对铸件结构一般有下列要求。

1. 应有铸造圆角　为防止砂型尖角脱落和避免铸件冷却收缩时在尖角处开裂或产生缩孔，铸件各表面相交处应做成圆角。这种因铸造要求而做成的圆角称为铸造圆角，如图9－24（c）所示。

铸造圆角半径一般取3～5mm，或取壁厚的0.2～0.4倍，也可从有关手册中查得。

铸件经机械加工后，铸造圆角被切除，零件图上两表面相交处便不再有圆角，只有两个表面都未经机械加工，零件图上相交处才画出圆角。

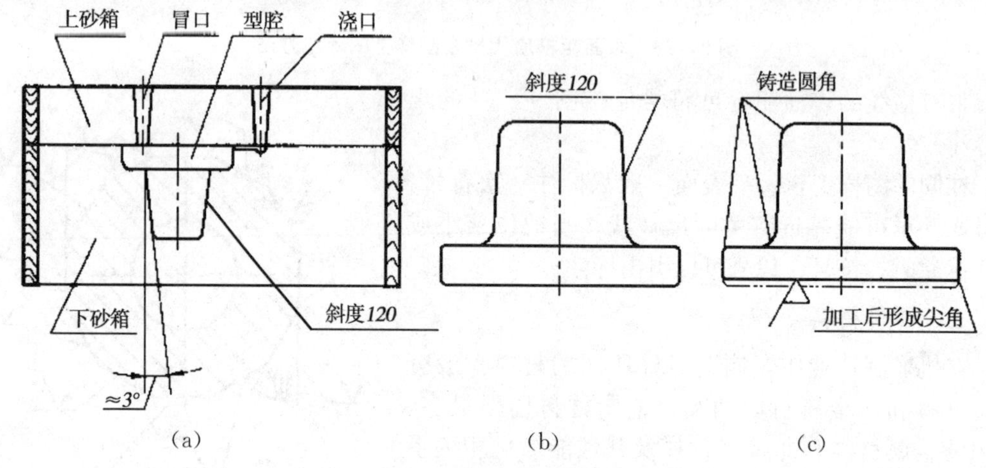

图9－24　铸造斜度和铸造圆角

2. 应具有拔模斜度　铸件在铸造前的砂型造型过程中，为了便于将木模（或金属模）从砂型中取出（见图9－24（a）），铸件的内外壁沿拔模方向应设计成具有一定的斜度，称为拔模斜度。如图9－24（b）所示。通常，拔模方向尺寸在25～500mm的铸件，其拔模斜度约为1∶20～1∶10（3°～6°）。拔模斜度的大小也可从有关手册中查得。

在零件图上，零件的拔模斜度若无特殊要求时，可以不画出，也不加任何标注。

3. 铸件壁厚应均匀或逐渐过渡　零件设计时，应使铸件的壁厚尽可能均匀或逐渐过渡。如果铸件的壁厚设计不均匀，则会因冷却凝固的速度不同而使壁厚突变的地方产生裂纹或使肥厚处产生缩孔，如图9－25所示。

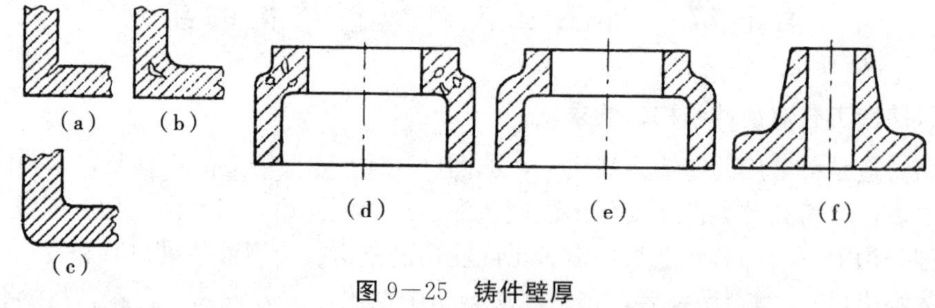

图9－25　铸件壁厚

铸件表面由于圆角的存在，使铸件表面的交线变得不很明显，如图9－26，这种不明显的交线称为过渡线。

过渡线的画法与交线画法基本相同，只是过渡线的两端与圆角轮廓线之间应留有空隙。如图9－26是常见的几种过渡线的画法。

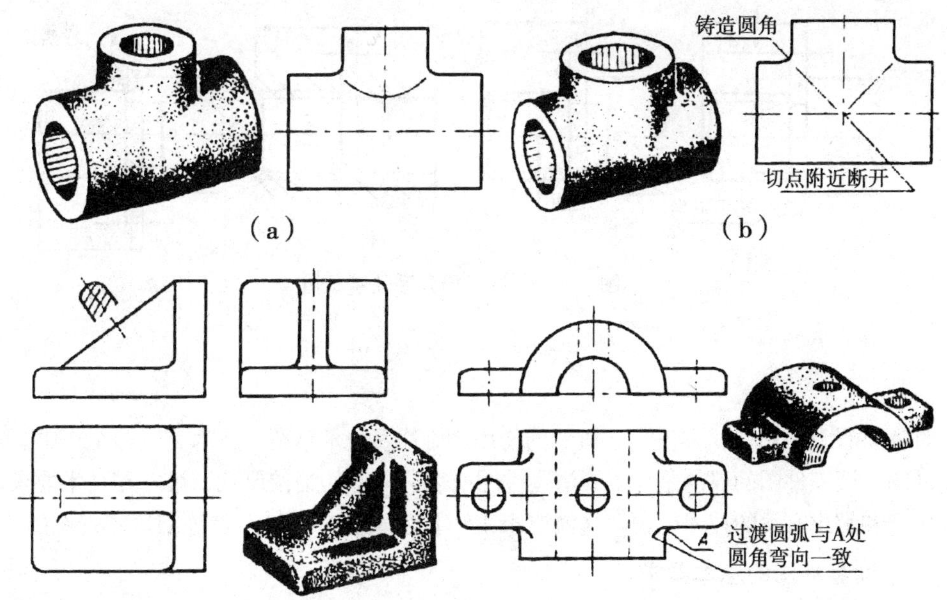

图 9—26 **常见的几种过渡线及其画法**

二、金属切削加工工艺对零件结构的要求

铸件、锻件以及各种轧制条料，一般均要在金属切削机床上通过一定的切削加工，才能获得图样上所要求的尺寸、形状和表面质量。金属切削加工工艺对零件结构的要求如下：

1. 减少加工面积

零件与零件接触的表面一般都要加工。为了降低加工费用，也为了保证零件接触良好，在允许的情况下，应尽量减少加工面积。常用的办法是，在零件表面作出凸台、凹坑或凹槽，如图 9—27 所示。

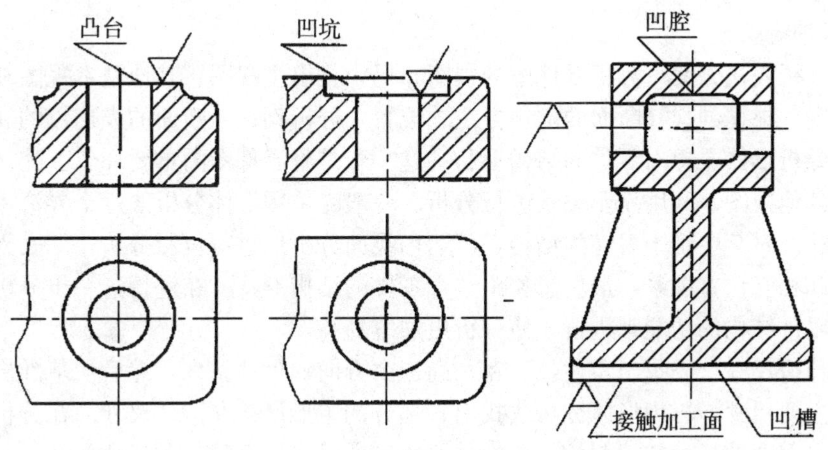

图 9—27 **凸台与凹坑**

2. 留出或加工出退刀槽、工艺孔等结构

为了将零件的加工表面加工彻底，有时需要在零件上留出或加工出退刀槽（越程槽）、工艺孔等，以便刀具能顺利地进入或退出加工表面。如图 9—28 所示。

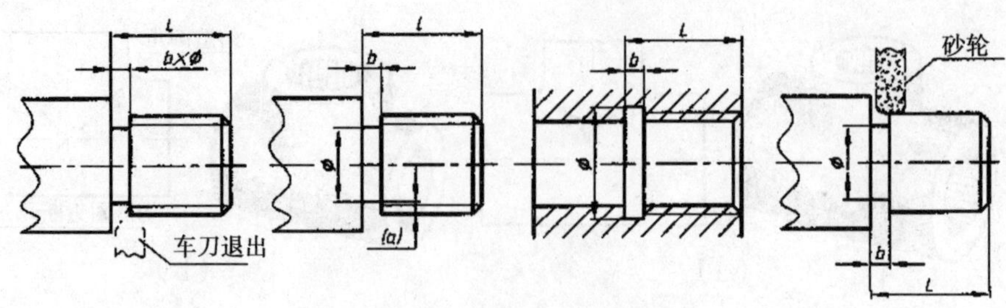

图 9－28　退刀槽和砂轮越程槽

第六节　读零件图

在零件设计制造、机器安装、机器的使用和维修及技术革新、技术交流等工作中，常常要读零件图。读零件图的目的是为了弄清零件图所表达零件的结构形状、尺寸和技术要求，以便指导生产和解决有关的技术问题，这就要求工程技术人员必须具有熟练阅读零件图的能力。

一、读零件图的基本要求

1. 了解零件的名称、用途和材料。

2. 分析零件各组成部分的几何形状、结构特点及作用。

3. 分析零件各部分的定形尺寸和各部分之间的定位尺寸。

4. 熟悉零件的各项技术要求。

5. 初步确定出零件的制造方法。(在制图课中可不作此要求)。

二、读零件图的方法和步骤

1. 概括了解

从标题栏内了解零件的名称、材料、比例等，并浏览视图。可初步得知零件的用途和形体概貌。

2. 详细分析

(1) 分析表达方案　分析零件图的视图布局，找出主视图、其他基本视图和辅助视图所在的位置。根据剖视、断面的剖切方法、位置，分析剖视、断面的表达目的和作用。

(2) 分析形体、想出零件的结构形状　这一步是看零件图的重要环节。先从主视图出发，联系其他视图、利用投影关系进行分析。一般先采用形体分析法逐个弄清零件各部分的结构形状。对某些难于看懂的结构，可运用线面分析法进行投影分析，彻底弄清它们的结构形状和相互位置关系，最后想象出整个零件的结构形状。在进行这一步分析时，往往还须结合零件结构的功能来进行，使分析更加容易。

(3) 分析尺寸　先找出零件长、宽、高三个方向的尺寸基准，然后从基准出发，搞清楚哪些是主要尺寸。再用形体分析法找出各部分的定形尺寸和定位尺寸。在分析中要注意检查是否有多余的尺寸和遗漏的尺寸，并检查尺寸是否符合设计和工艺要求。

(4) 分析技术要求　分析零件的尺寸公差、形位公差、表面粗糙度和其他技术要求，弄清楚零件的哪些尺寸要求高，哪些尺寸要求低，哪些表面要求高，哪些表面要求低，哪些表面不加工，以便进一步考虑相应的加工方法。

3. 归纳总结

综合前面的分析，把图形、尺寸和技术要求等全面系统地联系起来思索，并参阅相关资料，得出零件的整体结构、尺寸大小、技术要求及零件的作用等完整的概念。

必须指出，在看零件图的过程中，上述步骤不能把它们机械地分开，往往是参差进行的。另外，对于较复杂的零件图，往往要参考有关技术资料，如装配图，相关零件的零件图及说明书等，才能完全看懂。对于有些表达不够理想的零件图，需要反复仔细地分析，才能看懂。

图 9－29 至图 9－32 所示为四类典型零件的图样，读者可以将它们作为阅读零件图的练习，也可作为画图时的参考图例。

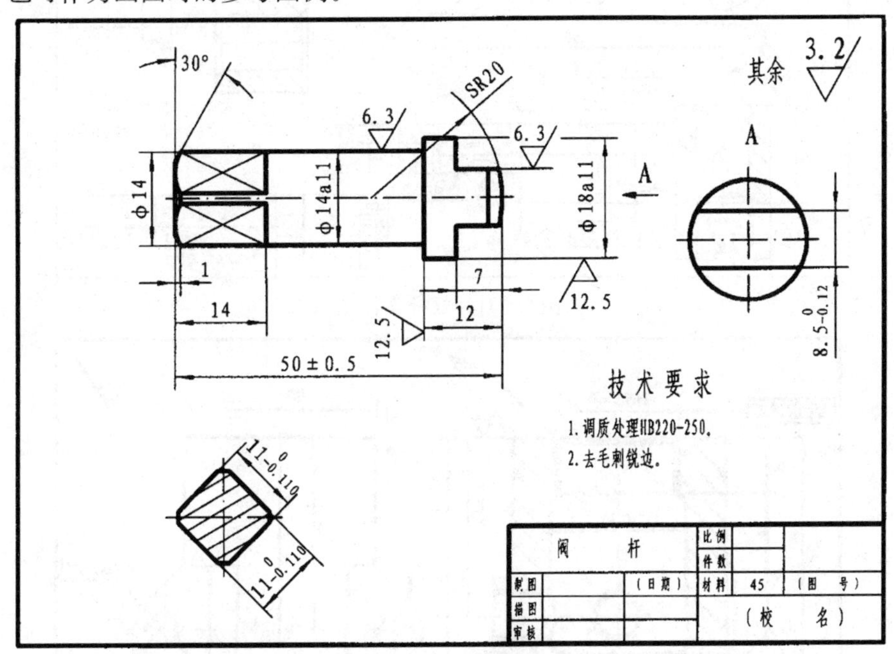

图 9－29　阀杆零件图

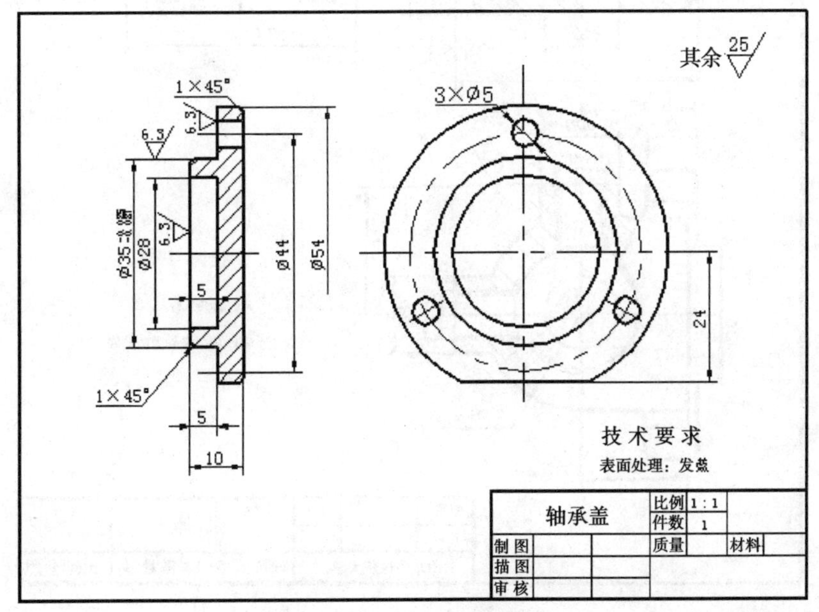

图 9－30　轴承盖零件图

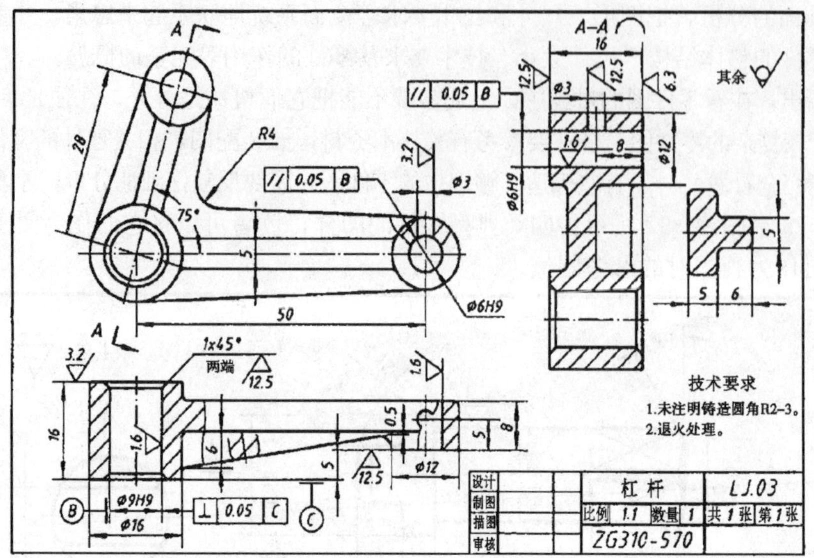

图 9—31 杠杆零件图

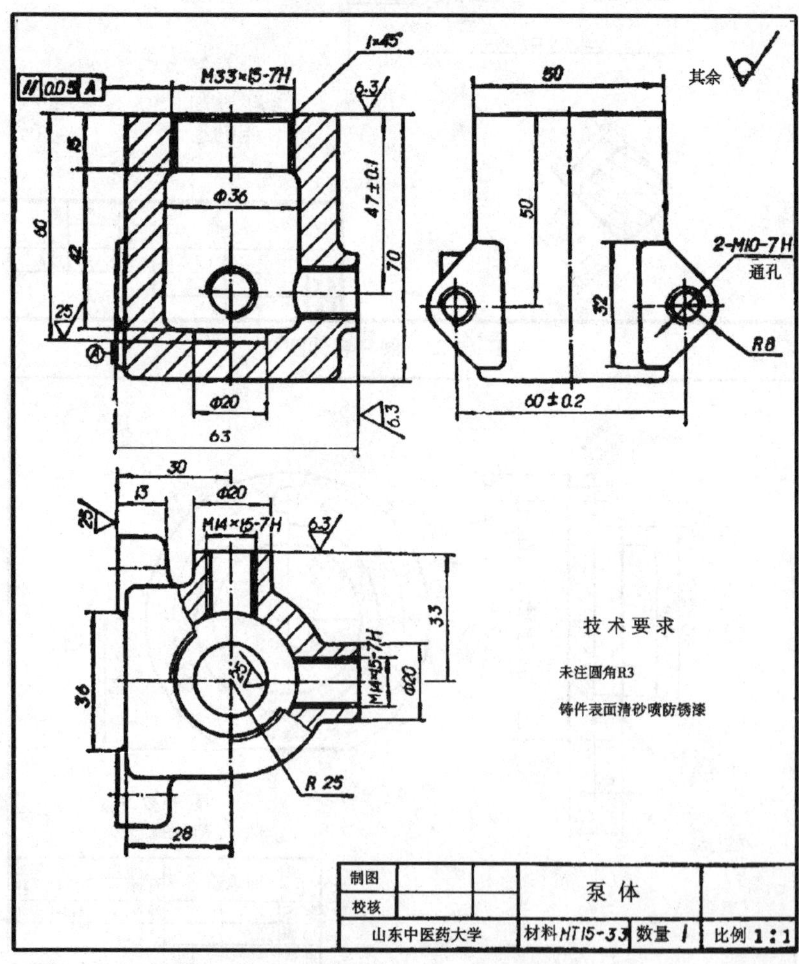

图 9—32 泵体零件图

第七节　零件测绘

根据已有的零件，不用或只用简单的绘图工具，用较快的速度，徒手目测画出零件的视图，测量并注上尺寸及技术要求，得到零件草图，然后参考有关资料整理绘制出供生产使用的零件工作图。这个过程称为零件测绘。

零件测绘对推广先进技术，改造现有设备，技术革新，修配零件等都有重要作用。因此，零件测绘是实际生产中的重要工作之一，是工程技术人员必须掌握的制图技能。

一、画零件草图

1. 分析零件

为了把被测零件准确完整地表达出来，应先对被测零件进行认真地分析，了解零件的类型，在机器中的作用，所使用的材料及大致的加工方法。

2. 确定零件的视图表达方案

关于零件的表达方案，前面已经讨论过。需要重申的是，一个零件，其表达方案并非是唯一的，可多考虑几种方案，选择最佳方案。

3. 目测徒手画出零件草图

零件的表达方案确定后，便可按下列步骤画出零件草图：

（1）确定绘图比例：根据零件大小、视图数量、现有图纸大小，确定适当的比例。

（2）定位布局：根据所选比例，粗略确定各视图应占的图纸面积，在图纸上作出主要视图的作图基准线，中心线。注意留出标注尺寸和画其他补充视图的地方，如图 9－33（a）所示。

（3）详细画出零件的内外结构和形状。如图 9－33（b）所示。注意各部分结构之间的比例应协调。

（4）检查、加深有关图线。

（5）画尺寸界线、尺寸线，将应该标注的尺寸的尺寸界线、尺寸线全部画出。如图 9－33（c）所示。

（6）集中测量、注写各个尺寸，如图 9－33（d）所示。注意最好不要画一个、量一个、注写一个。这样不但费时，而且容易将某些尺寸遗漏或注错。

（7）制定并注写技术要求：根据实践经验或用样板比较，确定表面粗糙度；查阅有关资料，确定零件的材料、尺寸公差、形位公差及热处理等要求，如图 9－33（d）所示。

（8）最后检查、修改全图并填写标题栏，完成草图。如图 9－33（d）所示。

二、画零件工作图

由于绘制零件草图时，往往受地点条件的限制，有些问题有可能处理得不够完善，因此在画零件工作图时，还需要对草图进一步检查和校对，然后用仪器或计算机画出零件工作图，经批准后，整个零件测绘的工作就进行完了。

零件草图是现场测绘的，所考虑的问题不一定是最完善的。因此，在画零件工作图时，需要对草图再进行审核。有些要设计、计算和选用，如表面粗糙度、尺寸公差、形位公差、材料及表面处理等；有些问题也需要重新加以考虑，如表达方案的选择、尺寸的标注等，经过复查、补充、修改后，方可画零件图。画零件图的方法和步骤如下：

（1）选好比例　根据零件的复杂程度选择比例，尽量选用1∶1。

（2）选择幅面　根据表达方案、比例、选择标准图幅。

（3）画底图　①定出各视图的基准线；②画出图形；③标出尺寸；④注写技术要求，填写标题栏。

（4）校核。

（5）描深。

（6）审核。

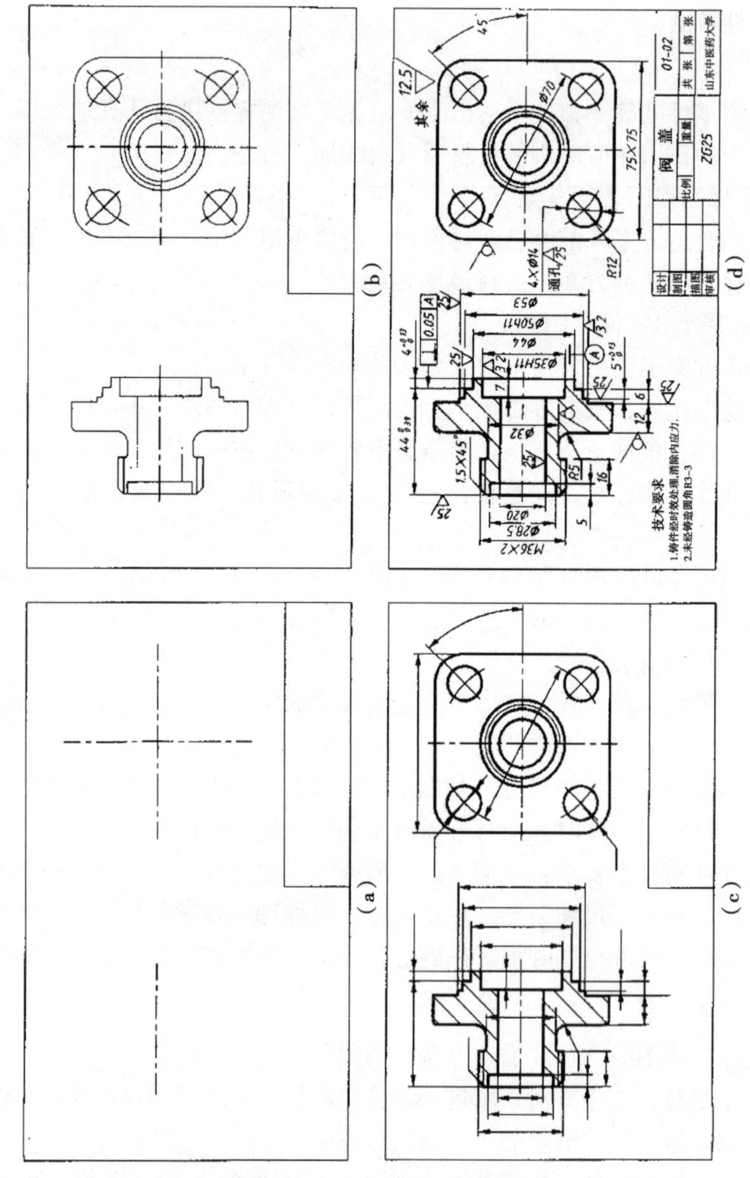

图9—33　零件草图的步骤

三、测量工具及零件尺寸的测量

在零件测绘中，常用的测量工具、量具有：直尺、内卡钳、外卡钳、游标卡尺、内径千分尺、外径千分尺、高度尺、螺纹规、圆弧规、量角器、曲线尺、铅丝和印泥等。

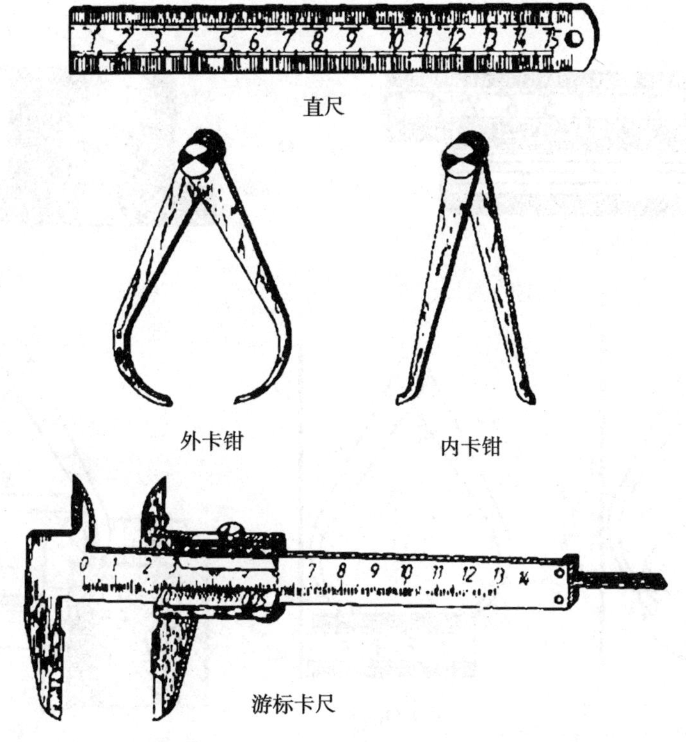

图 9－34　常用量具

对于精度要求不高的尺寸，一般用直尺、内外卡钳等即可，精确度要求较高的尺寸，一般用游标卡尺、千分尺等精确度较高的测量工具。特殊结构，一般要用特殊工具如螺纹规、圆弧规、曲线尺来测量。

常见的测量方法，如 9－35 所示。

四、测绘注意事项

1. 测量尺寸时，应正确选择测量基准，以减少测量误差。零件上磨损部位的尺寸，应参考其配合的零件的相关尺寸，或参考有关的技术资料予以确定。

2. 零件间相配合结构的基本尺寸必须一致，并应精确测量，查阅有关手册，给出恰当的尺寸偏差。

3. 零件上的非配合尺寸，如果测得为小数，则应圆整为整数标出。

4. 零件上的截交线和相贯线，不能机械地照实物绘制。因为它们常常由于制造上的缺陷而被歪曲。画图时要分析弄清它们是怎样形成的，然后用学过的相应方法画出。

5. 要重视零件上的一些细小结构，如倒角、圆角、凹坑、凸台和退刀槽、中心孔等。如系标准结构，在测得尺寸后，应参照相应的标准查出其标准值，注写在图纸上。

6. 对于零件上的缺陷，如铸造缩孔、砂眼、加工的疵点、磨损等，不要在图上画出。

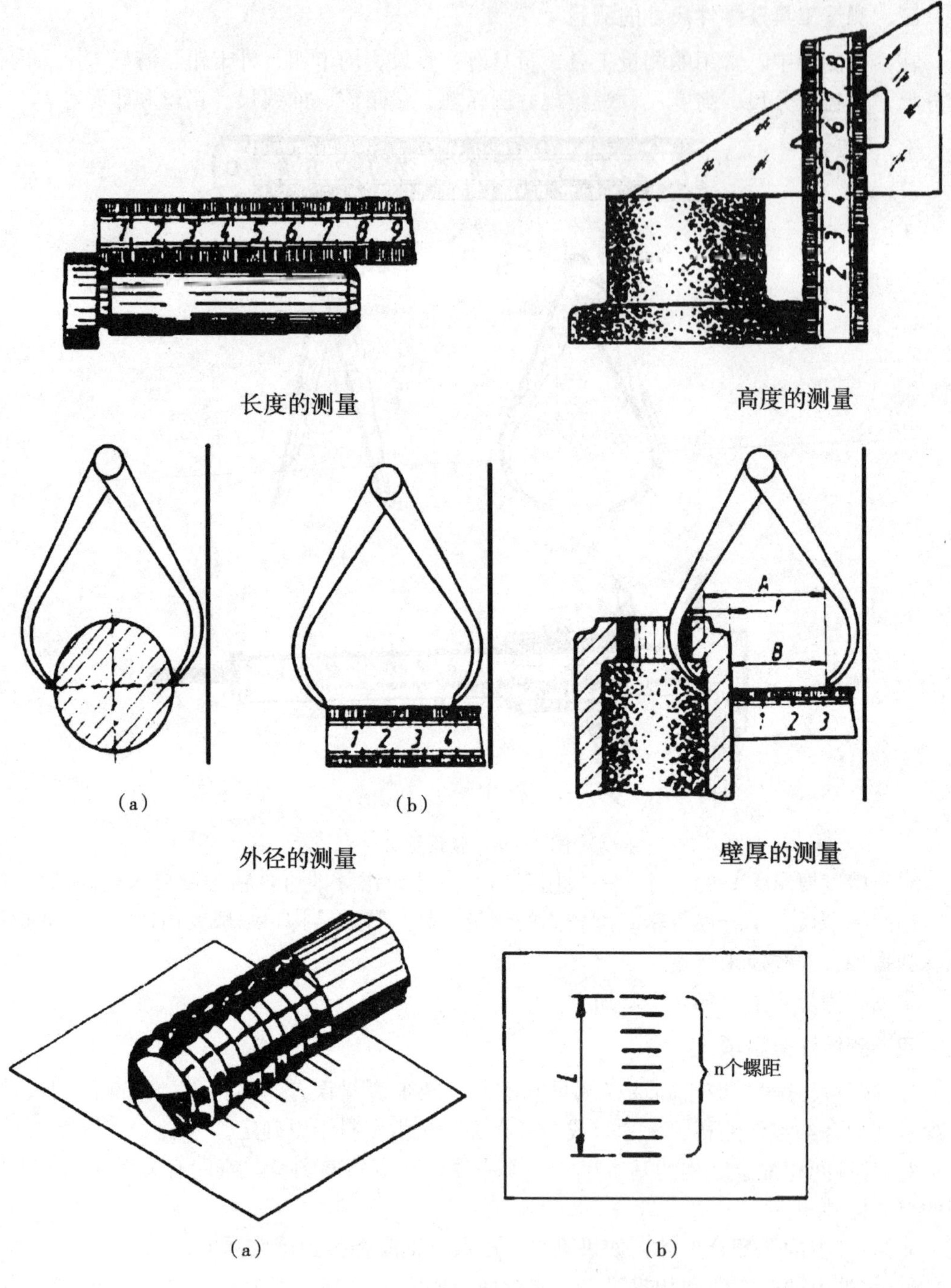

图 9—35　常见的测量方法

第十章 装配图

第一节 装配图的作用及内容

装配图是表达机器或部件的工作原理、装配关系、传动路线、连接方式及零件的基本结构的图样。装配图和零件图一样，是生产和科研中的重要技术文件之一。

一、装配图的作用

装配图在科研和生产中起着十分重要的作用。在设计产品时，通常是根据设计任务书，先画出符合设计要求的装配图，再根据装配图画出符合要求的零件图；在制造产品的过程中，要根据装配图制定装配工艺规程来进行装配、调试和检验产品；在使用产品时，要从装配图上了解产品的结构、性能、工作原理及保养、维修的方法和要求。

二、装配图的内容

图 10－1 是柱塞泵的装配图。从图中可以看出，一张装配图应包括下列内容：

1. 一组视图：用以表达机器或部件的工作原理、装配关系、传动路线、连接方式及零件的基本结构。

2. 必要的尺寸：用以表示机器或部件的性能、规格、外形大小及装配、检验、安装所需的尺寸。

3. 技术要求：用符号或文字注写的机器或部件在装配、检验、调试和使用等方面的要求、规则和说明等。

4. 零件的序号和明细栏：组成机器或部件的每一种零件（结构形状、尺寸规格及材料完全相同的为一种零件），在装配图上，必须按一定的顺序编上序号，并编制出明细栏。明细栏中注明各种零件的序号、代号、名称、数量、材料、重量、备注等内容，以便读图、图样管理及进行生产准备、生产组织工作。

5. 标题栏：说明机器或部件的名称、图样代号、比例、重量及责任者的签名和日期等内容。详见第一章内容。

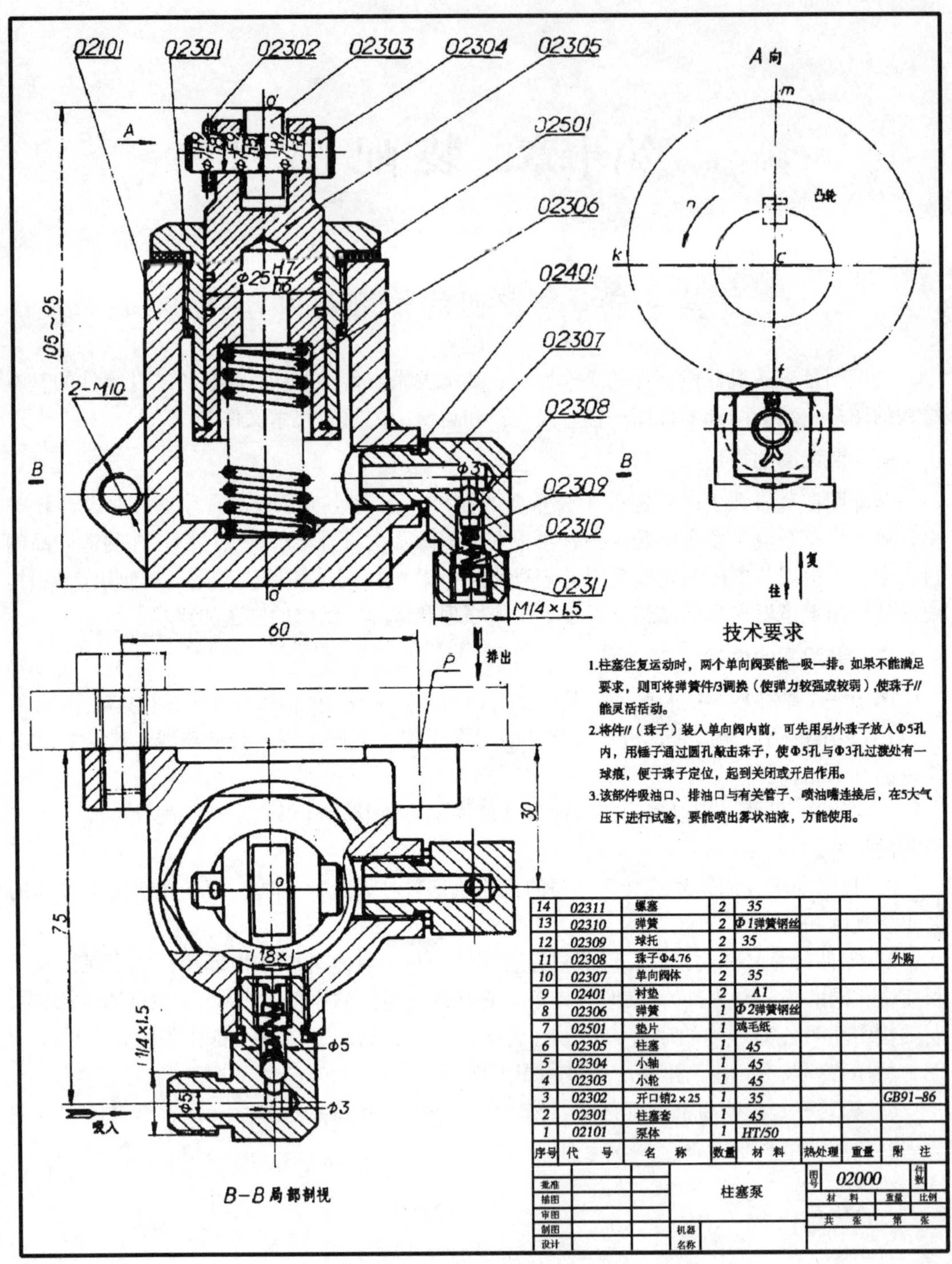

序号	代号	名称	数量	材料	热处理	重量	附注
14	02311	螺塞	2	35			
13	02310	弹簧	2	Φ1弹簧钢丝			
12	02309	球托	2	35			
11	02308	珠子Φ4.76	2				外购
10	02307	单向阀体	2	35			
9	02401	衬垫	2	A1			
8	02306	弹簧	1	Φ2弹簧钢丝			
7	02501	垫片	1	鸡毛纸			
6	02305	柱塞	1	45			
5	02304	小轴	1	45			
4	02303	小轮	1	45			
3	02302	开口销2×25	1	35			GB91-86
2	02301	柱塞套	1	45			
1	02101	泵体	1	HT/50			

图 10—1　柱塞泵装配图

第二节　装配图的表达方法

装配图和零件图一样，也是按正投影的原理、方法和《机械制图》、《技术制图》国家标准的有关规定绘制的。零件图的表达方法（视图、剖视、断面等）及视图选用原则，一般都适用于装配图。但由于装配图与零件图各自表达对象的重点及在生产中所使用的范围有所不同，因而国家标准对装配图在表达方法上还有一些专门规定。

一、装配图的规定画法

1. 两零件的接触面和配合面只画一条线，如图 10－2（a)。两基本尺寸不相同的不接触表面和非配合表面，即使其间隙很小，也必须画两条线。

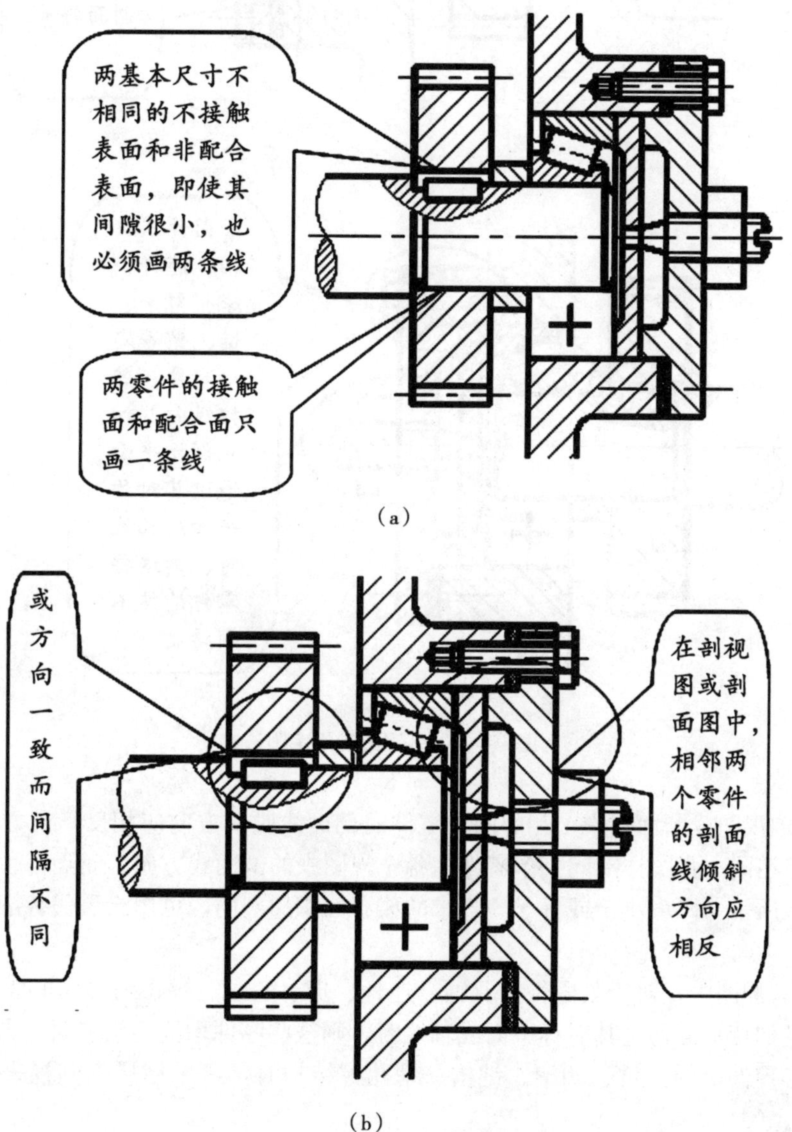

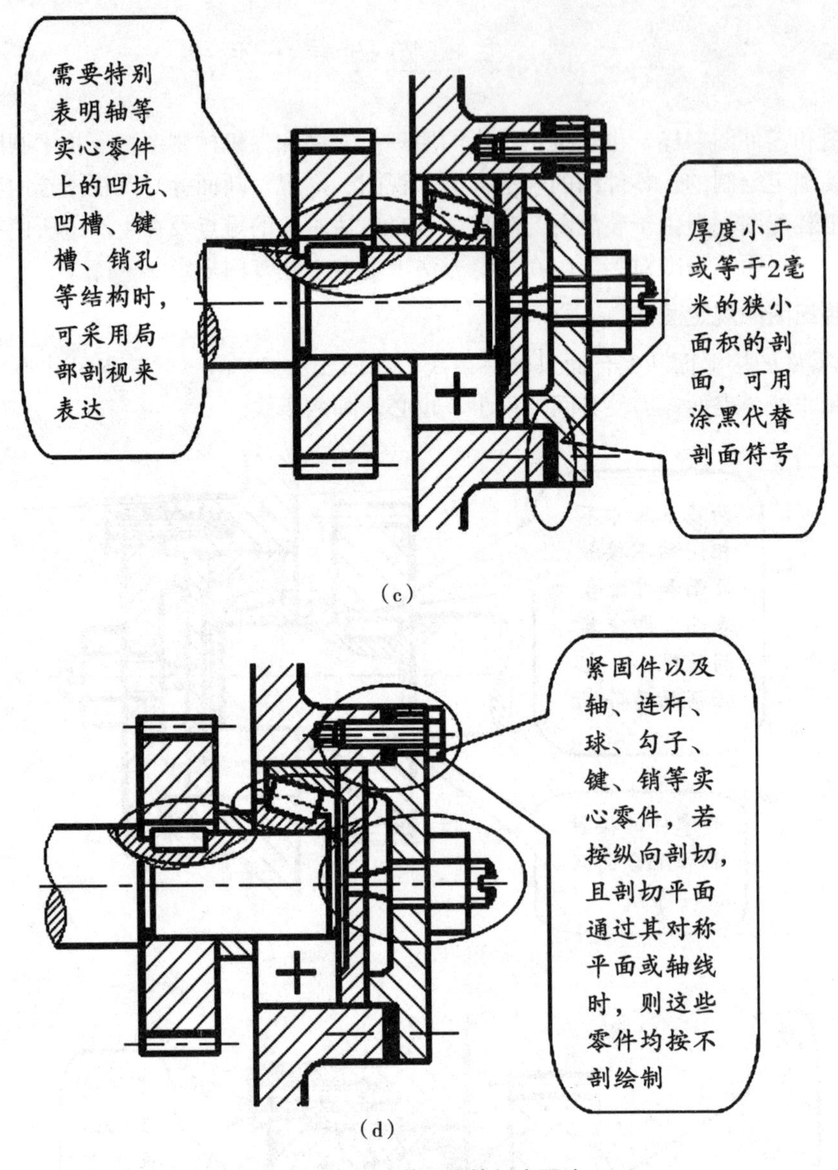

(c)

(d)

图 10－2　装配图的规定画法

2. 在剖视图或断面图中，相邻两个零件的剖面线倾斜方向应相反，或方向一致而间隔不同。但在同一张图样上同一个零件在各个视图中的剖面线方向、间隔必须一致，如图 10－2（b）所示。厚度小于或等于 2 毫米的狭小面积的剖面，可用涂黑代替剖面符号，如图 10－2（c）。

3. 在装配图中，对于紧固件以及轴、连杆、球、勾子、键、销等实心零件，若按纵向剖切，且剖切平面通过其对称平面或轴线时，则这些零件均按不剖绘制。当需要特别表明轴等实心零件上的凹坑、凹槽、键槽、销孔等结构时，可采用局部剖视来表达，如图 10－2（c）、(d)。

二、装配图的特殊表达方法

1. 沿零件的接合面剖切和拆卸画法

装配体上零件间往往有重叠现象，当某些零件遮住了需要表达的结构与装配关系时，可假想沿某些零件的接合面剖切或假想将某些零件拆卸后绘制，需加以说明时，可标注“拆去零件”等字样。

（1）拆卸与剖切结合。如图10—3所示的轴承的俯视图是假想用剖切平面沿轴承盖和轴承底座的空隙及上、下轴衬的接触面剖切，由于剖切面垂直于螺栓轴线，故在螺栓被切断处画上剖面线。

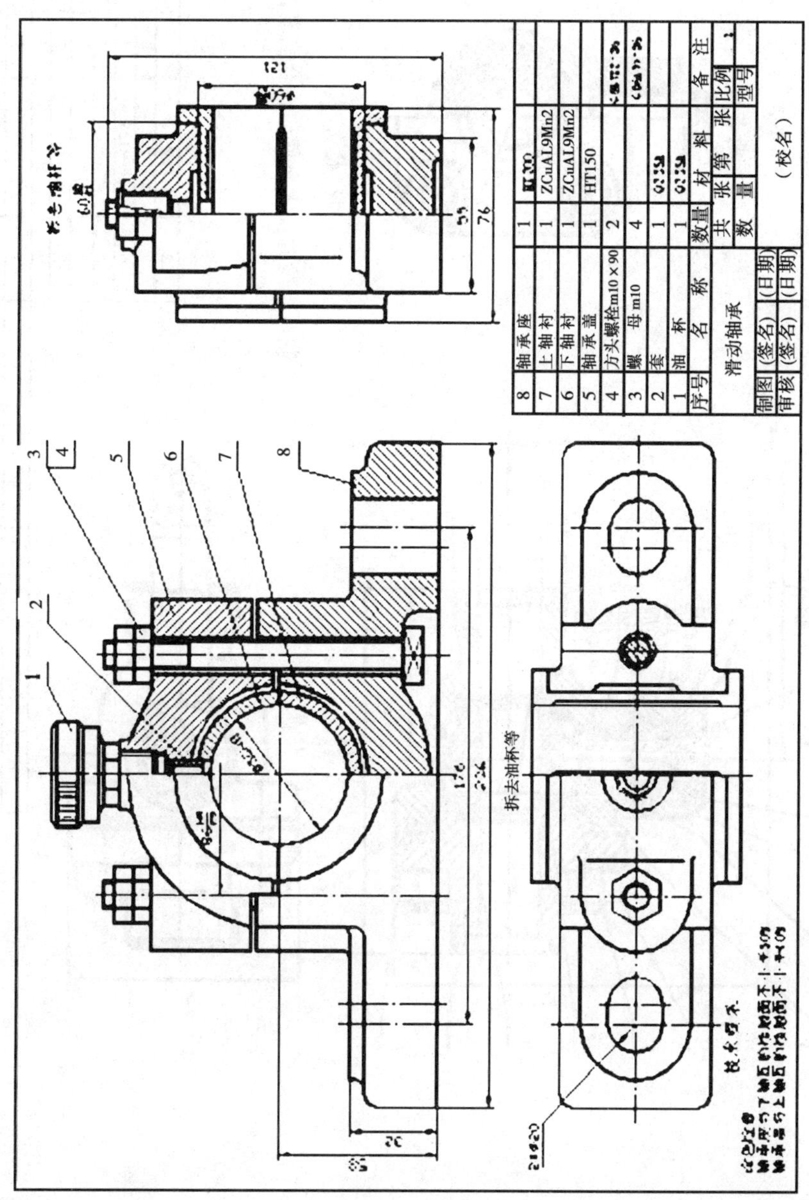

图10—3　滑动轴承装配图

（2）部分拆卸。有时为了在某个视图上把装配关系或某个零件的外形表达清楚，或为了简化图形，可将某些零件在该视图上拆去不画，如图 10—4 所示的球阀的左视图，是拆去件 10、11、12 后画出的。

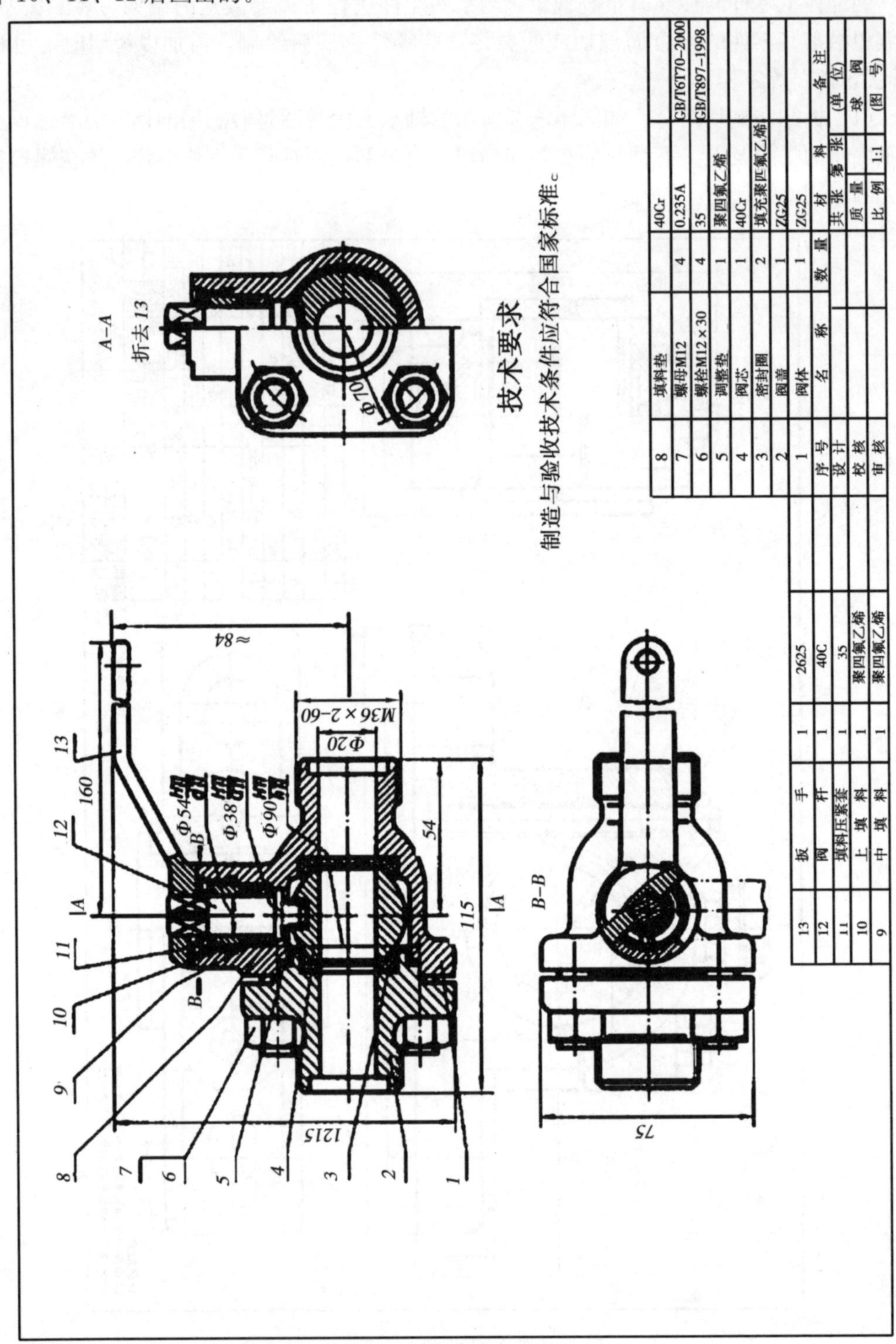

图 10—4　球阀装配图

2. 假想画法

（1）当需要表达所画装配体与相邻零件或部件的关系时，可用双点画线假想画出相邻零件或部件的轮廓，如图 10－5 所示。

（2）当需要表达某些运动零件或部件的运动范围及极限位置时，可用双点画线画出其极限位置的外形轮廓。如图 10－4 所示俯视图中的手柄关闭球阀的极限位置用双点画线画出。

（3）当需要表达钻具、夹具中所夹持工件的位置情况时，可用双点画线画出所夹持工件的外形轮廓。

3. 展开画法

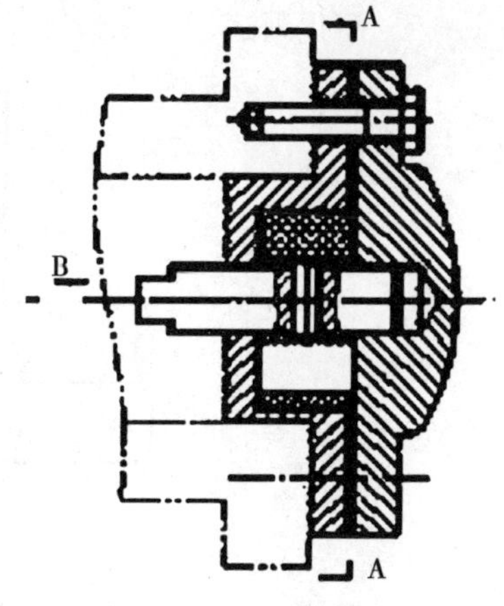

图 10－5　假想画法

如图 10－6 所示。为了表达传动机构的传动路线和装配关系，可假想按传动顺序沿轴线剖切，然后依次将各剖切平面展开在一个平面上，画出其剖视图。此时应在展开图的上方注明“×－×展开”字样。

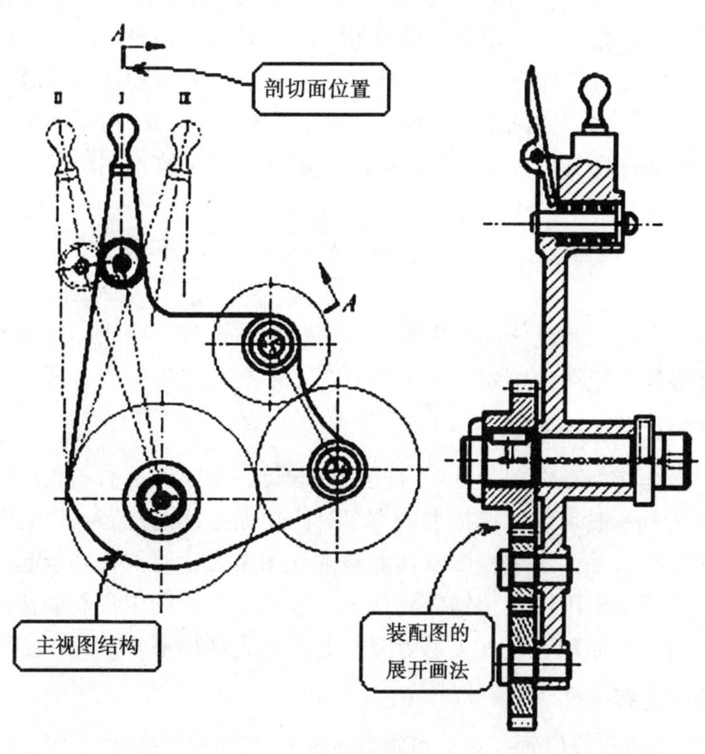

图 10－6　传动轴系的展开图

4. 夸大画法

在装配图中，如绘制厚度很小的薄片、直径很小的孔以及很小的锥度、斜度和尺寸很小的非配合间隙时，这些结构可不按原比例而夸大画出。如图 10－4 中的垫片。

5. 简化画法

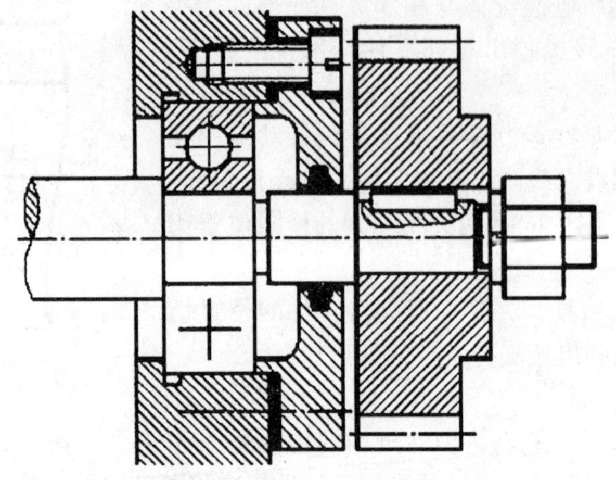

图 10—7　简化画法

在装配图中，零件的工艺结构，如小圆角、倒角、退刀槽等可不画出。对于装配图中若干相同的零件组，如螺栓、螺母、垫圈等，可只详细地画出一组或几组，其余只用点画线表示出装配位置即可，如图 10—7 中所示。装配图中的滚动轴承，可只画出一半，另一半按规定示意画法画出，如图 10—7 所示。在装配图中，当剖切平面通过的某些组件为标准产品，或该组件已由其他图形表达清楚时，则该组件可按不剖绘制。

第三节　装配体的表达方案

画装配图时，必须把装配体的工作原理、装配关系、传动路线、连接方式及其零件的主要结构等了解清楚，作深入细致地分析和研究，才能确定出较为合理的表达方案。

一、装配体的视图选择原则

装配图的视图选择与零件图一样，应使所选的每一个视图都有其表达的重点内容，具有独立存在的意义。一般来讲，选择表达方案时应遵循这样的思路：以装配体的工作原理为线索，从装配干线入手，用主视图及其他基本视图来表达对部件功能起决定作用的主要装配干线，兼顾次要装配干线，再辅以其他视图表达基本视图中没有表达清楚的部分，最后达到把装配体的工作原理、装配关系等完整清晰地表达出来。

二、主视图的选择

1. 确定装配体的安放位置　一般可将装配体按其在机器中的工作位置安放，以便了解装配体的情况及与其他机器的装配关系。如果装配体的工作位置倾斜，为画图方便，通常将装配体按放正后的位置画图。

2. 确定主视图的投影方向　装配体的位置确定以后，应该选择能较全面、明显地反映该装配体的主要工作原理、装配关系及主要结构的方向作为主视图的投影方向。

3. 主视图的表达方法　由于多数装配体都有内部结构需要表达，因此，主视图多采用剖视图画出。所取剖视的类型及范围，要根据装配体内部结构的具体情况决定。

三、其他视图的选择

主视图确定之后，若还有带全局性的装配关系、工作原理及主要零件的主要结构还未表达清楚，应选择其他基本视图来表达。

基本视图确定后，若装配体上尚还有一些局部的外部或内部结构需要表达时，可灵活地选用局部视图、局部剖视或断面等来补充表达。

四、注意事项

在决定装配体的表达方案时，还应注意以下问题：

1. 应从装配体的全局出发，综合进行考虑。特别是一些复杂的装配体，可能有多种表达方案，应通过比较择优选用。

2. 设计过程中绘制的装配图应详细一些，以便为零件设计提供结构方面的依据。指导装配工作的装配图，则可简略一些，重点在于表达每种零件在装配体中的位置。

3. 装配图中，装配体的内外结构应以基本视图来表达，而不应以过多的局部视图来表达，以免图形支离破碎，看图时不易形成整体概念。

4. 若视图需要剖开绘制时，一般应从各条装配干线的对称面或轴线处剖开。同一视图中不宜采用过多的局部剖视，以免使装配体的内外结构的表达不完整。

5. 装配体上对于其工作原理、装配结构、定位安装等方面没有影响的次要结构，可不必在装配图中一一表达清楚，可留待零件设计时由设计人员自定。

五、装配体表达方案举例

例　手压滑油泵表达方案分析，如图 10－8 所示。

（一）功用

该部件一般安装在其他机械上，接上管路后可添加润滑油。安装时，以泵体的左端面为安装面，用四个 M10 的螺栓固定。

（二）结构分析。

泵体主孔 Φ36H6 的轴线方向为主要的装配干线。上部装有手柄 9、销轴 5、销轴 8、联接板 4 及活塞 3 等零件，下部装进油接头（双点画线所示）、空心螺栓 17、弹簧 16、钢球 15 等零件。泵体右端水平孔的轴线方向为另一条装配干线，装有空心螺栓 14、弹簧 13、弹簧垫 12、弹簧挡圈 11、钢球 15、出油接头（双点画线所示）等零件。泵的上方装有一个方形铁皮护罩 7。

（三）工作原理

该泵使用时用手操纵。手柄右端下压，通过连接板 4、销轴 5、8 带动活塞上行，使泵体内腔体积增大，形成负压，油液在大气压的作用下，顶开空心螺栓 17 内的钢球进入内腔。然后手柄上提，活塞下行，使泵体内腔体积变小，形成正压。此时，空心螺栓 17 内的钢球被弹簧及压力油压紧，油液无法从这里流出。但油液会顶开空心螺栓 14 内的钢球而排入出油管道流向需要润滑油的地方。如此不断往复运动，便可实现润滑油的输送。

（四）表达分析

图 10－8 所示是将部件按工作位置放置的，使两条装配干线的轴线都平行于正面来绘制的主视图。主视图采用了全剖视，这样就将该部件的两条装配干线及多数零件的位置表达清楚了。只要稍加分析，即可了解该部件的工作原理。

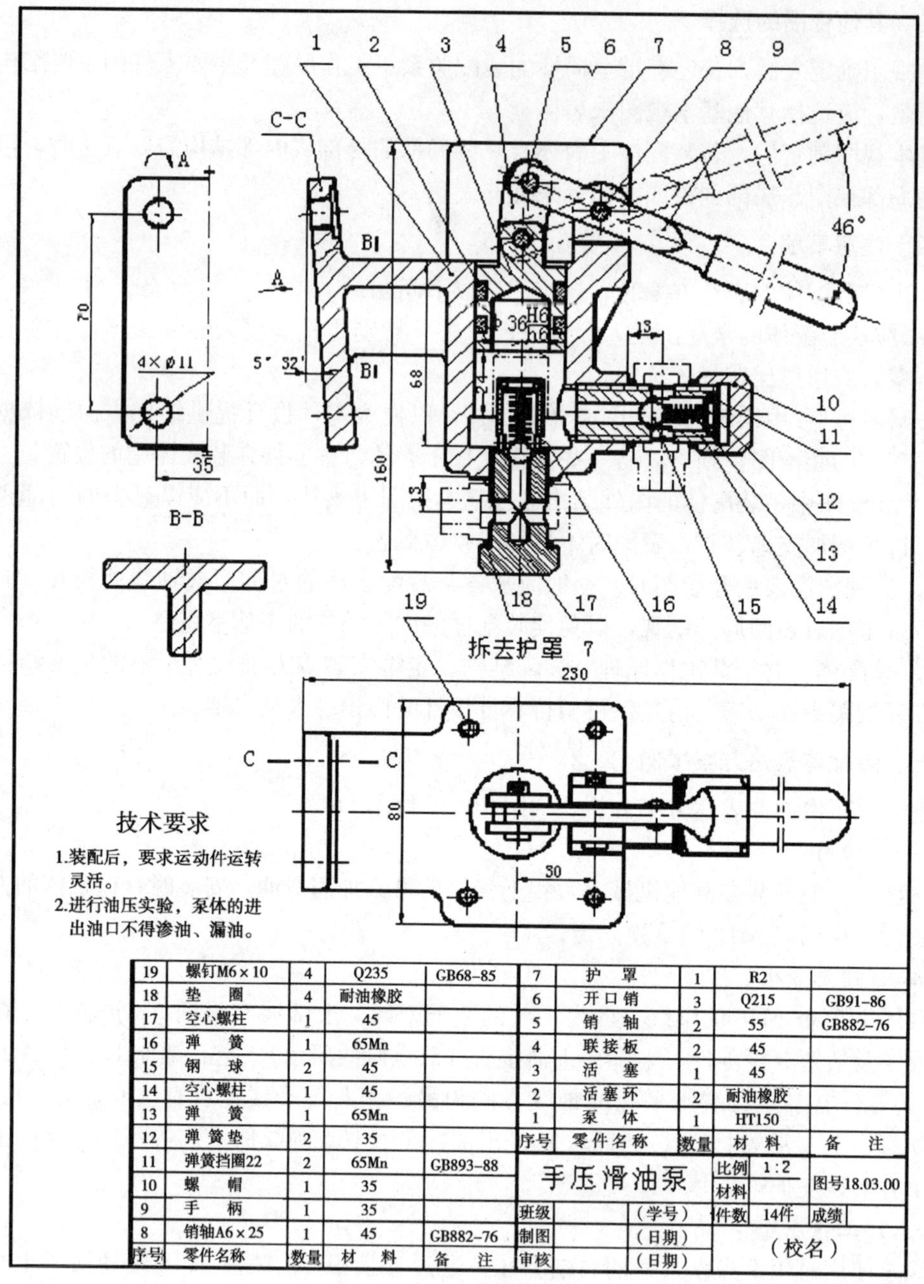

序号	零件名称	数量	材料	备注	序号	零件名称	数量	材料	备注
19	螺钉M6×10	4	Q235	GB68-85	7	护 罩	1	R2	
18	垫 圈	4	耐油橡胶		6	开口销	3	Q215	GB91-86
17	空心螺柱	1	45		5	销 轴	2	55	GB882-76
16	弹 簧	1	65Mn		4	联接板	2	45	
15	钢 球	2	45		3	活 塞	1	45	
14	空心螺柱	1	45		2	活塞环	2	耐油橡胶	
13	弹 簧	1	65Mn		1	泵 体	1	HT150	
12	弹簧垫	2	35						
11	弹簧挡圈22	2	65Mn	GB893-88					
10	螺 帽	1	35						
9	手 柄	1	35						
8	销轴A6×25	1	45	GB882-76					

手压滑油泵		比例	1:2	图号18.03.00
		材料		
班级	（学号）	件数	14件	成绩
制图	（日期）	（校名）		
审核	（日期）			

图 10—8 手压滑油泵

另外，选择了拆去护罩的俯视图来表达部件外形及护罩安装孔的情况。

其次，还选用了 A 向局部视图和 B—B 移出断面作为补充表达。A 向局部视图表示了安装接触面的外形及安装孔的定形定位尺寸。B—B 移出断面表示了泵体左端中部联接部分的断面形状

主视图中的 C—C 局部剖用来表示安装孔的结构情况。同时主视图中还采用了假想画法表示手柄的运动极限位置及进、出油嘴的安装位置。至此，该部件的表达就完整清晰了。

第四节　装配图上的尺寸标注和技术要求的注写

一、装配图上的尺寸标注

装配图与零件图不同，不是用来直接指导零件生产的，不需要、也不可能注出每一个零件的全部尺寸，一般仅标注出下列几类尺寸：

1. 特性、规格尺寸

表示装配体的性能、规格或特征的尺寸。它常常是设计或选择使用装配体的依据。例如，手压滑油泵图中的 $\Phi36\frac{H6}{h6}$ 和 24，它们决定了油泵活塞往返一次润滑油的输送量。

2. 装配尺寸

表示装配体各零件之间装配关系的尺寸，它包括：

（1）配合尺寸 表示零件配合性质的尺寸，如 手压滑油泵图中 $\Phi36\frac{H6}{h6}$，它表示了活塞孔与活塞之间的配合性质。

（2）相对位置尺寸 表示零件间比较重要的相对位置尺寸。如手压滑油泵图中的尺寸 30 。

3. 安装尺寸

表示装配体安装时所需要的尺寸。如手压滑油泵图中安装接触面的倾角 5 ° 32 ′、安装孔的定位尺寸 70 、35 以及定形尺寸 4 ×Φ 11 等。

4. 外形尺寸

表示装配体的外形轮廓尺寸，如总长、总宽、总高等。这是装配体在包装、运输、安装时所需的尺寸。如手压滑油泵图中的 230 、160 、80 等尺寸。

5. 其他重要尺寸

经计算或选定的不能包括在上述几类尺寸中的重要尺寸，如手压滑油泵图中的尺寸 68。此外，有时还需要注出运动零件的极限位置尺寸，如手压滑油泵图中的 46 °。

上述几类尺寸，并非在每一张装配图上都必须注全，应根据装配体的具体情况而定。在有些装配图上，同一个尺寸，可能兼有几种含义。如手压滑油泵图中的 $\Phi36\frac{H6}{h6}$ 既是规格尺寸又是配合尺寸。

二、装配图上技术要求的注写

装配图中的技术要求，一般可从以下几个方面来考虑：

1. 装配体装配后应达到的性能要求。如手压滑油泵图中技术要求的第 1 条。

2. 装配体在装配过程中应注意的事项及特殊加工要求。例如，有的表面需装配后加工，有的孔需要将有关零件装好后配作等。

3. 检验、试验方面的要求。如手压滑油泵图中技术要求的第 2 条。

4. 使用要求。如对装配体的维护、保养方面的要求及操作使用时应注意的事项等。

与装配图中的尺寸标注一样，不是上述内容在每一张图上都要注全，而是根据装配体的需要来确定。

技术要求一般注写在明细表的上方或图纸下部空白处，如手压滑油泵图所示。如果内容很多，也可另外编写成技术文件作为图纸的附件

第五节　装配图中零部件的序号及明细栏

为了便于看图和图纸的配套管理以及生产组织工作的需要，装配图中的零件和部件都必须编写序号，同时要编制相应的明细栏。

一、零、部件的序号

1．一般规定

(1) 装配图中所有零、部件都必须编写序号。

(2) 装配图中，一个部件可只编写一个序号，如图滚动轴承就只编写一个序号；同一装配图中，尺寸规格完全相同的零、部件，只编一个序号。

(3) 装配图中的零、部件的序号应与明细栏中的序号一致。

2．序号的标注形式

零、部件序号标注的基本形式如图 10－9 所示。

标注一个完整的序号，一般应有三个部分：指引线、水平线（或圆圈）及序号数字，如图 10－9 所示，也可以不画水平线或圆圈。

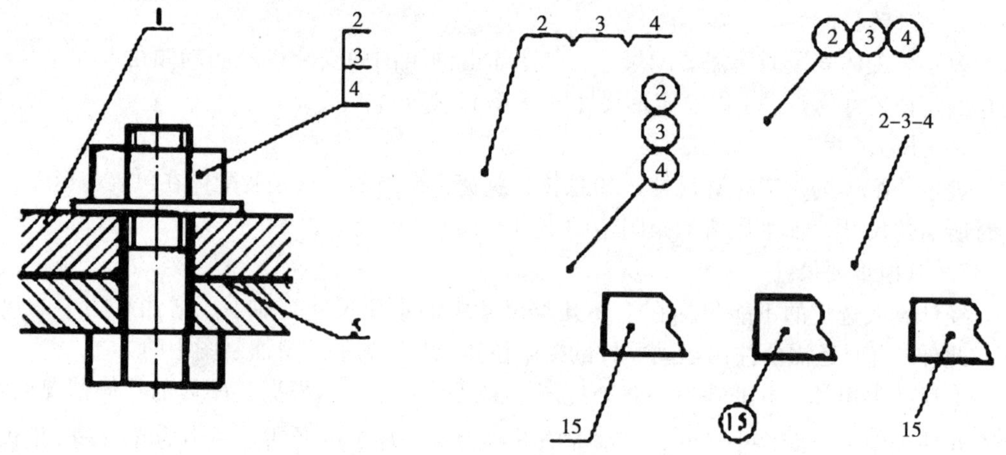

图 10－9　序号的形式

(1) 指引线　指引线用细实线绘制，应自所指部分的可见轮廓内引出，并在可见轮廓内的起始端画一圆点。

(2) 水平线或圆圈　水平线或圆圈用细实线绘制，用以注写序号数字。如图 10－9 所示。

(3) 序号数字　在指引线的水平线上或圆圈内注写序号时，其字高比该装配图中所注尺寸数字高度大一号，也允许大两号，如图 10－9 所示。当不画水平线或圆圈，在指引线附近注写序号时，序号字高必须比该装配图中所标注尺寸数字高度大两号。

3．序号的编排方法

序号在装配图周围按水平或垂直方向排列整齐，序号数字可按顺时针或逆时针方向依次增大，以便查找。在一个视图上无法连续编完全部所需序号时，可在其他视图上按上述原则继续编写，如图 10－8 所示。

4. 其他规定

(1) 同一张装配图中，编注序号的形式应一致。

(2) 当序号指引线所指部分内不便画圆点时（如很薄的零件或涂黑的剖面），可用箭头代替圆点，箭头需指向该部分轮廓，如图 10—9 所示。

(3) 指引线可以画成折线，但只可曲折一次。

(4) 指引线不能相交。

(5) 当指引线通过有剖面线的区域时，指引线不应与剖面线平行。

(6) 一组紧固件或装配关系清楚的零件组，可采用公共指引线，注法如图 10—9 所示。但应注意水平线或圆圈要排列整齐。

二、明细栏（根据 GB 10609.2—89）

1. 明细栏的画法

(1) 明细栏一般应紧接在标题栏上方绘制。若标题栏上方位置不够时，其余部分可画在标题栏的左方，如图 10—8 所示。

(2) 当明细栏直接绘制在装配图中时，其格式和尺寸如图 10—10 所示。校用明细栏一般用图 10—8 所示的格式绘制。

(3) 明细栏最上方（最末）的边线一般用细实线绘制。

(4) 当装配图中的零、部件较多位置不够时，可作为装配图的续页按 A4 幅面单独绘制出明细栏。若一页不够，可连续加页。其格式和要求参看国标 GB10609.2—89。

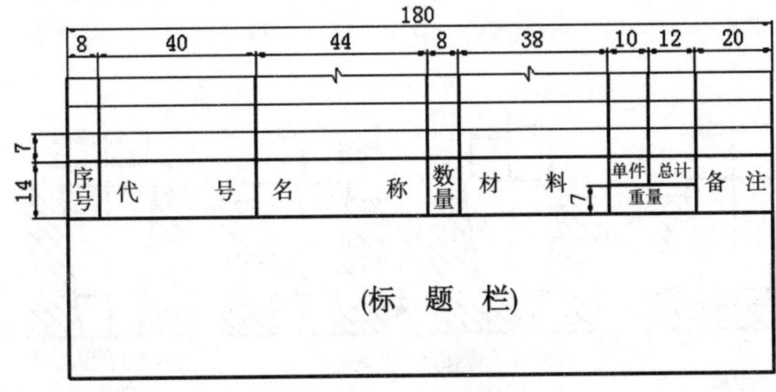

图 10—10　**明细栏**

2. 明细栏的填写

(1) 当明细栏直接画在装配图中时，明细栏中的序号应按自下而上的顺序填写，以便发现有漏编的零件时，可继续向上填补，如图 10—8 所示。如果是单独附页的明细栏，序号应按自上而下的顺序填写。

(2) 明细栏中的序号应与装配图上编号一致，即一一对应，如图 10—8 所示。

(3) 代号栏用来注写图样中相应组成部分的图样代号或标准号。

(4) 备注栏中，一般填写该项的附加说明或其他有关内容。如分区代号、常用件的主要参数，如齿轮的模数、齿数，弹簧的内径或外径、簧丝直径、有效圈数、自由长度等。

(5) 螺栓、螺母、垫圈、键、销等标准件，其标记通常分两部分填入明细栏中。将标准代号填入代号栏内，其余规格尺寸等填在名称栏内（校用明细栏参照图 10—8 的形式填写）。

第六节 装配体上的工艺结构

为了保证装配体的质量，在设计装配体时，必须考虑装配体上装配结构的合理性。在装配图上，除允许简化画出的情况外，都应尽量把装配工艺结构正确地反映出来。下面介绍几种常见的装配工艺结构。

一、零件间的接触面

1. 轴肩端面与孔的端面相贴合时，孔端要倒角、或轴根切槽。如图 10－11（a）所示。

2. 锥轴与锥孔配合时，接触面应有一定的长度，同时端面不能再接触，以保证锥面配合的可靠性，如图 10－11（b）所示。

3. 两个零件接触时，在同一方向上接触面只能有一对，如图 10－11（c）所示。

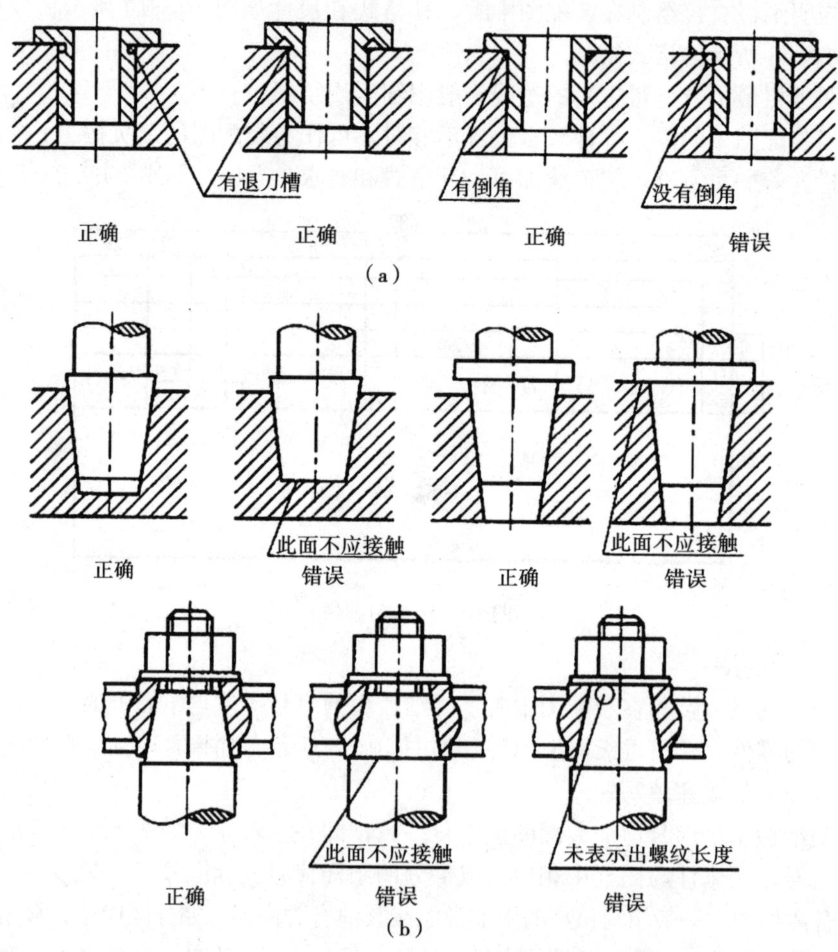

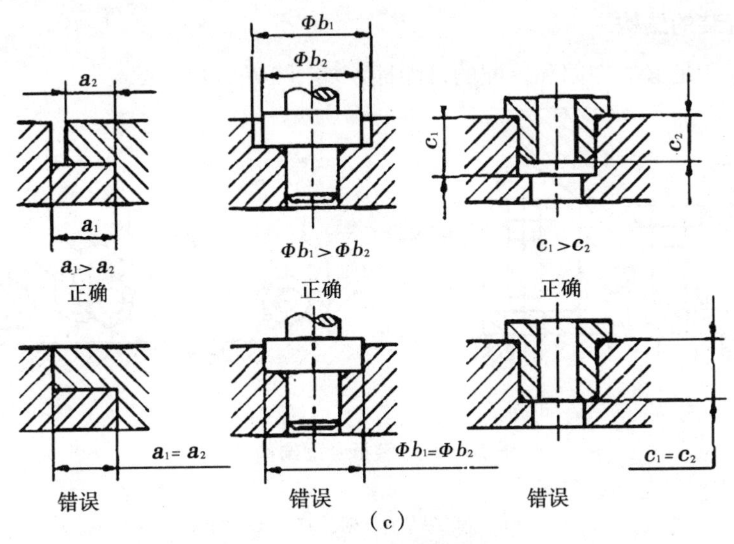

图 10—11　接触面的合理结构

二、密封装置的结构

在一些部件或机器中，常需要有密封装置，以防止液体外流或灰尘进入，如图 10—12 所示。

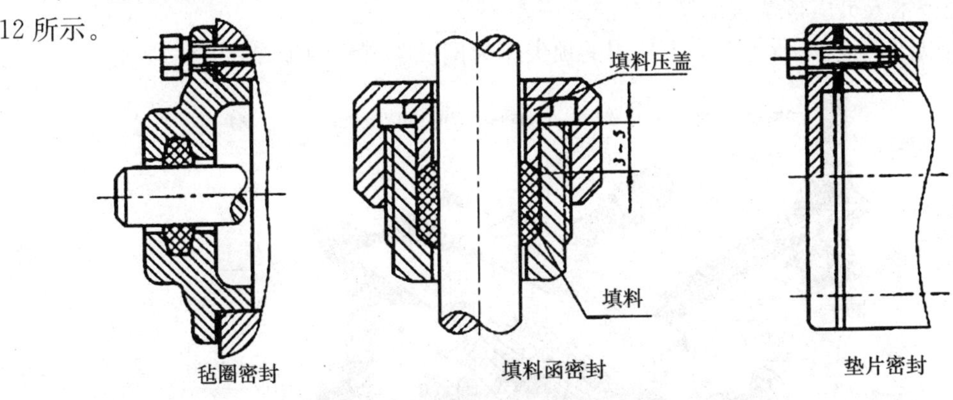

图 10—12　密封装置

三、螺纹锁紧结构

为了防止因机器的运动或震动而产生松脱，造成机器故障或毁坏，应采用必要的锁紧装置。常见的螺纹锁紧装置有双螺母锁紧、开口销锁紧等，如图 10—13 所示。

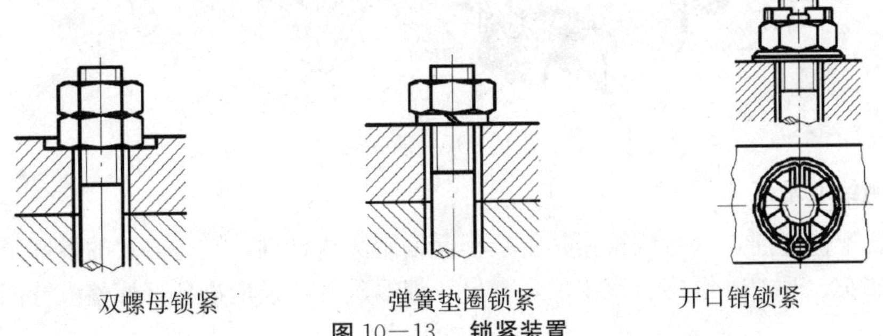

图 10—13　锁紧装置

四、便于拆装的结构

要考虑装拆有足够的空间和装配的可能性，如图 10—14 所示。

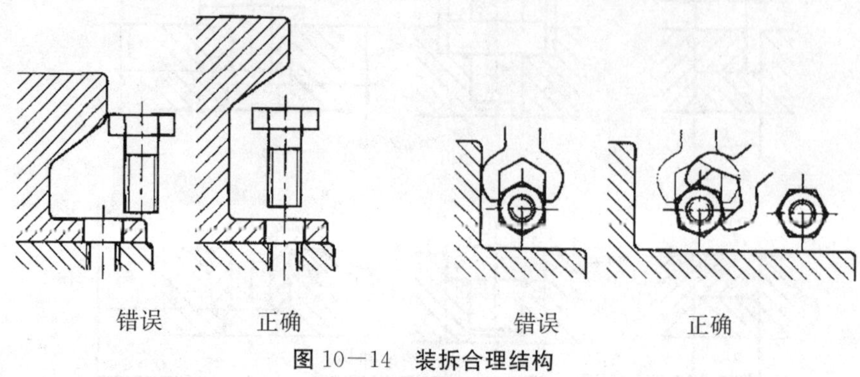

图 10—14　装拆合理结构

第七节　装配体测绘及装配图画法

对现有的装配体进行测量，计算，并绘制出零件图及装配图的过程称为装配体测绘。它对推广先进技术、交流生产经验、改造或维修设备等有重要的意义。因此，装配体测绘也是工程技术人员应该掌握的基本技能之一。

下面以图 10—15 所示铣床上使用的顶尖座为例说明测绘的步骤和方法。

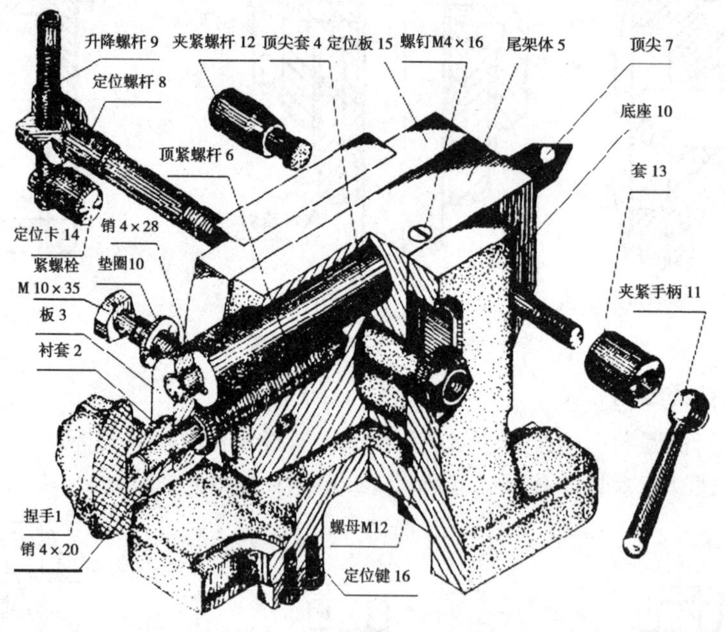

图 10—15　顶尖座

一、测绘准备工作

测绘装配体之前，一般应根据其复杂程度编制测绘计划，准备必要的拆卸工具、量具如扳手、榔头、改刀、铜棒、钢皮尺、卡尺、细铅丝等，还应准备好标签及绘图用品等。

二、研究测绘对象

测绘前，要对被测绘的装配体进行必要的研究。一般可通过观察、分析该装配体的结构和工作情况，查阅有关该装配体的说明书及资料，搞清该装配体的用途、性能、工作原理、结构及零件间的装配关系等。

图 10－15 所示顶尖座，在使用时，靠螺栓、螺母（图中未画出）压紧在铣床工作台上，用它来支承、顶紧工件，进行铣削加工。它主要有以下三个方向的运动及锁紧机构：

（一）顶尖轴线方向的运动及锁紧机构

它由捏手 1、衬套 2、顶紧螺杆 6、板 3、顶尖套 4、尾架体 5、顶尖 7 及夹紧螺杆 12、套 13、夹紧手柄 11 等主要零件组成。

转动捏手 1，通过衬套 2、销 4×20 使螺杆 6 旋进或旋出，然后通过板 3、销 4×28 带动顶尖套 4 及顶尖 7 沿其轴线方向左右移动，即可松开或顶紧工件。当顶尖顶紧工件需要固定不动时，可转动夹紧手柄 11，通过套 13 及夹紧螺杆 12 的锥面压迫尾架体 5 右下端的开槽部分，即可锁紧顶尖套 4。

（二）顶尖升降及其锁紧机构

它由定位螺杆 8、升降螺杆 9、定位卡 14、定位板 15、螺母 M12 等零件组成。

欲使顶尖上升或下降时，先松开螺母 M12，然后转动升降螺杆 9，便可使顶尖上升或下降。其原理是，由于升降螺杆 9 下面的颈部被定位卡卡住，使其只能在定位卡中转动，不能轴向移动，从而迫使定位螺杆 8 带动定位板 15 及尾架体 5 上的所有零件同时上升或下降。当顶尖高度位置调整好后，旋紧螺母 M12，即可使其上下位置锁紧固定。

（三）顶尖在正平面的转动及其锁紧机构

它由尾架体 5、夹紧螺杆 12、定位板 15、锁紧螺栓 M10×35 等零件组成。

要调整顶尖轴线相对于水平面的角度时，可先将螺母 M12 松开，再将锁紧螺栓 M10×35 松开，握住捏手 1，使尾架体 5 绕夹紧螺杆 12 的轴线转动。转动的角度范围为 20°（－5～＋15°）。当调整到需要的角度后，拧紧锁紧螺杆 M10×35，角度便固定了。再旋紧螺母 M12，即可进行顶尖的轴向调整了。

此外，顶尖座在铣床工作台上固定时，靠定位键 16 起定位作用。螺钉 M4×16 的作用是遮盖油孔。当注入润滑油后将螺钉旋入，可起到防尘防切屑掉入的作用。

三、绘制装配示意图和拆卸零件

为了便于装配体被拆后仍能顺利装配复原，对于较复杂的装配体，在拆卸过程中应尽量做好记录。最简便常用的方法是绘制出装配示意图，用以记录各种零件的名称、数量及其在装配体中的相对位置及装配连接关系，同时也为绘制正式的装配图做好准备。条件允许，还可以用照相乃至录像等手段做记录。装配示意图是将装配体看作透明体来画的，在画出外形轮廓的同时，又画出其内部结构。装配示意图可参照国家标准《机械制图机构运动简图符号》（GB4460－84）绘制。对于国家标准中没有规定符号的零件，可用简单线条勾出大致轮廓，如图 10－16 所示。

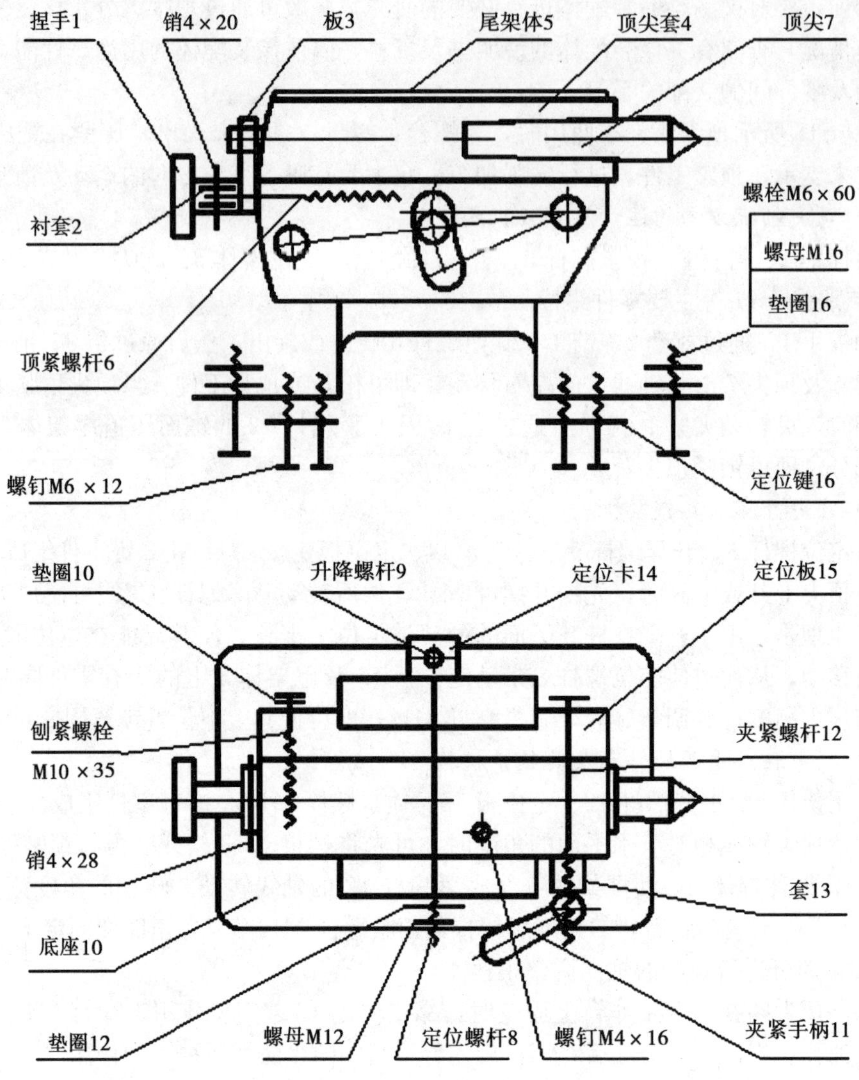

图 10—16　装配示意图

在示意图上应编注零件的序号，并注明零件的数量。在拆下的每个（组）零件上，应扎上标签，标签上注明与示意图相对应的序号及名称，并妥善保管。

另外，在拆卸零件时，要把拆卸顺序搞清楚，并选用适当的工具。拆卸时注意不要破坏零件间原有的配合精度。还要注意不要将小零件如销、键、垫片、小弹簧等丢失。对于高精度的零件，要特别注意，不要碰伤或使其变形、损坏。

顶尖座的拆卸顺序是：松开夹紧手柄 11，逆时针旋转捏手 1 即可将顶紧螺杆 6 及顶尖套 4 组合件从尾架体 5 上卸出。然后旋下螺母 M12，定位螺杆 8 及升降螺杆 9 组合件，即可从定位板 15 及底座 10 的孔中抽出。此时，定位板 15 及尾架体 5 组合部分可从底座的上方卸出。最后取掉各组合件间的连接件，即可将全部零件分离。

四、画零件草图及工作图

组成装配体的零件，除去标准件，其余非标准件均应画出零件草图及工作图。零件草图及工作图的绘制应按第九章中零件测绘的有关内容进行。在画零件草图中，要注意以下几点：

1. 零件间有连接关系或配合关系的部分，它们的基本尺寸应相同。测绘时，只需测出其中一个零件的有关基本尺寸，即可分别标注在两个零件的对应部分上，以确保尺寸的协调。

2. 标准件虽不画零件草图，但要测出其规格尺寸，并根据其结构和外形，从有关标准中查出它的标准代号，把名称、代号、规格尺寸等填入装配图的明细栏中。

3. 零件的各项技术要求（包括尺寸公差、形状和位置公差、表面粗糙度、材料、热处理及硬度要求等）应根据零件在装配体中的位置、作用等因素来确定。也可参考同类产品的图纸，用类比的方法来确定。

图 10－17 是顶尖座中部分零件的零件草图。

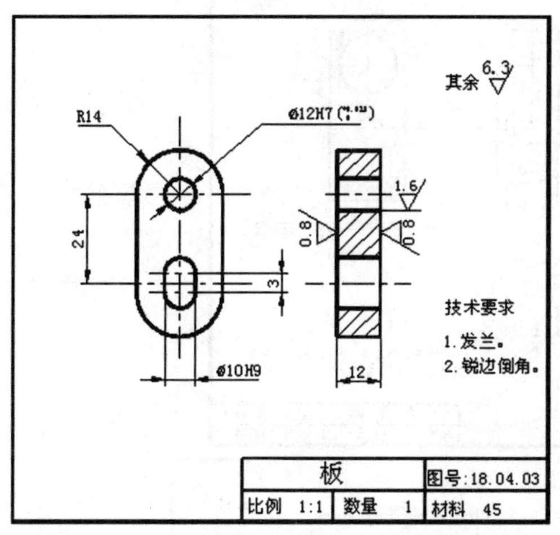

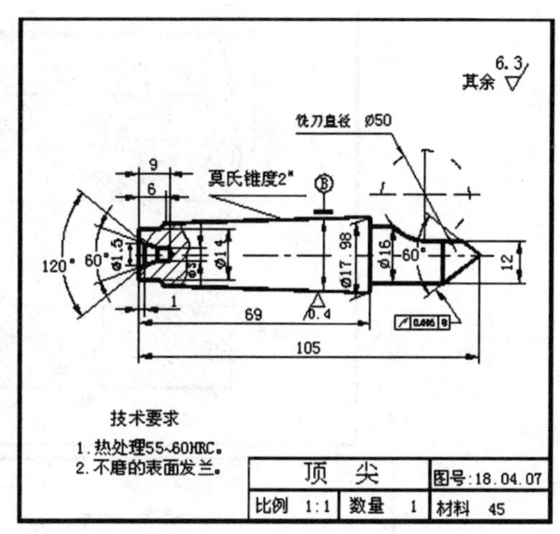

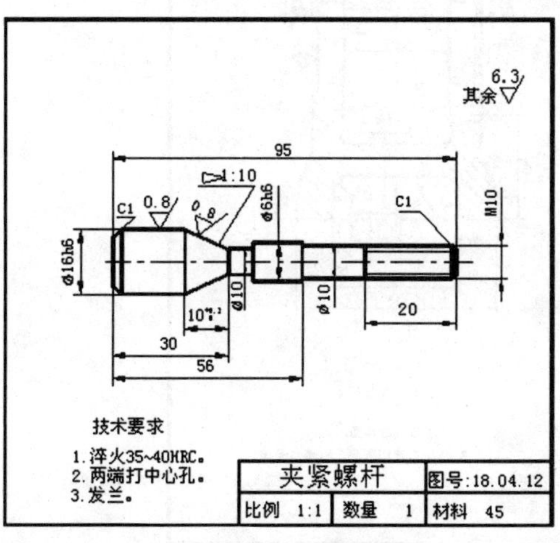

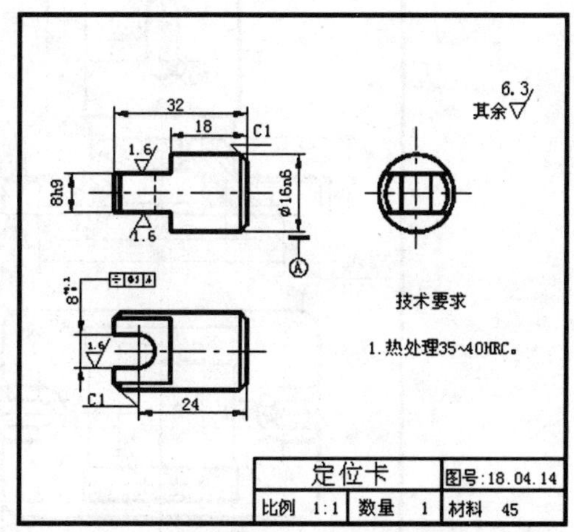

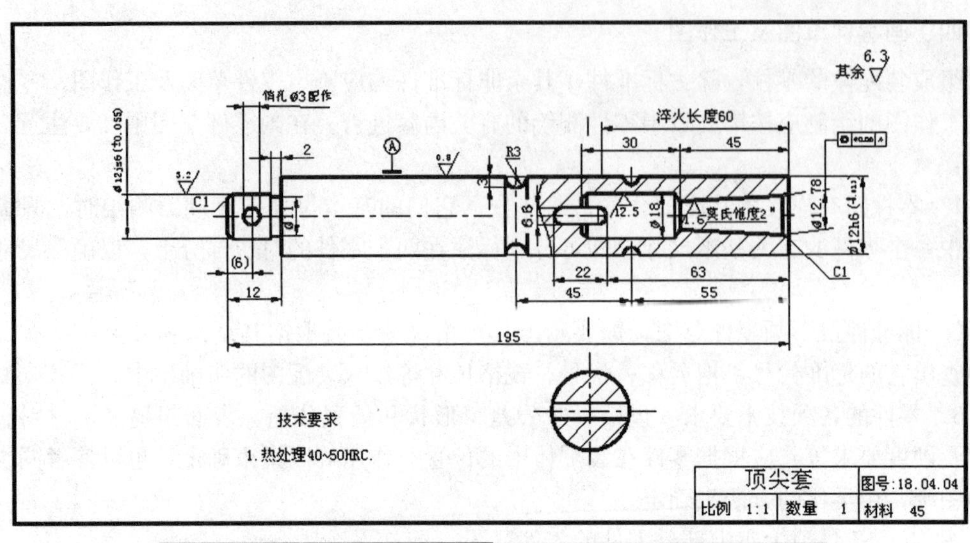

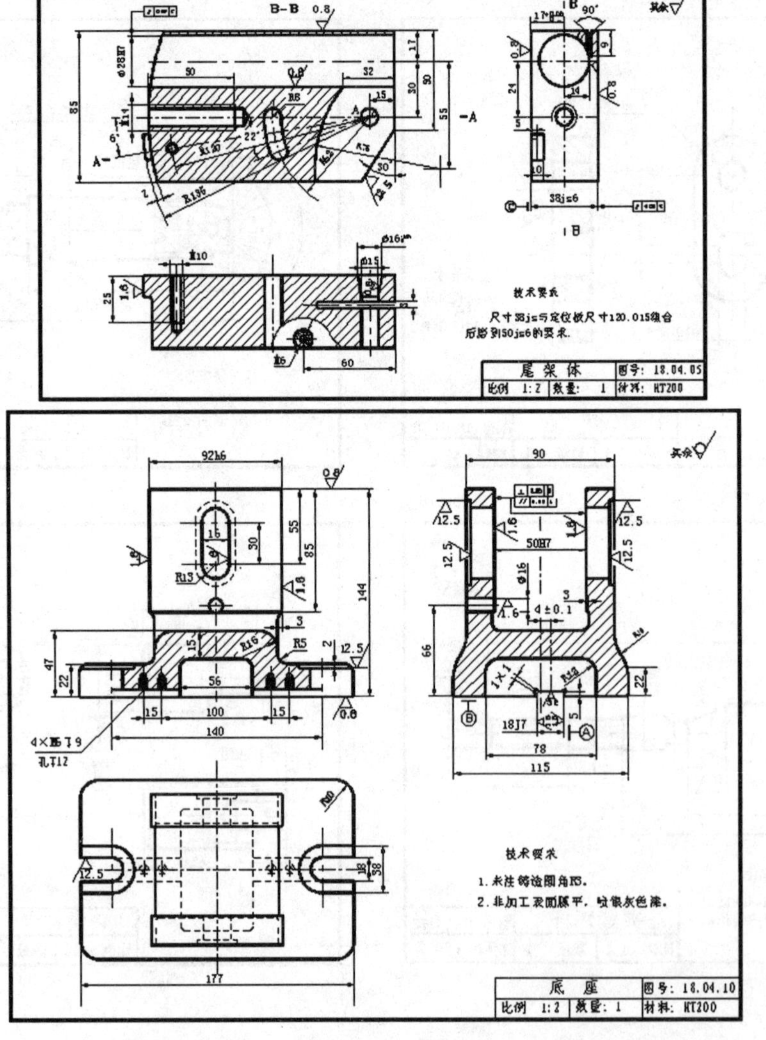

图 10—17　顶尖座中部分零件的零件草图

五、画装配图

零件草图或零件图画好后，还要拼画出装配图。画装配图的过程，是一次检验、校对零件形状、尺寸的过程。零件图（或零件草图）中的形状和尺寸如有错误或不妥之处，应及时协调改正，以保证零件之间的装配关系能在装配图上正确地反映出来。

画装配图的方法和步骤如下：

（一）准备

对已有资料进行整理、分析、进一步弄清装配体的性能及结构特点，对装配体的完整结构形状做到心中有数。

（二）确定表达方案

确定装配体的装配图表达方案参考第三节中内容进行。顶尖座的表达方案分析如下。

顶尖座的功能是支承和顶紧工件，主要是靠沿顶尖轴线方向的运动实现的。因此，完成这一运动和所有零件间的装配关系，构成了该部件的主要装配干线。所以将顶尖轴线平行于正面放置，并选取一正平面通过顶尖轴线及顶紧螺杆 6 的轴线将其剖开，作为主视图，如图 10－18（e）所示。

用左视图及俯视图表达主视图上没有表达清楚的外形及装配关系，并将左视图沿 A－A 位置剖开。C－C 剖视一方面表示顶尖轴向运动的锁紧机构，同时和主视图、俯视图联系起来，还可分析出顶尖轴线绕正垂轴转动，是通过尾架体 5 绕夹紧螺杆 12 的轴线旋转来实现的。D 向局部视图显示出可转动的最大范围。B－B 剖视则表示了转动角度的刻度指示情况及捏手衬套 2 与顶紧螺杆 6 的连接情况。

（三）确定比例和图幅

根据装配体的大小及复杂程度选定绘制装配图的合适比例。一般情况下，只要可以选用 1∶1 的比例就应尽量选用 1∶1 的比例画图，以便于看图。比例确定后，再根据选好的视图，并考虑标注必要的尺寸、零件序号、标题栏、明细栏和技术要求等所需的图面位置，确定出图幅的大小。

（四）画装配图应注意的事项

1. 要正确确定各零件间的相对位置。运动件一般按其一个极限位置绘制（如图 10－18（e）中的顶尖 7 及定位螺杆 8 就是按一个极限位置绘制的），另一个极限位置需要表达时，可用双点画线画出其轮廓，螺纹连接件一般按将连接零件压紧的位置绘制。

2. 某视图已确定要剖开绘制时，应先画被剖切到的内部结构，即由内逐层向外画。这样其他零件被遮住的外形就可以省略不画，如图 10－18（e）的主视图中，底座上部的外形就不用画出。

3. 装配图中各零件的剖面线是看图时区分不同零件的重要依据之一，必须按第二节中的有关规定绘制。剖面线的密度可按零件的大小来决定，不宜太稀或太密。

（五）画顶尖座装配图的具体步骤

1. 定位布局：如图 10－18（a）所示，首先画出各基本视图的作图基准线及主要中心线，这一步很重要，应进行认真仔细的计算才行。因为基准线一旦确定了，视图在图中的位置也就确定了。基准线等画好后，再从主视图所表达的主要装配干线着手，画顶尖、及顶尖套的大致轮廓。

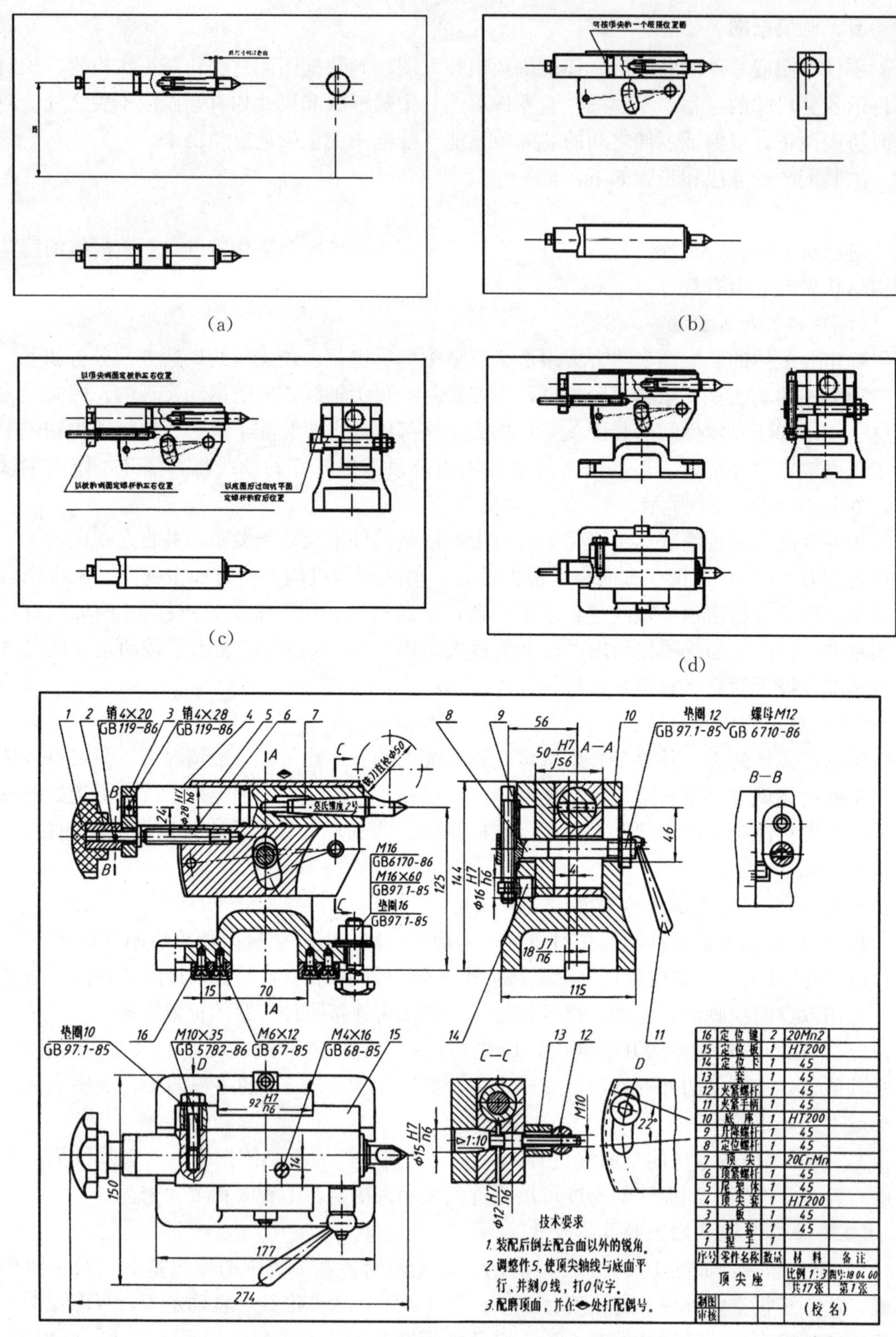

1
2
销4×20 GB119-86
3
销4×28 GB119-86
4
5
6
7
A
C
B
B
M16 GB6170-86
M16×60 GB97.1-85
垫圈16 GB97.1-85
125
144
15
70
8
9
56
10
垫圈12 GB97.1-85
螺母M12 GB6710-86
A—A
46
115
11
14
B—B
垫圈10 GB97.1-85
16
M10×35 GB5782-86
M6×12 GB67-85
M4×16 GB68-85
15
D
150
177
274
C—C
13
12
M10
22°
技术要求
1. 装配后倒去配合面以外的锐角。
2. 调整件5，使顶尖轴线与底面平行，并刻0线，打0位字。
3. 配磨顶面，并在◆处打配偶号。
16 定位键 2 20Mn2
15 定位板 1 HT200
14 定位卞 1 45
13 套 1 45
12 夹紧螺杆 1 45
11 夹紧手柄 1 45
10 底座 1 HT200
9 升降螺杆 1 45
8 定位螺杆 1 45
7 顶尖 1 20CrMn
6 顶紧螺杆 1 45
5 尾架体 1 45
4 顶尖套 1 HT200
3 板 1 45
2 衬套 1 45
1 捏手 1
序号 零件名称 数量 材料 备注
顶尖座
比例 1:3
共17张 第1张
制图
审核
(校名)

(a) (b)

(c) (d)

(e)

图 10—18

2. 画尾架体的大致轮廓，如图 10－18（b）所示。

3. 画定位螺杆和顶紧螺杆，如图 10－18 所示（c）。

4. 画底座和升降螺杆，如图 10－18（d ）所示。

5. 标注必要的尺寸及技术要求，如图 10－18（e）所示。

6. 校对、检查、修改、加深，如图 10－18（e）所示。

7. 编写序号、填写明细栏、标题栏，如图 10－18（e）所示。

8. 最后检查全图、清洁修饰图面。

第八节 读装配图和拆画零件图

在机器或部件的设计、制造、使用和维修过程中，在技术革新、技术交流等生产活动中，常会遇到读装配图和拆图的问题。

一、读装配图

读装配图通常可按如下三个步骤进行：

1. 概括了解

首先从标题栏入手，可了解装配体的名称和绘图比例。从装配体的名称联系生产实践知识，往往可以知道装配体的大致用用途。例如：阀，一般是用来控制流量起开关作用的；虎钳，一般是用来夹持工件的；减速器则是在传动系统中起减速作用的；各种泵则是在气压、液压或润滑系统中产生一定压力和流量的装置。通过比例，即可大致确定装配体的大小。

再从明细栏了解零件的名称和数量，并在视图中找出相应零件所在的位置。

另外，浏览一下所有视图、尺寸和技术要求，初步了解该装配图的表达方法及各视图间的大致对应关系，以便为进一步看图打下基础。

2. 详细分析

分析装配体的工作原理，分析装配体的装配连接关系，分析装配体的结构组成情况及润滑、密封情况，分析零件的结构形状。要对照视图，将零件逐一从复杂的装配关系中分离出来，想出其结构形状。分离时，可按零件的序号顺序进行，以免遗漏。标准件、常用件往往一目了然，比较容易看懂。轴套类、轮盘类和其他简单零件一般通过一个或两个视图就能看懂。对于一些比较复杂的零件，应根据零件序号指引线所指部位，分析出该零件在该视图中的范围及外形，然后对照投影关系，找出该零件在其他视图中的位置及外形，并进行综合分析，想象出该零件的结构形状。

在分离零件时，利用剖视图中剖面线的方向或间隔的不同及零件间互相遮挡时的可见性规律来区分零件是十分有效的。

对照投影关系时，借助三角板、分规等工具，往往能大大提高看图的速度和准确性。

对于运动零件的运动情况，可按传动路线逐一进行分析，分析其运动方向、传动关系及运动范围。

3. 归纳总结

在概括了解、深入分析的基础上，为了对整个装配体有一个完整、全面的认识，还应进行归纳总结。一般可按以下几个主要问题进行：

(1) 装配体的功能是什么？其功能是怎样实现的？在工作状态下，装配体中各零件起什么作用？运动零件之间是如何协调运动的？

(2) 装配体的装配关系、连接方式是怎样的？有无润滑、密封及其实现方式如何？

(3) 装配体的拆卸及装配顺序如何？

(4) 装配体如何使用？使用时应注意什么事项？

(5) 装配图中各视图的表达重点意图如何？是否还有更好的表达方案？装配图中所注尺寸各属哪一类？

上述读装配图的方法和步骤仅是一个概括的说明。实际读图时几个步骤往往是平行或交叉进行的。因此，读图时应根据具体情况和需要灵活运用这些方法，通过反复地读图实践，便能逐渐掌握其中的规律，提高读装配图的速度和能力。

二、读装配图举例

下面以球心阀为例，来具体说明读装配图的方法和步骤。球心阀的装配图如图 10—19 所示。

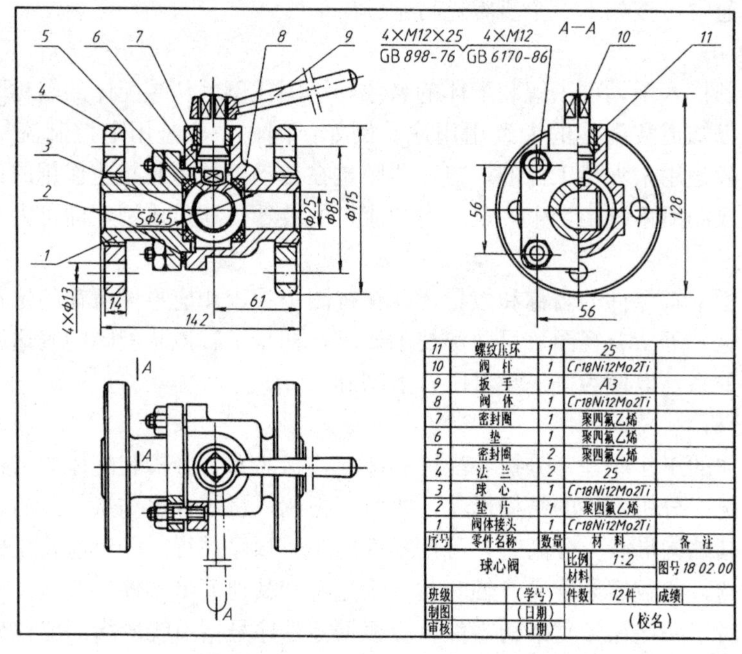

图 10—19　球心阀

(一) 概括了解

从标题栏、明细栏中可以看出，该球心阀共有十一种零件，其中标准件为两种，其余为非标准件。

从球心阀这个名称可以得知，该部件用于化工管道系统中控制液体流量的大小，起开、关控制作用。

该装配体共用了三个基本视图来表示：

主视图——通过阀的两条装配干线作了全剖视，这样绝大多数零件的位置及装配关系就基本上表达清楚了。

左视图——左视图采用了A－A阶梯剖视，左视图的左半部分表示了阀体接头中部断面形状及阀体接头与阀体的连接方式（四个双头螺柱连接）和连接部分的方形外形；左视图的右半部分表示出了阀体8的断面形状及阀体与球心、阀杆的装配情况；左视图中还可见阀体8右端法兰的圆形外形及法兰上安装孔的位置。

俯视图——表示出了整个球心阀俯视情况、A－A阶梯剖的具体剖切位置、阀体与阀体接头的连接方式及阀的开启与关闭时扳手的两个极限位置（图中板手画粗实线的为关闭状态，画双点画线的为开启状态）。

（二）详细分析

以阀体8、球心3和阀体接头1构成该部件的主体，其中Φ25孔轴线方向为主要装配干线。阀体8上部铅垂直孔内安装了阀杆10、密封环7、螺纹压环11等零件，阀杆10上部装有扳手9，阀杆下端嵌在球心3的凹槽内。球心及阀杆周围装有密封件。阀杆轴线方向为另一重要装配干线。

由图中可以看出，该装配体的主要零件为阀体接头1、球心3、密封圈5、阀体8、阀杆10。其余零件，或为标准件，或为形状结构比较简单的零件，只要将三个视图稍加观察，即可将其形状结构和作用分析出来。因此，下面只将几个主要零件进行一些分析：

阀体接头1——结合主、左视图即可分析出该零件的结构形状及其作用为：左端外部为台阶圆柱结构，外部有与法兰4相连接用的螺纹。右端为方板结构，其上有四个螺柱过孔，最右端有一小圆柱凸台，与阀体8左端台阶孔配合，起径向定位作用。右端的内台阶孔起密封圈5的径向定位作用。零件中心为25的通孔，是流体的通路。

球心3——从其名称和主视图中的标注即可知该零件为直径45毫米的球体，从主、左视图可分析出球心3上加工有一直径为25毫米的通孔，球心上方有一弧状方槽，与阀杆10的下端相结合。工作时球心的位置受阀杆位置控制，从而控制流体的流量。

密封圈5——根据装配体的结构，不难分析出其为一截面如主视图中所示的环形零件。从明细栏中可知材料为聚四氟乙烯，该材料耐磨耐腐蚀，是良好的密封材料。

阀体8——其结构如图10－21所示，其作用除了具有阀体接头1的作用外，还具有容纳球心、密封圈、阀杆、垫、螺纹压环等零件的重要作用。

阀杆10——三个视图联系分析，即可得出该零件为台阶轴类零件。上端为四棱柱状结构，用来安装扳手的。最下端为平行扁状结构，插入球心上方槽内，转动阀杆即可控制球心的位置。

由图可知，球心阀的装配图标注了如下几类尺寸：

规格尺寸——Φ25；

装配尺寸——61、56、Φ45；

安装尺寸——Φ85、4×Φ13、14、Φ115；

外形尺寸——142、Φ115、128。

（三）归纳总结

1. 球心阀的安装及工作原理

通过球心阀左右两端法兰上的孔，用螺栓即可将球心阀安装固定在管路上。在图示情况下，球心内孔的轴线与阀体及阀体接头内孔的轴线呈垂直相交状态。此时液体通路被球心阻塞，呈关闭断流状态。若转动扳手9，通过扳手左端的方孔带动阀杆旋转，同时阀杆带动球心旋转，球心内孔与阀体内孔、阀体接头内孔逐渐接通。其接通程度处在变化之中，液体流量随之发生变化。当扳手旋转至90°时，球心内孔轴线与阀体内孔、阀体接头内孔轴线重合。此时液体的阻力最小，流过阀的流量为最大。

2．球心阀的装配结构　球心阀的零件间的连接方式均为可拆连接。因该部件工作时不需要高速运转，故不需要润滑。由于液体容易泄漏，因此需要密封，球心处和阀杆处都进行了密封。

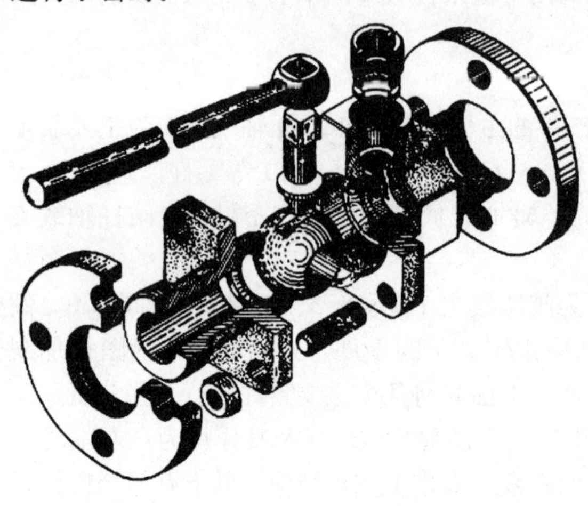

图10－20　球心阀轴测图

3．球心阀的拆装顺序　拆卸时，可先拆下扳手9、螺纹压环11、阀杆10及密封件6和7。然后拆下四个螺母M12，即可将球心阀解体。装配时和上述顺序相反。

通过上面的读图分析，不难得出球心阀的整体、全面印象。其轴测图如图10－20所示。

三、由装配图拆画零件图

由装配图拆画零件图，是将装配图中的非标准零件从装配图中分离出来画成零件图的过程，这是设计工作中的一个重要环节。拆画零件图一般有两种情况，一种情况是装配图及零件图从头到尾均由一人完成。在这种情况下拆画零件图一般比较容易，因为在设计装配图时，对零件的结构形状已有所考虑。另一种情况是，装配图已绘制完毕，由他人来拆画零件图，这种情况下拆画零件图，难度要大一些，这就必须要在读懂装配图的基础上即理解别人设计意图的基础上才能进行。我们这里主要讨论第二种情况下的拆画零件图工作。下面以球心阀为例，说明拆画零件图时，应注意的一些问题。

1．对零件表达方案的处理

装配图上的表达方案主要是从表达装配关系、工作原理和装配体的总体情况来考虑的。因此，在拆画零件图时，应根据所拆画零件的内外形状及复杂程度来选择表达方案，而不能简单地照抄装配图中该零件的表达方案。例如，10－19所示球心阀中的阀杆10，在装配图中三个视图都有所表示。且其轴线为铅垂位置。拆画零件图时，显然不需要三个视图就能表达清楚，且应将其轴线水平放置来绘制零件图，以方便工人加工时看图。对于装配图中没有表达完全的零件结构，在拆画零件图时，应根据零件的功用及零件结构知识加以补充和完善，并在零件图上完整清晰地表达出来。如图10－19的球心阀阀体8，其前端的具体形状，在装配图中作为次要结构而未表达清楚，但在零件图中就必须表达清楚，这就要增加A向局部视图才能达到要求，如图10－21中所示。

对于装配图中省略的工艺结构，如倒角、退刀槽等，也应根据工艺需要在零件图上表示清楚。如阀体8上方内螺纹上端的工艺倒角，在装配图上未画出，在零件图上就应补充画出或标注出，如图10－21中所示。

2．尺寸处理

零件图上的尺寸，应根据装配图来决定，其处理方法一般有：

（1）抄注：在装配图中已标注出的尺寸，往往是较重要的尺寸。这些尺寸一般都是装配体设计的依据，自然也是零件设计的依据。在拆画其零件图时，这些尺寸不能随意改动，要完全照抄。对于配合尺寸，就应根据其配合代号，查出偏差数值，标注在零件图上。

（2）查找：螺栓、螺母、螺钉、键、销等，其规格尺寸和标准代号，一般在明细栏中已列出，其详细尺寸可从相关标准中查得。

螺孔直径，螺孔深度，键槽、销孔等尺寸，应根据与其相结合的标准件尺寸来确定。

按标准规定的倒角、圆角、退刀槽等结构的尺寸，应查阅相应的标准来确定。

（3）计算：某些尺寸数值，应根据装配图所给定的尺寸，通过计算确定。如齿轮轮齿部分的分度圆尺寸、齿顶圆尺寸等，应根据所给的模数、齿数及有关公式来计算。

（4）量取：在装配图上没有标注出的其他尺寸，可从装配图中用比例尺量得。量取时，一般取整数。

另外，在标注尺寸时应注意，有装配关系的尺寸应相互协调。如配合部分的轴、孔，其基本尺寸应相同。其他尺寸，也应相互适应，使之不致在零件装配时或运动时产生矛盾或产生干涉，咬卡现象。

在进行尺寸的具体标注时，还要注意尺寸基准的选择。

3. 对技术要求的处理

对零件的形位公差、表面粗糙度及其他技术要求，可根据装配体的实际情况及零件在装配体的使用要求，用类比法参照同类产品的有关资料以及已有的生产经验进行综合确定。

阀体的表达方案、尺寸处理及技术要求的选取，如图 10－21 所示。

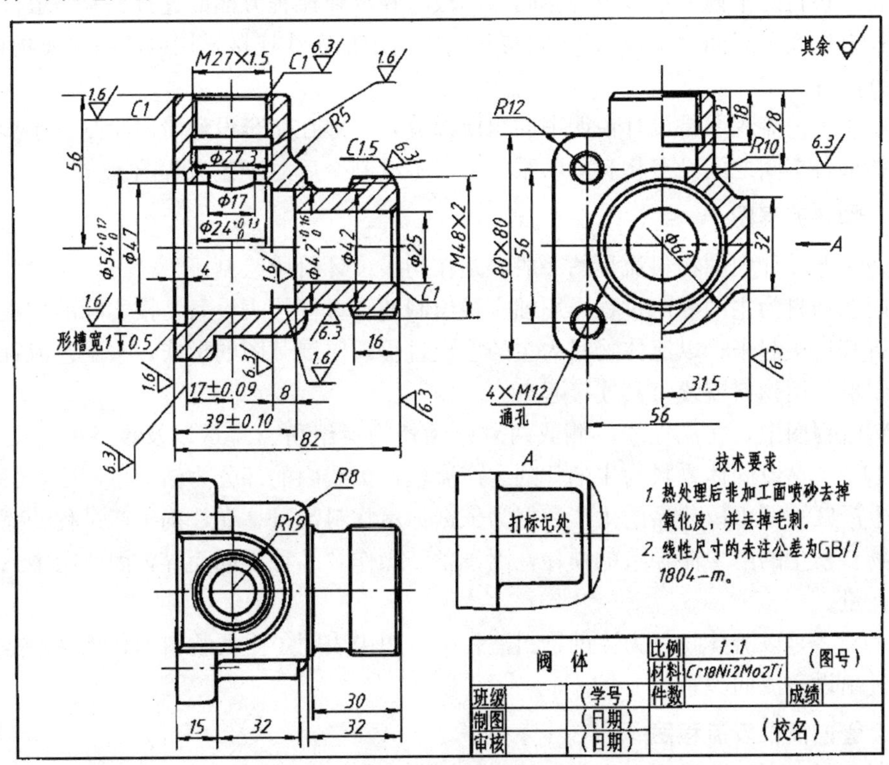

图 10－21　阀体

第十一章　制药工程工艺图

制药工厂的建设和改造工作需要有设计、制造、施工、安装等过程。制药工程工艺图是生产工艺设计的主要图纸，是进行工艺安装和指导生产的重要技术文件。制药工程工艺图通常包括工艺流程图、设备布置图和管路布置图. 本章仅介绍工艺流程图，有关设备布置图和管路布置图，由于涉及厂房建筑的内容，因此将在第十二章中加以介绍。

第一节　生产工艺流程图

制药工艺设计中需要绘制的流程图一般有三种：全厂总工艺流程图、物料流程图和管道及仪表流程图。

一、全厂总工艺流程图

全厂总工艺流程图是为了表达全厂从原料、辅料到半成品、产品、副产品的整个生产过程；表达物料的平衡关系以及各车间（工段）在物料流程方面的连接关系一般以细实线画成的长方框表示车间（工段），车间与车间之间用粗实线连接，用以注明主要物料名称、数量和方向等。

全厂总工艺流程图是设计说明书的组成部分，一般在初步设计阶段绘制。小型的医药制药厂如果各车间之间没有物料的联系，可以不绘制全厂总工艺流程图。

二、物料流程图

制药工艺设计中的物料流程图一般也是在初步设计阶段绘制。

以固态物料为主的生产过程，用细实线绘制的长方框代表设备，按实际的物流关系用粗实线将其连接起来；以流体物料为主的生产过程须以展开图的形式，按工艺流程顺序画出设备图形，用物料流线将其连接起来。

物料流程图中，在流程线一侧或两侧标注各物料组份、流量以及设备的主要工艺参数。图 11－1 是以固体物料为主的片剂生产流程，虚线内的部分为洁净生产区，其他部分为一般生产区。图中以药品的生产数据为依据标示物料流量。在片剂生产过程的诸多环节中，由物料粉尘的产生而导致的损耗，因设备、操作及品种不同而异，因此图中只表示了总的损耗量。

图 11－2 是以流体物料为主的物料流程图。图中表明了主要物料的种类（乙醇、水）、数量、进出设备流向关系。

三、管道及仪表流程图

管道及仪表流程图也叫带控制点工艺流程图，是工艺设计中必须完成的图样。它即是设计过程中设备布置、仪表测量、控制设计的依据，也是施工、安装和生产过程中设备操作、运行、检修的依据。

制药厂的生产装置一般属于中小型，所以管道及仪表流程图往往是综合性的，即同时包括了工艺管道系统，辅助系统（包括用于生产过程的压缩空气，吹除置换用的氮气），放空系统，蒸汽伴热系统和包括蒸汽、蒸汽冷凝水、冷却水及其回水、工艺用水及其回水等在内的公用管道系统。管道及仪表流程图，以规定的图示方法把工艺流程及其所需的全部机器、设备、各种管道及相关的管件、阀门、仪表以及它们的控制方式等表示出来。

图 11－3 表示的是中药提取醉沉过程的管道及仪表流程图，图中不仅给出了设备和主要物料管道，还给出了所有工艺管道、阀门、检测仪表等并对管道进行了标注。

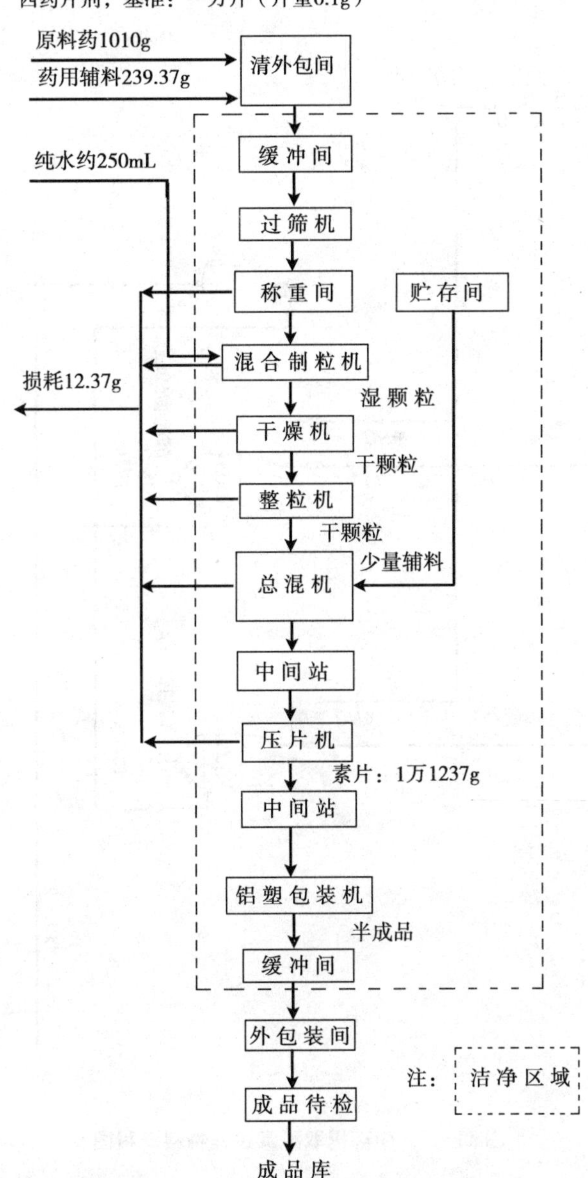

图 11－1　固体物料为主的片剂生产流程

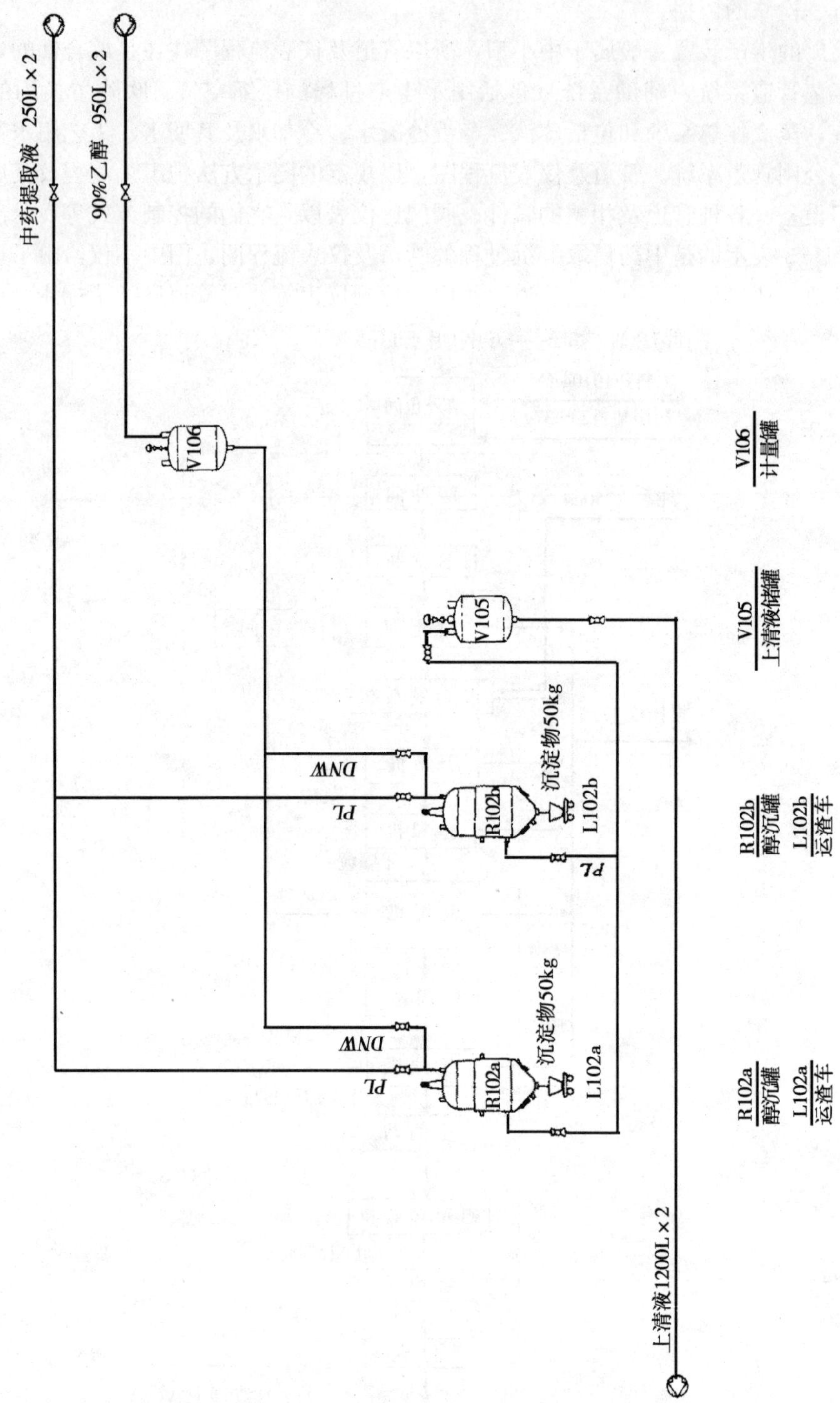

图 11－2 中药提取醇沉过程物料流程图

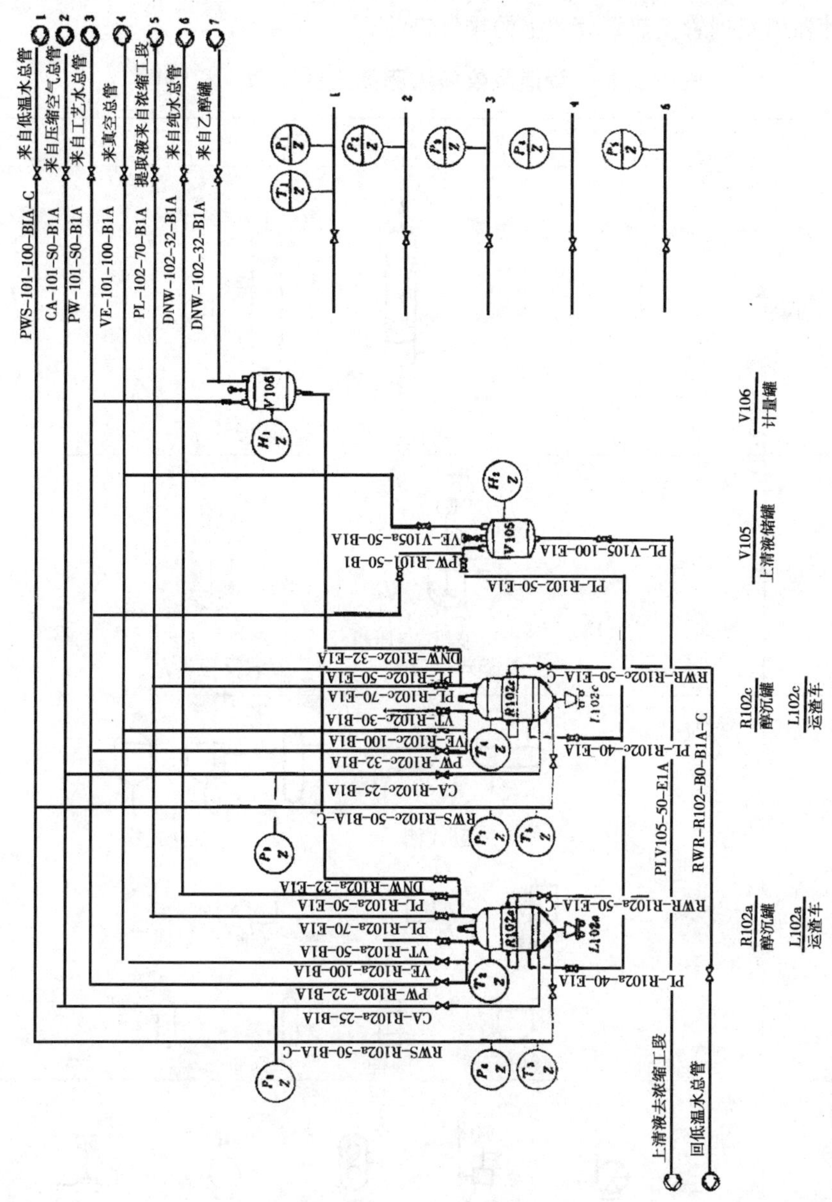

图 11－3　中药提取醇沉过程的管道及仪表流程图

第二节　管道及仪表流程图的绘制

一、机器、设备表达方式及管道表示方法

1．机器、设备表达方式

在管道及仪表流程图中，机器、设备用细实线绘制，一般不按比例，但保持它们的相对大小。机器、设备按实际外形和内部结构特征简化绘制，见表 11－1 。对于具有一定工艺特征或同生产操作、检测和调试有关的设备内部结构，内件和附属部件等则应以特定的

简化形式画出，有些还须以图例的形式予以说明。例如：表 11－1 中填料塔的填料、夹套罐中的搅拌器以及列管换热器管程上的排气口等。

表 11－1　管道及仪表流程图上的设备、机器图

设备类别	代号	图　例
塔	T	塔： 填料塔　喷洒塔
反应器	R	反应器： 压缩机、空压机 釜式反应器　釜式反应器
容器	V	容器： 卧式槽　立式槽 平顶罐　锥顶罐　池、槽、坑(地下/半地下) 敞口容器　圆桶　气体钢瓶　袋
泵	P	泵： 离心泵　液下泵　旋转泵 齿轮泵　水环式真空泵 纳氏泵　管道泵 隔膜泵　喷射泵　W 型真空泵
风机压缩机	C	风机　(卧式)　(立式) 旋转式压缩机　单级往复式压缩机

（续表）

设备类别	代号	图　例
换热器	E	固定管板式　螺旋板式　翘生式　蛇管式 刮板式（薄膜）蒸发器　列管式（薄膜）蒸发器　套管式
干燥机	D	厢式　沸腾式　喷雾式
起重机	L	电动葫芦　带式输送机　斗式提升机 手推车　槽车　叉车　气流输送机
其他机械	M	压滤机　上出料离心机　下出料离心机　旋风分离器　固定床过滤器 混合器　带式定量给料称　蒸馏水器　消毒柜

机器、设备上的接口，特别是同配管有关或与外界有关的管口（包括人孔、手孔、装卸料口、排气口、放空口及仪表接口等）一般用单线表示，管口法兰可以不画。

流程图中机器、设备的位置一般按流程顺序从左至右排列，其相对位置只考虑绘图时管道连接和标注的方便，而与实际的设备布置无关。对利用位差传送物料的设备其相对高度则按实际位置绘出，必要时还应标注限定尺寸，如图 11－3 所示，计量罐位于醇沉罐的上方。

流程图中的机器、设备需要标注设备位号、位号线和设备名称。一种形式 是标在设备图形的上方或下方，位号线同设备图形对齐，所有设备的位号线画在同一条直线上，位号线上面标注设备位号，下面是设备名称。另一种标注形式是在设备图形附近或图形内部标注，这时只标注设备位号，不标设备名称。完整的设备位号一般包括区分设备类别的代号，设备所在车间、工段的代号，以及设备在流程图中的顺序号，见图 11－4 。图中表明图 11－3 中的醇沉罐位号的含义。

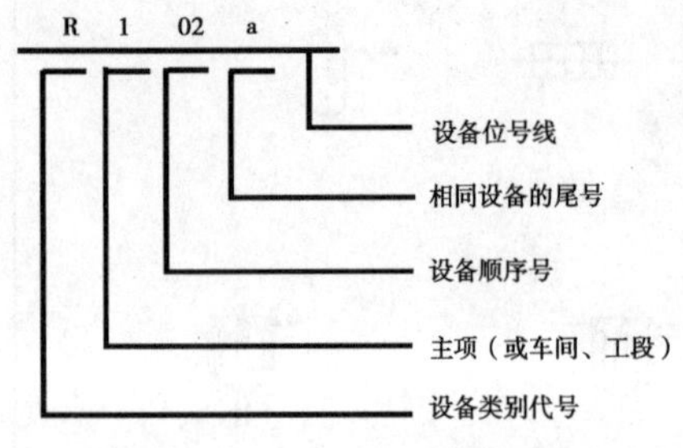

图 11－4 设备名称和位号

设备位号从初步设计到施工图. 在所有的设计文件中都是一致的。设计过程中被取消的设备其位号就不能再出现，新增加的设备应编排新的位号（包括设备名称）。

2. 管道的表示方法

管道连接于设备之间，起到输送和转移流体的作用，在医药和化工生产中是必不可少的。

在流程图中不对各种管道的比例作统一规定根据输送介质的不同，流体管道可用不同宽度的实线或虚线表示，各种管道的画法见表 11－2 。

管道上的管件、阀门及管道附件应用细实线按标准画出，管件及管道附件的画法见表 11－2 。由于安装、检修等原因所加的连接件，如法兰、活接头等也应画出，但纯粹连接管道用的法兰、活接头、弯头等则不必画出管路系统常用阀门的图形符号见表 11－3 。

管道上的阀门、管件和管道附件的公称直径与所在管道是一致的，流程图上不需另行标注，如果不一致则要注明。

流程图中的管道线都画成相对于图框的垂直线或水平线，遇有交叉时，可将某一管道线断开。需要强调的是管道线不能从设备图形中穿过，管道线之间、管道线与设备之间的间距应匀称、美观。

表 11－2 管道及仪表流程图上的管子、管件及管道附件的图例

名称	图例	名称	图例
主要物料管道		敞口漏斗	
辅助物料及公用系统管道			
原有管道		异径管	
可折短管		视镜	
蒸气伴热管道		Y 型过滤器	
电伴热管道			
柔性管		T 型过滤器	
翅片管		锥型过滤器	
文氏管			
消音管		阻火器	
夹套管		喷射器	
喷淋管			
放空管			

表 11－3　管路系统常用阀门的图形符号（摘自 GB/T 6567. 4－1986）

序号	名称	符号
1	截止阀	
2	闸阀	
3	节流阀	
4	球阀	
5	碟阀	
6	隔膜阀	
7	旋塞阀	
8	止回阀	
9	安全阀　弹簧式	
	安全阀　重锤式	
10	减压阀	
11	疏水阀	
12	角阀	
13	三通阀	
14	四通阀	

管道上的排气口、排液管、液封管等要全部画出，其引出方向应符合该项操作的原理，见图 11－3。

管道及仪表流程图上的管道应作详细标注．标注的目的是表达清楚管道里通过的是何种介质，管径的大小，管道的材质，应承受的温度、压力及是否需要保温等。设计上规定管道标注分为四个部分（见图 11－5 ）：

（ 1 ）流体代号　表明管内通过的是何种介质，一般以英文名称的第一个字母表示，流体代号的规定见表 11－4。

（ 2 ）管道号　由设备位号和管道顺序号组成，管道顺序号就是与同一设备相连结的管道按顺序编号。

（ 3 ）管径　一般标注公称直径，公制管以 mm 为单位，只注数字，不注单位；英制管以英寸为单位，标注数字和英寸符号.

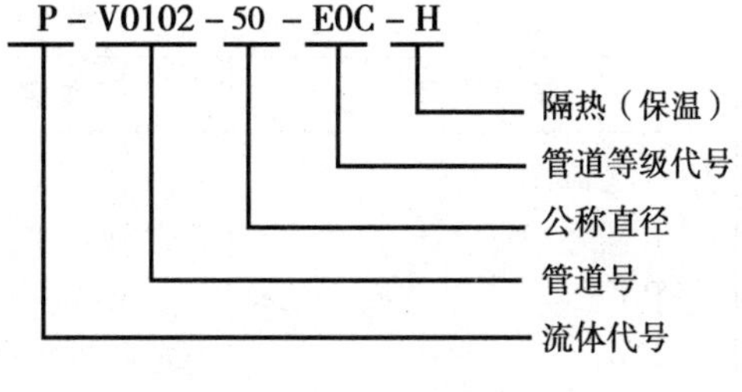

图 11－5　管道标注

（ 4 ）管道等级代号　由管道材料代号、管道压力等级代号和顺序号组成，对于有隔热、隔声要求的管道还要注明隔热、隔声的代号。

图 11－5 中，P－V0102－50－E0C－H 表示：管道内通过的流体是工艺流体（代号为 P)，例如是提取的药液；该管道是同一药液储罐（设备位为 V0l ）连接的第二条（02 ）管道；该管道公称直径为 50mm ，管道材质为不锈耐酸钢（代号为 E ），管道承受的压力等级代号为 0（相当于 0. 6MPa ），此类管道（即直径为 50mm 的不锈耐酸钢管）在本流程图中顺序为第三级管道（代号为 C ），该管道以保温材料进行保温（代号 H)。

固体物料的输送和转移一般不需要管道（气力输送或制成浆料除外），而是通过诸如提升机、传送带一类的机械并借助于人工输送和转移。在流程图中固体物料的输送机械视同其他机器、设备一样画出，而人工转移的环节则以示意形式以粗虚弧线或折线表示。

二、仪表控制点的表示方法

医药生产的工艺流程中有检测仪表、调节控制系统、分析取样点和取样阀等。检测仪表用以测量、显示和记录过程进行中的温度、压力、流量、液位、浓度等各种参量的数值及其变化情况。

1. 仪表控制点

在管道及仪表流程图中要把检测仪表、调节控制系统、分析取样点和取样阀等全部绘出并做相应标注。检测仪表按其检测的参量可分为：温度表、温差表、压力表、压差表、流量表、液位表等，各种检测仪表具有不同的检测功能和需要不同的安装位置，例如玻璃水银温度计的检测元件水银泡只能安装在被检测部位，且只能就地读数，不能远传到控制室，也不能将其示值连续自动的记录下来。如果换成热电偶检测元件（热电偶传感器），则检测出的电信号可以通过传送、放大等变换过程使其在控制室以温度数值显示出来，还可以连续打印在记录纸上。因此，流程图不仅要表达仪表检测的参量而且要表达检测仪表（或传感器）的安装位置，还要标示出显示仪表（或称二次仪表）的安装位置（就地还是集中在控制室或仪表盘上少，以及该项检测所具有的功能．如显示（或指示）、记录、调节等。

2. 仪表控制点的画法

在管道及仪表流程图中，仪表控制点的图形符号为一细实线圆圈。见表 11－5。在管道及仪表流程图中，一般用一直线（细实线）将实线圆圈与被测量点连接。

表 11－4　流体代号

流体代号	流体名称	流体代号	流体名称
1. 工艺流体		（3）水	
P	工艺流体	BW	锅炉给水
PA	工艺空气	CSW	化学污水
PGL	气液两相流工艺流体	CWR	冷却水（回）
PGS	气固两相流工艺流体	CWS	冷却水（供）
PL	工艺液体	DNW	脱盐水
PLS	液固两相流工艺流体	DW	饮用水、生活用水
PS	工艺固体	FW	消防水
PW	工艺水	HWR	热水（回）
2. 辅助、公用工程流体代号		HWS	热水（供）
（1）空气		RW	原水、新鲜水
AR	空气	SW	软水
CA	压缩空气	TW	自来水
IA	仪表空气	WW	生产废水
IG	惰性气体	（4）其他传热介质	
（2）蒸汽冷凝水		BR	冷却盐水（回）
LS	低压蒸汽	BS	冷却盐水（供）
MS	中压蒸汽	（5）其他	
SC	蒸汽冷凝水	DR	排液、导淋
		VE	真空排放气
		VT	放空

表 11—5　仪器安装位置的图形符号

序号	安装位置	图形符号	备注	序号	安装位置	图形符号	备注
1	就地安装仪表			3	就地仪表盘面安装仪表		
			嵌在管道中	4	集中仪表盘后安装仪表		
2	集中仪表盘面安装仪表			5	就地仪表盘后安装仪表		

注：① 仪表盘包括屏式、柜式、框架式仪表盘和操纵台等。

② 就地仪表盘面安装仪表包括就地集中安装仪表。

③ 仪表盘后安装仪表．包括盘后面、框内．框架上和操纵台内安装的仪表。

在仪表控制点的图形符号中，分上下两个半圈注写。上半圈注写被测参量的代号和所在的位号，下半圈注写仪表功能代号。常用参量代号见表 11—6，仪表功能常用代号见表 11—7。

同一装置（或工段）的相同被测变量的仪表位号需连续编号，中间允许有空号；不同被测变量不能连续编号。

表 11—6　常用参数代号

序号	参量	代号
1	温度	T
2	温差	△T
3	压力（或真空）	P
4	压差	△P
5	流量	G
6	液位（或料位）	H
7	重量（或体积）流量	W
8	转速	N
9	浓度	C

表 11—7　仪表功能常用代号

序号	功能	代号
1	指示	Z
2	记录	J
3	调节	T
4	积算	S
5	信号	X
6	手动摇控	K

常用调节机构的调节阀见表 11－8。调节阀的图形符号用细实线绘制，下部分画阀体符号，上部分画执行机构符号，调节阀的图形符号是这两部分的组合。

表 11－8　常用调节阀

序号	名称	符号	序号	名称	符号
1	气动薄膜阀（气闭式）		7	气动蝶形调节阀	
2	气动薄膜调节阀（气开式）		8	电动蝶形调节阀	
3	气动活塞式调节阀		9	气功薄膜调节阀（带手轮）	
4	液动活塞式调节阀		10	电磁调节阀	
5	气动三通调节阀		11	带阀门调节器的气动薄膜调节阀	
6	气动角形调节阀		12	带阀门定位器的气动活塞式调节阀	

图 11－6 表示罐内温度检测及控制系统。系统中采用了气动薄膜调节阀和温度检测仪表（代号 T，位号 11）。温度检测仪表要引到控制室仪表盘上集中安装，该仪表具有调节和记录（TJ）功能。通过对罐内药液温度的设定，检测仪表检测到温度变化的情况，将温度的变化转换成电信号送至控制室仪表盘显示并记录，经信号处理后由温度检测仪表的执行机构通过改变气动薄膜调节阀的开度，调节管路内低温水的流量，保证药液温度保持在工艺要求的范围内。

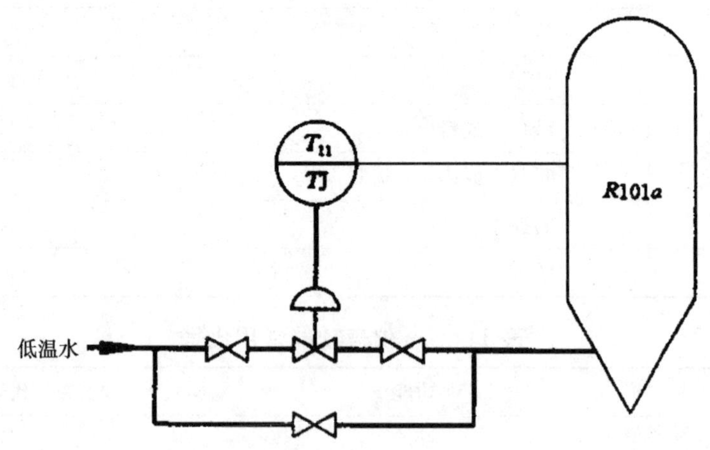

图 11－6　罐内温度用温度检测仪表及调节阀控制

第十二章　药厂厂房建筑图简介

房屋建筑按其使用功能可大体分为两类：民用建筑和工业建筑。民用建筑是指居民楼、写字楼、商店和电影院等。工业建筑是指工厂里的各类建筑，其中主要是工业厂房本章主要介绍有关药品生产车间厂房建筑图、药厂车间布置图、设备布置图和管道布置图的基本内容及其表达形式。

第一节　药厂房屋建筑图的基本知识

厂房主要由地基、基础、柱、梁、楼板、墙、窗、门、楼梯、屋盖等构成，见图 12－1。

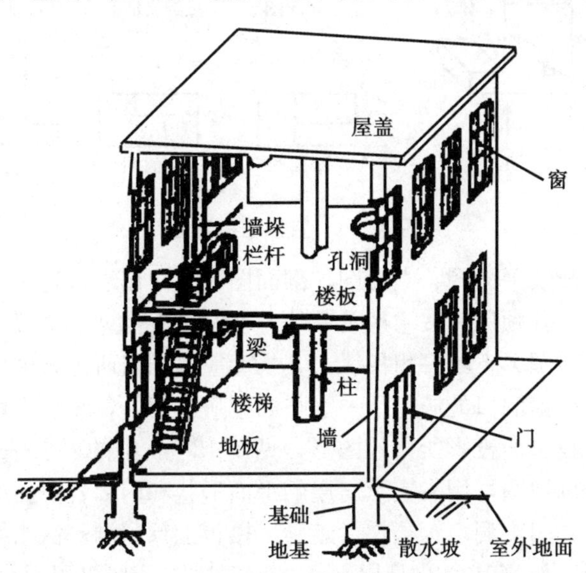

图 12－1　厂房的构成

一、房屋建筑图的分类

建造房屋时，需要各种工种的施工图。一套施工图通常分为三大类：建筑施工图、结构施工图和公用工程各专业施工图。

1. 建筑施工图

建筑施工图表示房屋的内外结构、大小、布局、建筑节点的构造和使用的建筑材料等。建筑施工图包括总平面图、建筑平面图、立面图和剖面图（即剖视图）等。

2 结构施工图

结构施工图表示房屋承重构件的形状、大小、材料和布置等。结构施工图包括结构平面图、各种构件详图及其设计说明书等。

3. 公用工程各专业施工图

公用工程各专业施工图表示公用工程各专业设备，管道和线路的布置、走向及安装要求等。用工程各专业施工图包括：给排水、取暖、通风和电气等设备的布置图、系统图及各种详图等。

除上述施工图外，对于各工艺专业还需要工艺专业施工图。工艺专业施工图表示工艺专业设备，管道和线路的布置、走向及安装要求等。工艺专业施工图包括：工艺流程、设备和管道的布置图、系统图及各种详图等。

二、厂房建筑图的基本知识

1. 建筑图的基本表达形式

房屋建筑的图样是按直接正投影原理绘制的，见图 12－2。

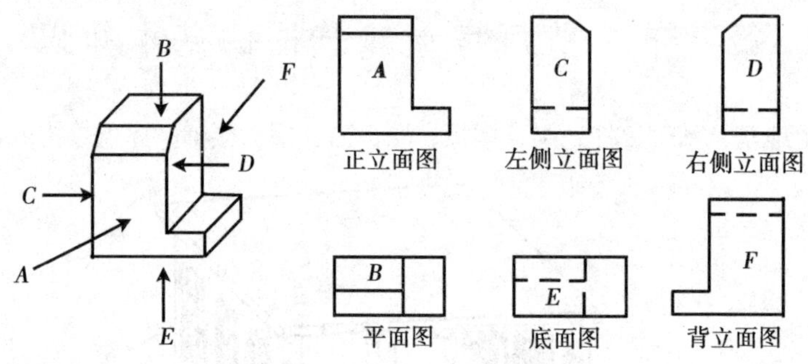

图 12－2　直接正投影法

建筑施工图包括建筑平面图、立面图、剖面图以及门窗表，建筑做法表等。同一张图纸上如有几个图样时，其顺序宜按主次关系从左至右依次排列，一般均应将图名标注在图样的下方或一侧，并在图名下绘一粗横线，其长度应以图名所占长度为准。见图 12－3 。

建筑平面图是在门窗洞口处假想用一水平面把房屋切开，将切面以上部分移去，而将切面以下部分向水平投影面投影所得的图形，见图 12－3 中的一层平面图和二层平面图。平面图是俯视方向全剖视图，用来表示房屋的平面形状和内部各房间的分隔、大小、用途及功能，以及墙、柱、门窗洞口、楼梯、走廊、楼板上预留洞、散水等内容。对于多层楼房每层都应画平面图，但当其中有几层平面相同时，这几层可以只画一个标准层的平面图。此外，建筑平面图还包括建筑物屋顶和顶棚平面图。

平面图上要标注轴线间尺寸，门、窗等的位置尺寸，柱子的长宽尺寸. 墙厚、隔断墙的详细尺寸等。平面图上还要标注室内地坪的相对标高（一般以底层室内地坪的相对标高为± 0.00m ）和多层厂房每层楼板上表面的标高等。

建筑立面图是表达建筑物立面的外轮廓视图，见图 12－3 中的① －③ 立面图。立面图包括：正立面图（主视图）、侧立面图（左视图或右视图）和背立面图（后视图），其中正立面图为正视图。立面图表示厂房的外貌，厂房的高度，门窗的形式、大小及位置，外墙面装修的要求等。

建筑剖面图是在某个部位假想用正平面或侧平面沿铅垂方向把房屋切开（如果剖切平面不能同时剖开外墙和内墙上的门窗时，可将剖切平面折转一次），将处于观察者和剖切平面之间的部分移去，而将其余部分向投影面投影所得的图形剖面图的剖切部位应根据图纸的用途或设计深度在平面图上选择能反映全貌、构造特征，以及有代表性的部位剖切，见图 12—3 中的 1—1 剖面图和 2—2 剖面图。剖面图能清楚地表达房屋的内部结构，如梁、板、柱、顶棚和地面等之间的位置关系，分层情况等。

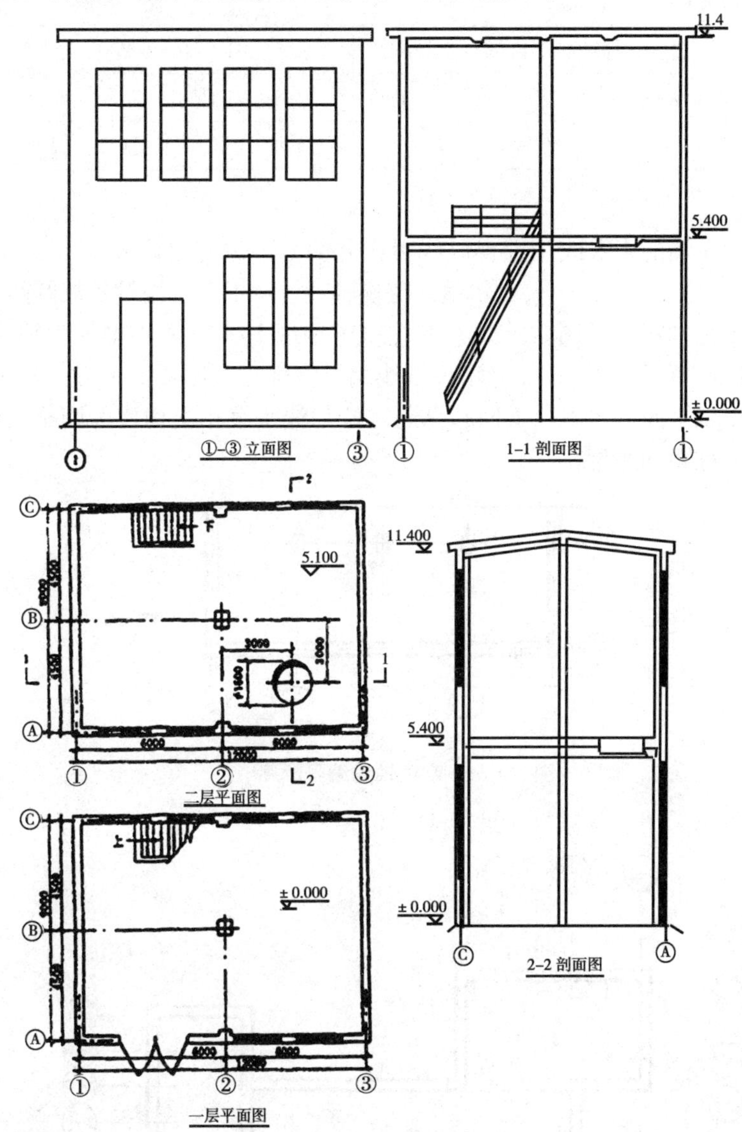

图 12—3　**厂房建筑图**

建筑物的剖面图要在平面图上标注剖切位置并加注剖切符号立面图、剖面图上需标注标高，例如：室外地坪、室内地坪、楼板、窗台、屋檐等的相对标高。

2. 图幅

与技术制图标准规定的图幅一致。

3. 比例

与技术制图标准规定的比例一致。建筑专业制图选用的比例，宜符合表 10—1 的规定。比例宜注写在图名的右侧，字的底线应取平；比例的字高应比图名的字高小一号或二号。

表 12－1　建筑专业制图比例（摘自 GBJ 104－1987）

图　　名	比　例
建筑物或构筑物的平面图、立体图、剖面图（剖视图）	1∶50、1∶100、1∶200、1∶300
建筑物或构筑物的局部放大图	1∶10、1∶20、1∶50
配件及构造详图	1∶1、1∶2、1∶5、1∶10、1∶20、1∶50

4. 定位轴线

厂房的柱或承重墙的中心线用细点画线引出并编号，称为定位轴线 1)。平面图中从左至右用编号①、②、③、…… 表示横向定位轴线；从下至上用符号加圆的 A 、B、C 、……表示纵向定位轴线，见图 12－4 。其中拉丁字母 I、O、Z 不得用为轴线编号；端部圆用细实线绘制，直径应为 8mm ；定位轴线编号宜标注在图样的下方与左侧。各定位轴线之间标注轴与轴之间的尺寸。横向和纵向定位轴线垂直相交构成的网格线称为柱网。用柱网表示厂房的柱距和跨度。

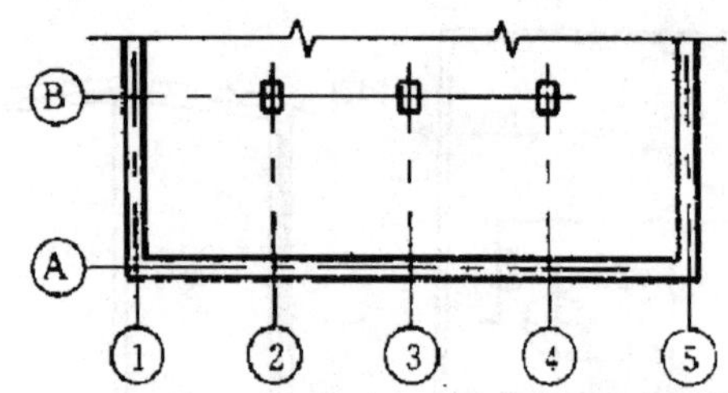

图 12－4　定位轴线编号顺序

定位轴线也可以采用分区编号，见图 12－5 。

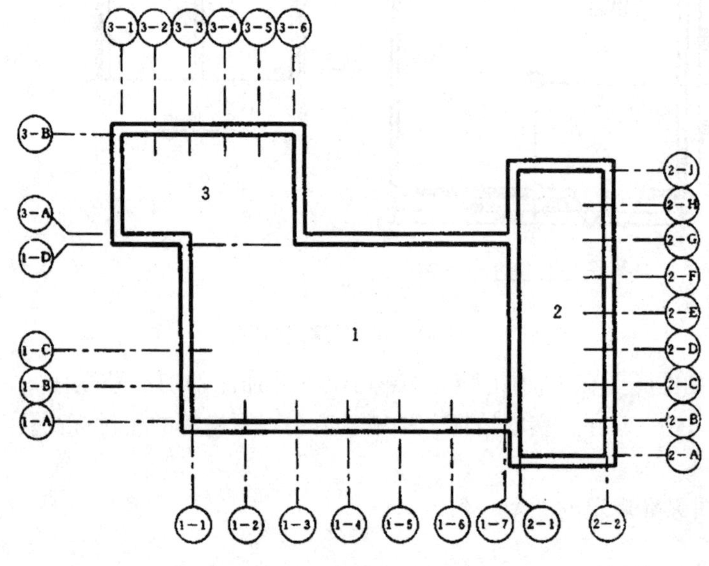

图 12－5　定位轴线分区编号

5. 符号

（1）剖切符号 由剖切位置线及投射方向线组成，均应以粗实线 d 绘制。剖切位置线的长度宜为 6—10 mm；投射方向线应垂直于剖切位置线，长度宜为 4—6 mm，见图 12—6（a）。编号宜采用阿拉伯数字，按顺序由左至右、由下至上连续编排，并应注写在投射方向线的端部。需要转折的剖切位置线，在转折处如与其他图线发生混淆，应在转角的外侧加注与该符号相同的编号。

（2）断面剖切符号 只用剖切位置线表示，用粗实线绘制，长度宜为 6—10 mm，编号宜采用阿拉伯数字按顺序连续编排，注写在剖切位置线的一侧，见图 12—6（b）。编号所在的一侧应为该断面的剖视方向。

（3）指北针 宜用细实线绘制，形状如图 12—7 所示。圆的直径宜为 24 mm，指针尾部的宽度宜为 3 mm。指北针应放在建筑物主要平面图旁的明显位置上，所指的方向应与总图一致。

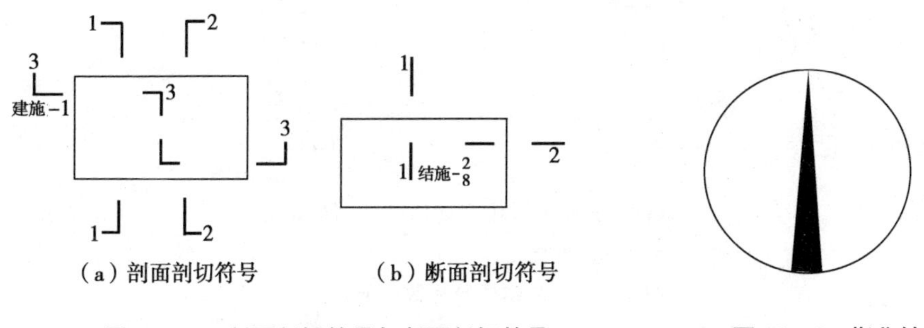

图 12—6　剖面剖切符号与断面剖切符号　　图 12—7　指北针

三、尺寸注法和常用图例

1. 尺寸注法

尺寸注法与机械制图中的规定有许多和同之处，但出于建筑专业的需要，对尺寸标注的有些规定不同于机械制图中的规定。现将与机械制图规定不同的主要内容介绍如下下。

(1) 尺寸的组成　图样上的尺寸应包括尺寸界线、尺寸线、尺寸起止符号和数字，见图 12—8 (a)。尺寸界线应用细实线绘制，一般应与被注长度垂直，其一端应离开图样轮廓不小于 2mm，另端宜超出尺寸线 2—3mm。必要时，图样轮廓线可用作尺寸界线，见图 12—8 (b)。除半径、直径、角度与弧度的尺寸起止符号宜用箭头表示外，尺寸起止符号一般应用中粗斜短线绘制，其倾斜方向应与尺寸界线成顺时针 45°角，长度宜为 2～3mm。

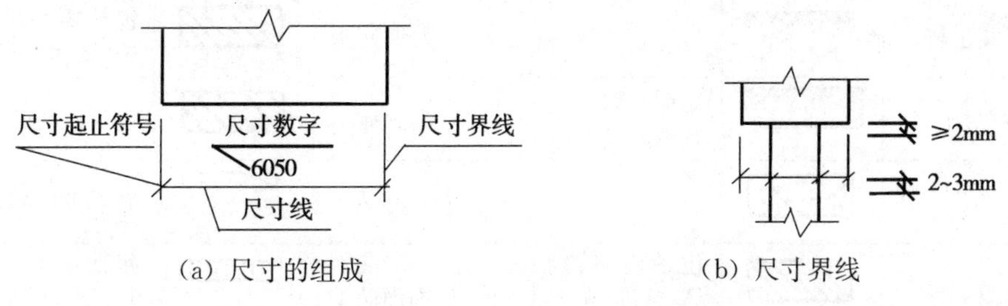

(a) 尺寸的组成　　(b) 尺寸界线

图 12—8　尺寸的组成与尺寸界限

（2）尺寸数字　图样上的尺寸单位，除标高及总平面图以米（m）为单位外，均必须以毫米（mm）为单位。

（3）标高　个体建筑物图样上的标高符号应按图 12－9（a）的形式绘制，如标高位置不够，可按图 12－9（b）的形式绘制，标高符号的具体画法见图 12－9（c）、（d）。总平面图上的标高符号宜用图 12－10（a）所示的涂黑的三角形表示，涂黑的三角形的具体画法见图 12－10（b）。标高符号的尖端应指至被注的高度，见图 12－11。在图样的同一位置需表示几个不同标高时，标高数字可按图 12－12 的形式注写。标高数字应以米（m）为单位注写到小数点后第三位，总平面图中可注写到小数点后第二位。零点标高应注写成±0.000，正数标高不注“＋”，负数标高注‘－”，例如 3.000－0.600。

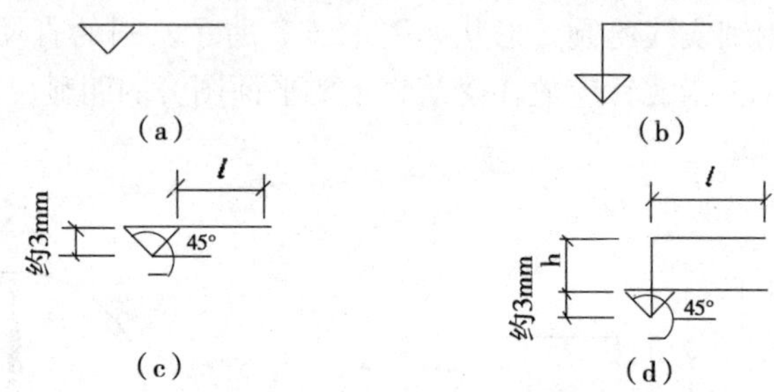

l——注写标高数字的长度，应做到注写后匀称

h——高度，视需要而定

图 12－9　个体建筑标高符号

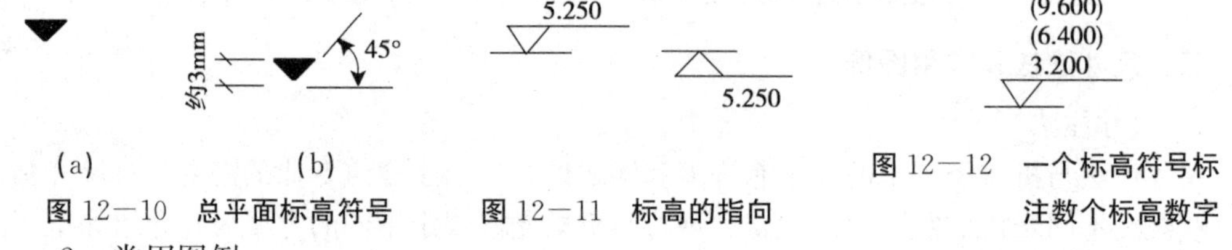

图 12－10　总平面标高符号　　图 12－11　标高的指向　　图 12－12　一个标高符号标注数个标高数字

2. 常用图例

（1）常用建筑材料图例见表 12－2。

表 12－2　常用建筑材料图(摘自 GBJ 1－1986)

序号	名称	图例	说明	序号	名称	图例	说明
1	自然土壤		包括各种自然土壤	6	毛石		
2	夯实土壤			7	普通砖		包括实心砖、多孔砖、砌体、砌块
3	砂、灰土		靠近轮廓线点较密的点	8	耐火砖		包括耐酸砖等
4	砂砾石，碎砖三合土			9	空心砖		非承重用砖
5	石材		包括岩层、砌体、铺地、贴面等材料	10	饰面砖		包括铺地砖、马赛克、陶瓷锦砖、人造大理石等

（续表）

序号	名称	图例	说明	序号	名称	图例	说明
11	混凝土		1. 本图例仅适用于能承重的混凝土及钢筋混凝土 2. 包括各种标号、骨料、添加剂的混凝土 3. 在剖面图上画出钢筋时，不画图例线 4. 如断面较窄，不易画出图例线时，可涂黑	17	胶合板		应注明 x 层胶合板
				18	石膏板		
12	钢筋混凝土			19	金属		1. 包括各种金属 2. 图形较小时可涂黑
				20	网状材料		1. 包括金属、塑料等网状材料 2. 注明材料
13	焦渣，矿渣		包括与水泥、石灰等混合而成的材料	21	液体		注明液体名称
14	多孔材料		包括水泥珍珠岩、沥青珍珠岩、泡沫混凝土、非承重加气混凝土、泡沫塑料、软木等	22	玻璃		包括平板玻璃、磨砂玻璃、夹丝玻璃、钢化玻璃等
				23	橡胶		
15	纤维材料		包括麻丝、玻璃棉、矿渣棉、木丝板、纤维板等	24	塑料		包括各种软、硬塑料及有机玻璃等
				25	防水卷材		在构造层次多和比例较大时，用上面的图例
16	木材		1. 上方中、右图为横断面，上方左图为垫土、木砖、木龙骨等 2. 下图为纵断面	26	粉刷		本图例画较稀的点

注：序号为 1，2，5，7，8，14，17，19，23，24 图例中的斜线、短斜线、交叉斜线等，一律为 45°。

（2）构件及配件图例见表 12—3。

表 12—3　构件及配件图例（摘自 GBJ104—1987）

名　称	图　例	名　称	图　例
土墙		空门洞	
隔断			
栏杆			
楼梯 （形式及步数应按实际情况绘制）	底层	单扇门（包括平开或单面弹簧）	
	中间层		
	顶层	双扇门（包括平开或单面弹簧）	

（续表）

名　　称	图　　例	名　　称	图　　例
对开折叠门		单层外开平开窗	
孔洞		左右推拉窗	
坑槽		上推窗	
墙预留洞	宽×高 或 φ 底（顶或中心）标高××.×××	卷门	
单层固定窗		百叶窗	
单层外开上悬窗			

四、厂房的布置

1. 厂房的平面布置

制药厂房的外形常有长方形、L 型、T 型、Π 型、E 型等. 其中以长方形最为常见。具体采用哪种形式主要取决于车间功能的要求和场地的具体情况。

制药厂房有单层与多层之分，建造单层厂房还是多层厂房主要视药品的生产工艺和场地的具体条件而定。单层厂房可以建成中间没有柱子的大跨度厂房，其结构形式有排架结构和轻质钢结构。厂房的跨度常选用 9m 、12m 、15m 、18m（均为 3m 的倍数）或 24m 、30m（均为 6m 的倍数）。

多层厂房一般选用框架结构。较经济厂房的跨度为 6 …2.4 … 6（2.4m 为走廊）、6…3…6（3m 为走廊）、6…6…6 的形式，见图 12－13 。图 12 －13（ a ）表示跨度为 6 …2.4 …6 ，走廊在中间称为内廊式。图 12－13（ b ）表示跨度为 6…6…6 ，立柱成方格式排列。一般情况下，多层厂房的宽度不宜超过 24m 。

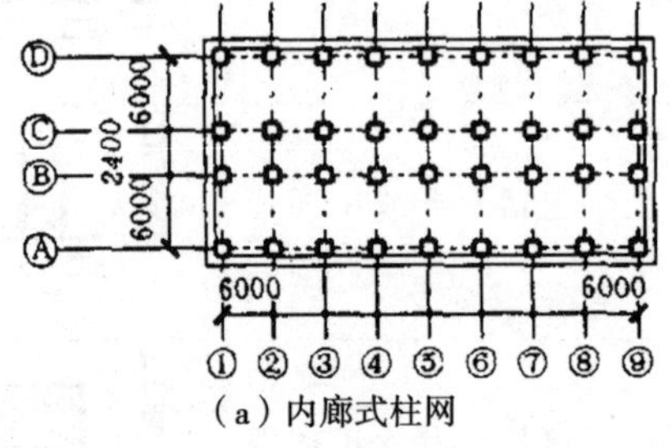

（a）内廊式柱网

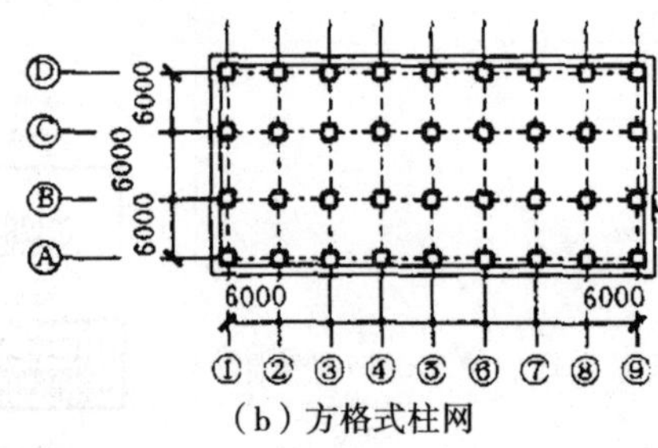

（b）方格式柱网

图 12—13　多层厂房框架结构

厂房的长度根据需要决定。柱距以 6m 为宜，也有选用 7.5m 或其他尺寸的，但厂房总长度一般不超过 60m ，超过 60m 时结构上要做特殊处理。当跨度、柱距都取 3m 的倍数时，采用建筑结构上的标准预制构件（模数 3m ），可以降低设计和施工成本，加快基建进度。框架结构也常采用现场浇灌混凝土的形式，这时跨度和柱距不受模数的限制。

2．厂房的立面布置

厂房的立面布置是要使厂房的高度能适应设备的高度、检修空间和技术夹层（安排大量管道）的需要。框架结构每层取 5m 或 6m ，一般不低于 4.5m。对于装配式厂房层高采用 300mm 的模数。

有些制药车间在生产中需要使用有机溶媒，例如：中药煮提时使用乙醇；中药用水煎煮后采用醇沉法分离杂质；化学合成药生产中常以有机物为原料等，使厂房具有起火爆炸的危险。同一厂房内如果有防爆区和非防爆区时，要用防火墙将防爆区和非防爆区隔开，分别用防火墙将醇沉、浓缩间与其他操作间隔开。必须相通时，要设双门斗，即设两道弹簧门隔开。防爆厂房的楼梯间要采用封闭式楼梯间。有时，为了减少因爆炸造成的损失，将有爆炸危险的厂房建成单层厂房；必须建成多层厂房时，有爆炸危险的车间宜建在厂房的顶层，顶层的屋面及防爆区域直接对外的墙体都要选用轻质、易泄爆的材料。

第二节　药厂车间布置

本节以一颗粒剂生产车间为例，说明药厂车间的布置。

一、制药厂房与车间功能的关系

制药生产车间由生产性用室（生产区）、生产辅助用室（辅助区）和生活行政用室（生活区）等组成。

1．生产性用室

生产性用室包括：生产各工序用室、中间库和控制室等。

2．生产辅助用室

生产辅助用室包括：压缩空气与真空泵室、变电室、空调机房、循环水泵房、车间化验室、机电仪修室等。

3．生活行政用室

生活行政用室包括办公室、休息室、更衣室和厕所等。此外还有：淋浴室、风淋通道等特殊用室。

制药厂房是容纳各种机器设备并为其提供运行、检修空间. 为操作人员提供有序空间的建筑物。在这样的建筑物里，通过对各种药品的原材料进行系列加工、制造、包装等过程。最后得到药品的中间体、原料药或各种药品剂型的产品，这就是制药厂房与药品生产车间功能的关系。为使建造的厂房更好地满足这些功能的需要，在厂房建筑设计之前要先进行车间的布置设计。

二、车间布置要求

1．确定对建筑物的总体要求

根据厂区具体情况确定厂房的位置、朝向以及同其他建筑物的距离、同全厂性工程的联系等，在此基础上暂定厂房的外形及其尺寸和柱距等。随着布置的深入，要确定所有出入口、楼梯、货梯、吊装孔等位置。

2．按功能要求划分区域

在一栋建筑物里要划分出生产区域、辅助区域和生活区域，对有净化要求的厂房还要划分洁净区和非洁净区。同一生产流程的洁净区要集中布置在一个区域。小规模生产车间经常将辅助用室、生活用室布置在车间的一个区域内，见图 12－14 。在布置生产区域和生活区域时，主要考虑设备的布置、人员进出的走向（人流）和生产用物料进出的走向（物流），要使流程顺畅，便于操作，避免交叉和迂回。辅助区域需配合生产区域和生活区域布置，并且要符合各专业要求。

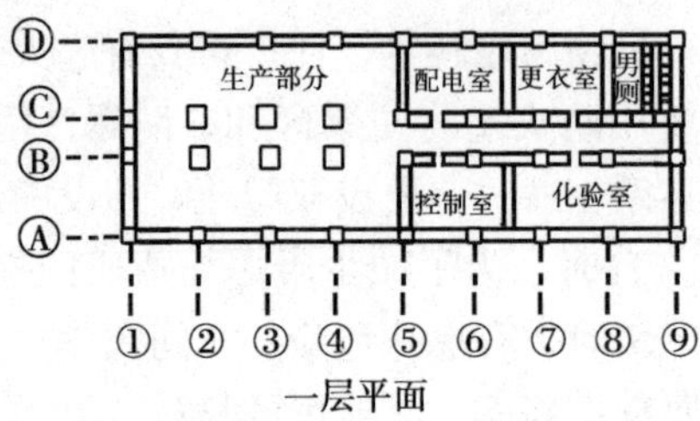

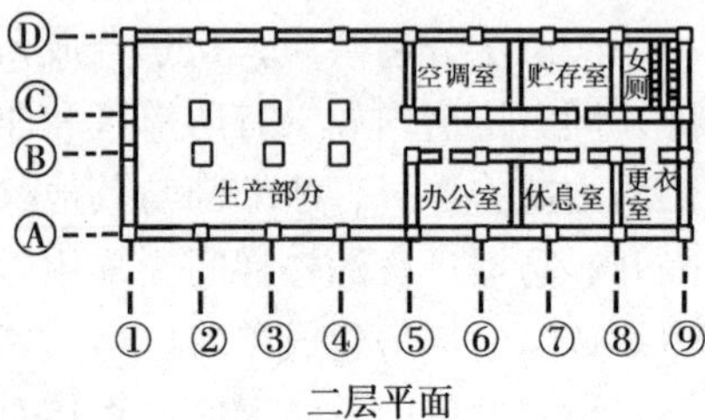

图 12－14　小规模生产车间辅助用室和生活用室布置

3．人流、物流路线的确定

对有洁净要求的车间必须做到：人流与物流进出车间的路线要分开，进入洁净区的人流与物流要有各自相应的净化程序；操作人员应以最短捷的路线进入生产区；设有物料的存放空间；按规范设置安全门和疏散通道等。

此外，原料的进入、成品运出要考虑到厂区运输的方便。

三、确定厂房高度

根据设备的高度及对安装、维修空间的要求，各类非生产和生产用物料、公用工程管道布置对空间的需求以及洁净厂房对技术夹层（布置空调及各类管道）的需要等确定厂房的高度。

在完成以上工作的基础上，即可提出一个建筑物的设计方案或草图。

第三节　设备布置图和管道布置图

设备布置图是在完成工艺管道及仪表流程图、建（构）筑物（平面、立面和剖面）图、设备一览表、设备图和设备制造厂提供了有关产品样本的基础上完成的。设备布置图表达设备与设备之间、设备与相关建（构）筑物之间的平面位置关系和空间位置关系，它应反映出设备位置与安装运行和检修的要求。

一、设备布置图与建筑图的关系

工艺在考虑设备布置方案的同时，应考虑对建筑面积、建筑层数、建筑层高的要求；考虑楼梯、门、窗位置；考虑对孔、洞、地沟、地坑等的要求。建筑专业、建筑结构专业根据这些要求进行建筑设计并经过协商、修改后绘制出既满足工艺要求又符合建筑规范的设计图纸。工艺专业根据建筑专业图纸绘制设备布置图，对建筑专业图纸上已有的涉及建筑物的各项，未经有关专业允许均不得改动，否则施工、安装时就会出现问题，甚至造成经济损失。

二、设备布置图

设备布置图分为平面图和剖面图，通常以平面图为主。如果设备布置平面图不能完全表达设备与设备、设备与建（构）筑物之间的位置关系，则需绘制设备布置剖面图。

图 12－15 和图 12－16 表示一提取间的设备布置图。该提取间主要布置有三个提取罐 R10la 、R101b 、Rl0lc，三个提取罐上装有三个分离器 FIOla 、F10lb 、F101c，两套安装在提取罐上方的换热器 El0la 、El02a 和 E101b 、EI02b 及一个上料用电动葫芦 Q101 。

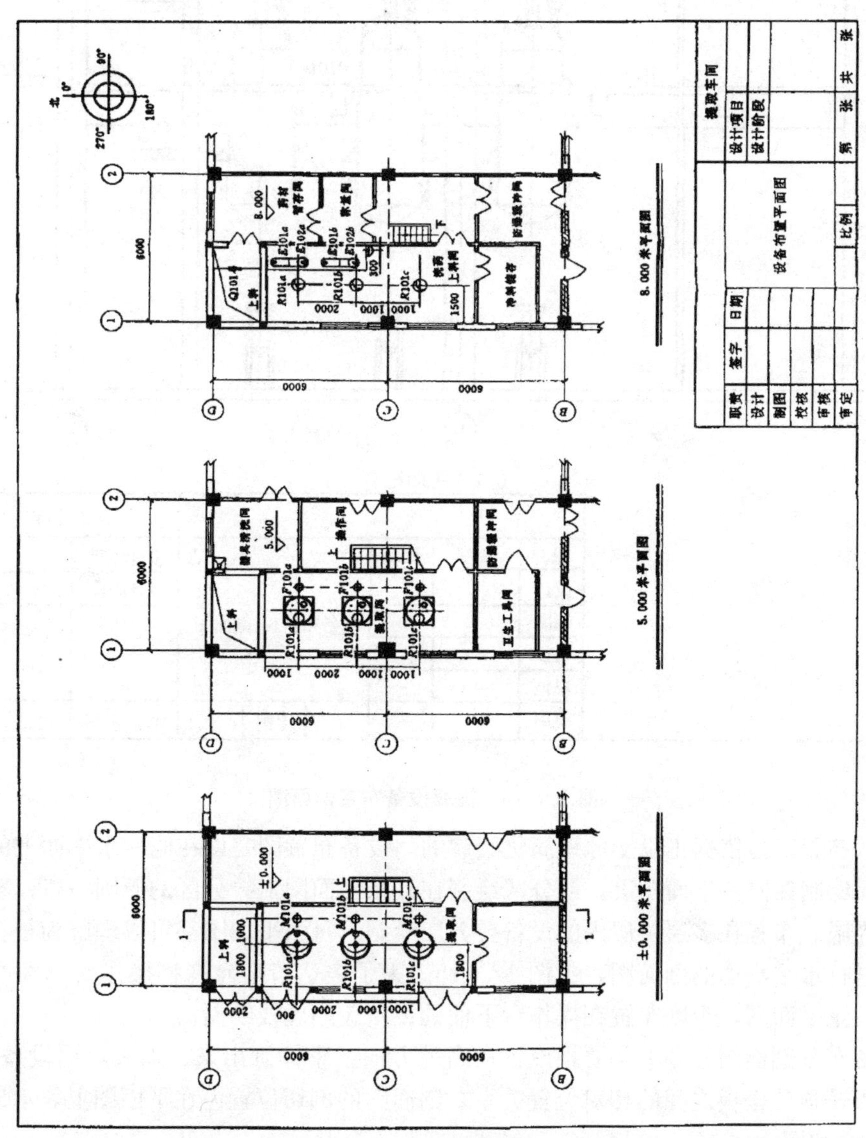

图 12－15　提取设备布置平面图

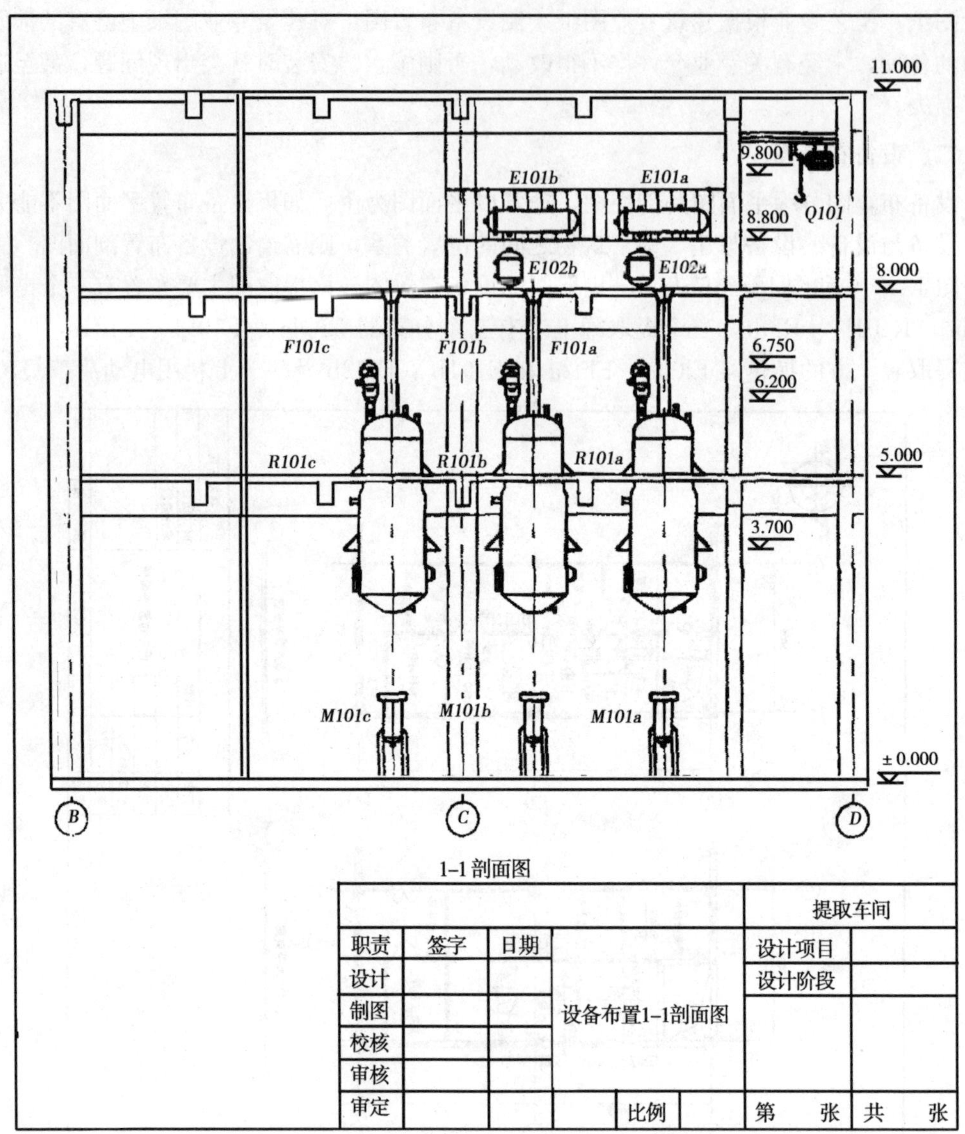

图 12－16　提取设备布置剖面图

设备布置图是依据正投影原理简化绘制的。设备布置图是以在同一水平面上的设备为一个单元绘制在同一平面图上，或分区绘制在几张平面图上。分区的原则一般以轴线、道路等为界限。布置在多层厂房内的设备要分层绘制，每张平面图都可以理解为是在上层楼板底面进行水平剖切的剖面图，见图 12－15。为了表达清晰允许将操作台下面的设备单独绘制一张平面图，否则布置在操作台下面的设备应用虚线绘制。

设备布置剖面图原则上是要把设备在高度方向上整体画出来，以表示出设备同地坪、穿越楼板及顶层楼板之间的相对位置关系。剖面图的剖切位置应在平面图上表示出来，见图 12－15 和图 12－16。

非定型设备画出其外形并有管口方位图或特征管口的方位角，同时要把设备附属的操作台、梯子和支架等画出来。动设备只画基础并表示出特征管口和驱动机的位置，但在立面图中动设备也要画出其简略外形及特征管口。

三、设备布置图的标注

设备布置图上的每台设备都应在该设备处标注其位号，同时还应标注设备的定位尺寸。

设备定位就是确定设备与建筑物、构筑物以及设备之间的相对位置关系。在平面图上，设备定位尺寸是以建筑物、构筑物的轴线或管架、管廊的柱中心线为基准对设备的基准线（面）之间的线性尺寸。设备基准线（面）的确定原则为：凡回转形设备或设备主体为回转形的设备以其中心线为基准；没有设备中心线的或只在一个方向有中心线的设备则以其物料出口的中心线或法兰面为基准；不具备以上条件的设备要寻找同设备定位、安装有决定性意义的平面为基准，见图 12－15。

设备布置图应在图纸的右上方绘制一个安装方位标，用作设备安装的方位基准一般采用北向的建筑轴线为零度方位基准，项目中所有管口方位图、管段方位图等均应以此为基准进行标注。安装方位标符号以粗实线画出两个直径分别为 14mm 与 8mm 的圆圈和水平、垂直两直线，并分别注以 0°、90°、180°、270° 等字样，见图 12－15。

设备标高是以地坪（一般为±0.000 米）、楼板等的标高为基准，对设备支承点、基础顶面和设备中心线标注的高度尺寸，见图 12－16。

四、管道布置图

管道布置图是施工图的重要组成部分，是在建筑、结构、自控、电器等与工艺配管有关的图纸和设备布置图完成后绘制的。管道布置设计既要满足工艺要求（如温度、压力、流量、耐腐蚀性等）又要使管道通畅、短捷、便于操作。

1. 管道的规定画法

管道布置图上的管道用粗实线表示。主要物料管道用粗实线单线绘制，其他管道用中粗实线单线绘制，直径大于 150mm 的管道或重要管道用中粗实线双线绘制。管道的规定符号见表 12－4 。

表 12－4　管路及附件的规定符号

名称		单线	双线	轴测	说明
管子	法兰连接	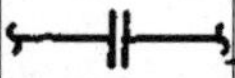	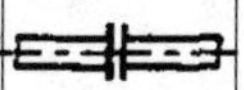	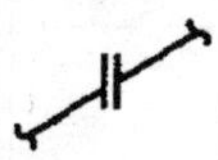	管子在图中只需画出一段时，在中断处画出断裂符号。 管子连接形式的画线如右图。
	承插连接	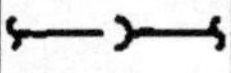		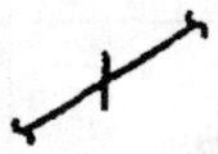	
	螺纹连接				
	焊接			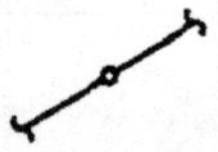	

（续表 1）

名称		单线	双线	轴测	说明
管子转折		向下		向上	管子在图中只需画出一段时，在中断处画出断裂符号。 管子连接形式的画线如右图。
	主视	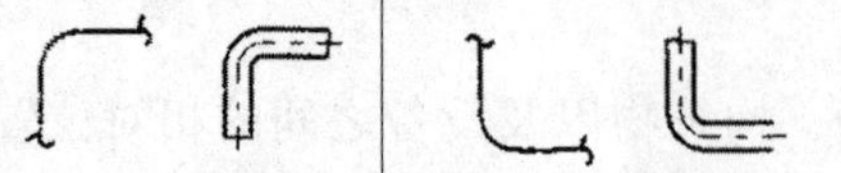			
	俯视			或 或 或	
	轴测	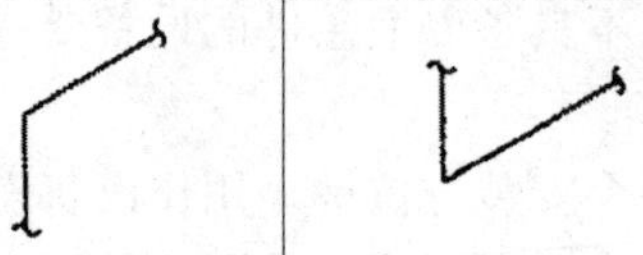			
管子交叉	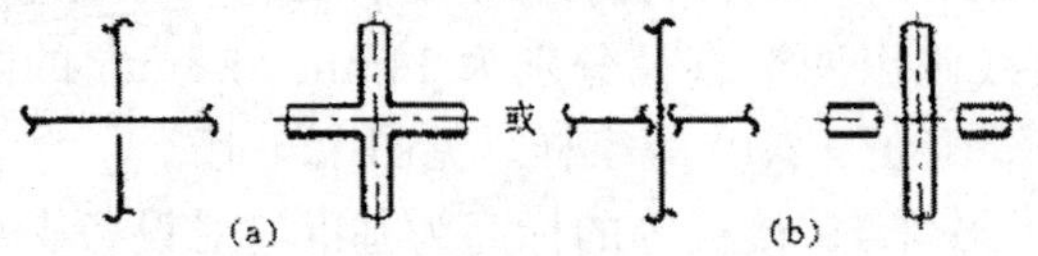	(a) 或 (b)			当管子交叉投影重合时，可把被遮住的管子投影断开，如（a）；也可将上面的管子的投影断裂表示，使可以看见下面的管子，如（b）。
管子重叠	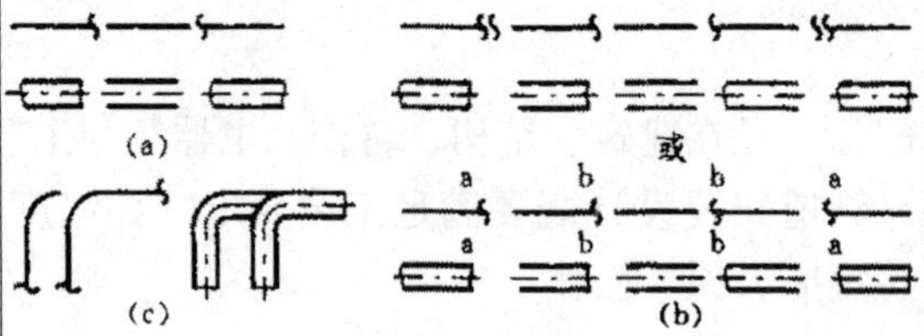	(a) (c) 或 a b b a a b b a (b)			管子投影重叠时，将上面（或前面）管子的投影断裂表示，下面的管子投影画至重影处稍留间隙断开，如（a）；多根管子投影重叠时，可将最上（或最前）的一条用“双重断裂”符号表示，也可以投影断开处注上 a、a、b、b 等字样，如（b），或分别注出管子代号。 管子转折后投影重叠时，将下面的管子画到重影处稍留间隔，如（c）。
三通	主视	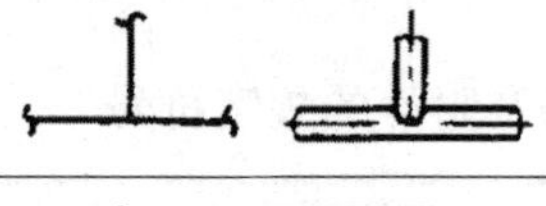			
	俯视	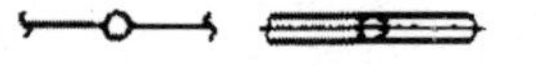			
	轴测	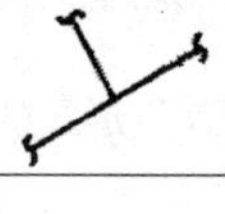			
四通	主视	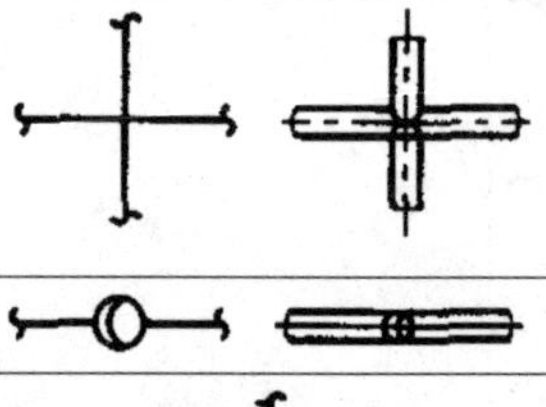			
	俯视				
	轴测	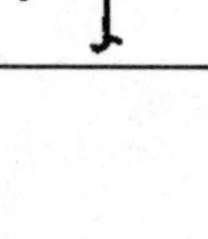			

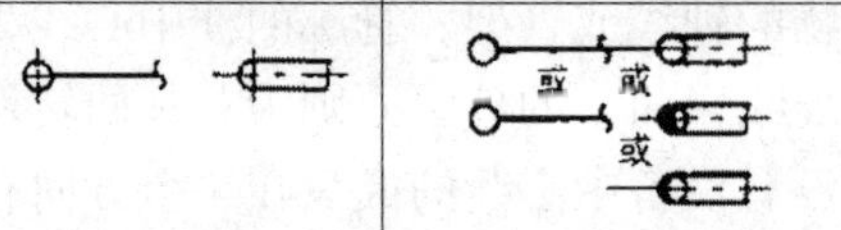

（续表 2）

名称		单线	双线	轴测	说明
异径管		同心		偏心	
	主视				
	轴测				
U 型弯头	主视				
	俯视				
	轴测				

2. 阀门、管件的规定画法

管道上除管子外，还有阀门、管道附件等。阀门的图形符号见表 11—3 。管道附件包括弯头、三通、法兰、异径管等，管道附件简称管件，其规定符号见表 12—5 。

3. 管架的规定画法

就管道铺设的总体而言，大体有三种方式：架空铺设、管沟铺设、埋地铺设。管架是在管道铺设中用来支承和固定管道的，管道布置图上管架是以规定的符号画在管道的具体支承位置上并进行标注，管架的规定符号见表 12—5。

为了便于安装、施工人员全面了解管架设置情况，需编制管架表，将有关内容填写在表中。有规定画法的管架在管架表中填写标准图号，没有规定画法的特殊管架则需画出管架图。

4. 管道布置图

管道布置图通常包括管道布置平面图、剖面图、管架图、管件图和轴测图等。

管道布置图一般以平面图为主，管道布置平面图又称管道安装图或配管图。对于多层楼房，各层平面图是假想将上层楼板揭去，将楼板以下的建（构）筑物、设备、管道等全部画出。若某层的管道上下重叠过多，一张平面图上不易表达清楚时，最好在此层中以不同的标高平面分别绘制。

当管道布置在平面图上不能全面表达管道的走向和分布时，需用剖面图或向视图补充表示。所有管道要逐一进行标注。除要标注管道的定位尺寸外，其余与管道及仪表流程图的标注方法相同。

管道的定位尺寸确定管道在空间的位置。在平面图上要确定管道中心线同建（构）筑物轴线、设备中心线、设备管口中心线之间的距离；在剖面图中要确定管道中心线同水平基准面之间的距离，即标高。一般以室内（外）地坪、楼板面等为水平基准面。

管道附件以及焊点位置等都要按实际位置和实际距离按比例以简图的方式画出。

表 12—5 管件的规定符号（摘自 GB / T 6567.3—1986）

1 管接头

	名称	符号		名称		符号
1.1	弯头(管)		1.6	内外螺纹接头		
1.2	三通		1.7	同心异径管接头		
1.3	四通		1.8	偏心异径管接头	同底	
					同顶	
1.4	活接头		1.9	双承插管接头		
1.5	外接头		1.10	快换接头		

说明:符号是以螺纹连接为例,如法兰、承插和焊接连接形式,可按规定的图形符号组合派生。

2 管帽及其他　　3 伸缩器

	名称	符号		名称	符号
2.1	螺纹管帽		3.1	波形伸缩器	
2.2	堵头		3.2	套筒伸缩器	
2.3	法兰盖		3.3	短形伸缩器	
2.4	盲板		3.4	弧形伸缩器	
2.5	管间盲板		3.5	球形铰接器	

4 管架

	名称	符　号				
		一般形式	支(托)架	吊架	弹性支(托)架	弹性吊架
4.1	固定管架					
4.2	活动管架					
4.3	导向管架					

第十三章　计算机绘图基础

第一节　计算机绘图概述

计算机绘图是把数字化的图形信息输入计算机，进行存贮和处理后控制图形输出设备实现显示或绘制各种图形。计算机绘图是计算机辅助设计的重要组成部分。计算机绘图从20世纪70年代开始发展起来，现在已经进入普及化与实用化的阶段。

由于计算机绘图具有绘图速度快，精度高；便于产品信息的保存和修改；设计过程直观，便于人机对话；缩短设计周期，减轻劳动强度等优点，已广泛应用于各行各业中。因此，工科大学生掌握计算机绘图知识是非常必要的。

计算机绘图系统主要由硬件设备和软件系统组成。其硬件设备主要包括主机、输入设备和输出设备。主机一般使用Intel Pentium系列处理器或同级别的兼容芯片微型计算机，其内存容量在64MB以上。常见的输入设备包括键盘、鼠标和图形输入板。输出设备包括显示器、绘图机和绘图打印机。绘图机是最常用的图形输出设备，一般按其工作方式分为平台式和滚筒式两种。图形打印机也是一种图形输出设备，目前使用喷墨打印机或激光打印机便可以输出高质量的图形。

计算机绘图软件系统的主要功能是使计算机能够进行编辑、编译、计算和实现图形输出的信息加工处理系统，一般包括系统软件、数据库、绘图语言、子程序库等。近年来，由于微型计算机在设计和制造领域中的广泛应用，各种国外通用绘图软件纷纷被引进，国产的绘图软件也应运而生。通用绘图软件是指能直接提供给用户使用，并能以此为基础进一步进行用户应用开发的商品化软件。

绘图软件主要有以下种类：

·图形软件包　它们为用户提供了一套能绘制直线、圆、字符等各种用途的图形子程序，可以在规定的某种高级语言中调用。它们的代表有PLOT－10，CALCOMP等绘图软件。

·基本图形资源软件　它们是根据图形标准或规范推出的供应程序调用的底层图形子程序包或函数库，属于能被用户利用的基本图形资源。它们的代表有GKS和PHIGS等标准软件包。

·交互图形软件　这类软件主要用来解决各种二维、三维图形的绘制问题，具有很强的人机交互作图功能，是当前微机系统上使用最广泛的通用绘图软件。目前市场上的交互绘图软件较多，例如国产系统有清华同方的OpenCAD和MDS2000，华中科技大学的开目CAD和CADtool，北航海尔的CAXA等；国外系统有Autodesk公司的AutoCAD，Micro Control System公司CADKEY，Unigraphics Solutiongs公司的Solid Edge等。

在这些软件中，Autodesk公司的AutoCAD较为普及，本书主要介绍AutoCAD软件包的应用。

第二节 AutoCAD 简介

一、概述

AutoCAD 绘图软件是 Autodesk 公司研制并推出的适用于微型计算机的二、三维交互式绘图软件。该软件自 1982 年问世以来，至今已相继推出 16 个版本，被翻译成 18 种语言。目前最新版本为 AutoCAD 2020。

AutoCAD 是一个通用绘图软件，有极强的二维、三维绘图功能和图形编辑功能，因此应用范围极广。其操作方便、容易掌握，只要输入命令，回答屏幕上的提示，提供数据，便能迅速、准确地绘出所需图形或对图形进行修改。同时提供了多种型号输入输出设备接口，便于普及和推广，而且具有较好的系统开放性，为用户结合专业进行二次开发提供了多种手段。由于 AutoCAD 具有诸多优点，因而该软件引入我国以来，备受用户青睐，在机械、土木建筑、电子、汽车、造船、服装、艺术等行业和领域中获得了广泛的应用，并开发出了各种有实用价值的应用软件。

AutoCAD 绘图软件的主要功能有：

①高级用户界面 AutoCAD 提供了菜单条、下拉式菜单、图标菜单和对话框。

②基本绘图功能 AutoCAD 提供了绘制点、直线、圆、椭圆、折线、正多边形、加宽线以及写字符、处理图块、图形和区域填充等功能。

③图形编辑功能 AutoCAD 具有很强的图形编辑功能，可以对图形进行删除、修改、平移、缩放、镜像、复制、旋转、修剪、阵列、倒角、倒圆角等操作。

④三维功能 AutoCAD 提供了绘制真三维图形功能，并能对图形进行消隐、编辑和拟合。

⑤输入输出及显示功能 AutoCAD 可以用键盘、菜单、鼠标器和数字化仪等多种方式输入各种信息，进行交互式操作。系统提供了多种方法来显示图形，可以缩放、扫视图形，还可以实现多视窗控制，将屏幕分为 4 个窗口，独立进行各种显示。如图形需要“硬拷贝”，可以通过绘图机或打印机输出精确的图形。

⑥用户编程语言 AutoCAD 在内部嵌入了扩展的 AutoLISP 编程语言，为软件增强了运算能力，同时给用户提供了二次开发的工具。

⑦与高级语言连接 AutoCAD 提供图形交换文件（. DXF）和命令组文件（. SCR）等，实现与其他高级语言之间信息传递。

⑧其他功能 AutoCAD 还提供了标注尺寸、图案填充、图形查询、绘图工具、属性应用、幻灯片文件等功能。

本书以 AutoCAD 2020 中文版为例介绍其应用。

二、基本知识

1. 概念和术语

· 图形文件　一种描述图形信息的文件。AutoCAD 使用这种图形文件在存储介质上保存相应图形，其扩展名为 DWG。用 AutoCAD 2020 生成的 DWG 图形文件与用 AutoCAD 2000 生成的 DWG 图形文件的格式完全兼容。

• 标准文件　AutoCAD 2020 可以制定针对某些用户的一套 CAD 制图标准，这些标准为所有的 AutoCAD 文档规定了统一的图层结构、线型、文本样式、尺寸样式，存贮这些标准的规定的文件称为标准文件，其后缀为. DWS。

• 通用坐标系　AutoCAD 使用笛卡儿坐标系统来确定图中点的位置。X 轴方向水平向右，Y 轴方向垂直向上，以屏幕的左下角为原点。图中任意一点均用（x，y）形式进行定位。通用坐标系简称 WCS。

• 用户坐标系　AutoCAD 使用的通用坐标系是固定不变的，但用户可在通用坐标系内定义一种任意的坐标系统，其原点可在通用坐标系内任意一点的位置上，并且可以以任意角度转动或倾斜其坐标轴，这种能适应用户作图需要而定义的坐标系称为用户坐标系（简称 UCS）。

• 图形单位 图形中两坐标点间的距离用图形单位来度量。度量单位由用户按需要确定，可以是米、毫米，也可以是英尺、英寸。为绘图方便，通常把图形单位定义为毫米。

• 窗口 是在通用坐标系中定义的确定显示范围的一个矩形区域，只有在这个区域内的图形，才能被重新放大显示，而窗口外的部分则被裁剪掉。

2. 符号的约定

在介绍 AutoCAD 的功能和命令格式时常用到键盘上某些键和符号。下面对某些键或符号作如下约定：

• 空格键和回车键用来表示从键盘输入命令、选择项和数据字段的结束，但在输入文本字符时空格键作为字符，结束文本字符输入必须用回车键。在命令行不输入任何字符，直接按回车或空格键可以重复刚才执行过的命令。本文用“↙”表示回车。

• F1 键用来调用帮助系统。

• F2 键用来打开和关闭文本屏幕。

• ESC 键用来终止正在进行的操作命令。

• 尖括号“＜＞”内的内容一般为缺省值或当前值，对提示用回车响应表示采用缺省值。

• 在命令对话中，下划线“——”表示用户输入的部分。

3. 数值输入方法

• 点的指定　在大多数的绘图与编辑命令中都需要指定点。点的指定方法有：使用指点设备（如鼠标）指定；直接输入 X、Y 坐标值并回车指定，X、Y 坐标值以西文逗号分开，如 35，28；使用极坐标指定，如 100＜45 表示与当前坐标原点相距 100 个单位、和原点连线与 X 正方向夹角为 45 度的点；使用相对坐标指定，如@110，65 表示与前面一点 X 方向相距 110 单位、Y 方向相距 65 单位的点；使用相对极坐标指定，如@45＜60 表示与前一点相距 45 个单位、和前一点的连线与 X 正方向夹角为 60 度的点；使用对象特征点捕捉功能指定，可以搜索图中已有图形的端点、中点、圆心、交点等特征点。

• 长度的指定　长度的指定方法有：直接输入数值；指定两点，AutoCAD 会自动计算两点之间的距离作为输入值。

• 角度的指定　角度的指定方法有：直接输入数值；指定两点，AutoCAD 会自动计算两点连线与 X 轴正方向的夹角作为输入值。

三、AutoCAD 的窗口

1. 启动与退出

系统安装 AutoCAD 2020 中文版后，可以在“开始”→“程序”中启动，也可在桌面上通过双击快捷方式图标来启动。

在启动时会出现“AutoCAD 2020 今日”窗口，如图 13－1。此窗口基于 HTML 语言，嵌入了 WWW 浏览器，通过此窗口可以管理用户的图形资源，可以方便的调用零件库资源，还可以通过全新的广告牌功能，向设计小组的其他成员发布信息公告，促进设计人员之间的相互交流。

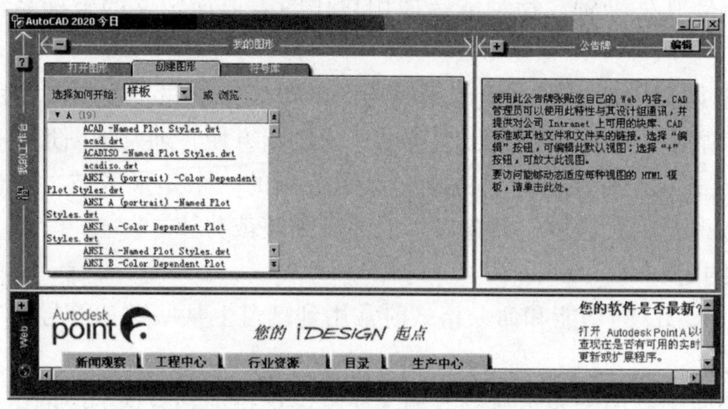

图 13－1　AutoCAD 2020 今日窗口

在绘图编辑过程中，可以使用“文件”菜单中的“保存”命令、“标准”工具栏上的“”按钮或在命令行（命令:）上输入 SAVE 命令将当前图形保存为 AutoCAD 的图形文件。

退出 AutoCAD 2020 时，可以使用“文件”菜单中的“退出”命令，也可以使用命令行命令 Quit。

2. 窗口布局介绍

如图 13－2 是 AutoCAD 2020 启动后的窗口布局，其中各栏目的介绍如下：

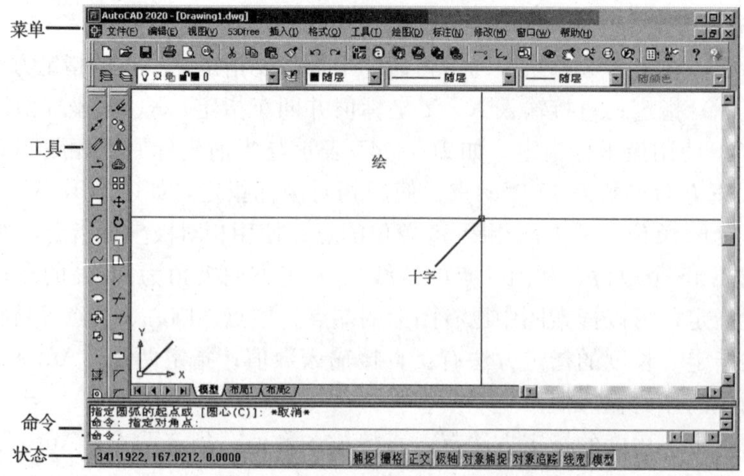

图 13－2　AutoCAD 的窗口布局

· 菜单栏 由菜单文件（.mnu）定义，用户可以修改或设计自己的菜单文件，此外，安装第三方应用程序可能会使菜单或菜单命令增加。默认的菜单文件为 acad.mnu。

· 工具栏 工具栏中包括了常用的命令。默认情况下，AutoCAD 环境中只显示“标准”、“对象特性”、“绘图”和“修改”四个工具栏。使用过程中可以增加或减少工具栏、改变工具栏的位置。可以使用“视图”菜单中的“工具栏”命令来管理工具栏。

· 绘图区 用来显示、绘制、修改图形。根据窗口大小和显示的其他组件（例如工具栏和对话框）数目，绘图区域的大小将有所不同。

· 十字光标 用来在绘图区域中标识拾取点和绘图点。十字光标由定点设备（如鼠标）控制。可以使用光标定点、选择和绘制对象。在不同的状态下，光标可能会变为其他形状。

· 用户坐标系图标 显示图形的 X、Y、Z 轴坐标方向。

· 选项卡 用来在模型（图形）空间和布局（图纸）空间来回切换。一般情况下，先在模型空间创建设计，然后创建布局来绘制或打印布局空间中的图形。

· 命令窗口 使用输入命令并显示命令提示和信息。即使是从菜单和工具栏中选择命令，AutoCAD 也会在命令窗口显示命令提示和命令记录。可以拖动命令窗口与绘图区的分隔线来调节命令窗口的大小。

· 状态栏 状态栏的左下角显示光标当前位置的坐标。状态栏还包含一些按钮，使用这些按钮可以打开常用的绘图辅助工具。这些工具包括“捕捉”（捕捉模式）、“栅格”（图形栅格）、“正交”（正交模式）、“极轴”（极轴追踪）、“对象捕捉”（对象捕捉）、“对象追踪”（对象捕捉追踪）、“线宽”（线宽显示）和“模型”（模型空间和图纸空间切换）。

四、AutoCAD 的图层

1. 图层的基本概念

图层（LAYER）是 AutoCAD 的一大特色。图层本身是不可见的，可以将其理解为透明薄膜。图形的不同部分可以画在不同的透明薄膜上，最终将这些透明薄膜叠加在一起就形成一幅完整的图形。

例如一张简单的机械图，可把轮廓线放在一个图层上画出，设定颜色是白色（WHITE），线型为实线（CONTINUOUS），线宽为 0.7mm；又把中心线放在某一图层上，设定颜色为绿色（GREEN），线型为中心线（CENTER），线宽为 0.25mm；把尺寸标注放在某一图层上，设定颜色是蓝色（BLUE），线型为实线（CONTINUOUS），线宽为0.25mm；……这样不同类型的图线放在不同的图层上，绘图时切换到相应图层即可开始绘图，无需在每次绘制中心线时去设置线型、线宽和颜色。

当开始绘新图时，用户只有一个名字叫做 0 的图层，该图层不能删除或更名，它含有与图形块有关的一些特殊变量。一幅图的层数没有限制，每一图层可以容纳的图元数目也没有限制。

2. 图层的操作

图层特性管理器的打开可以采用如下方法：

菜　单：［格式］→［图层］

工具栏：

命令行：LAYER

图层特性管理器如图 13－3。其主要功能是创建新图层，指定图层颜色、线型、线宽和打印样式，改变当前层，删除图层，设定图层打开或关闭、冻结或解冻、锁定或解锁，过滤图层等。

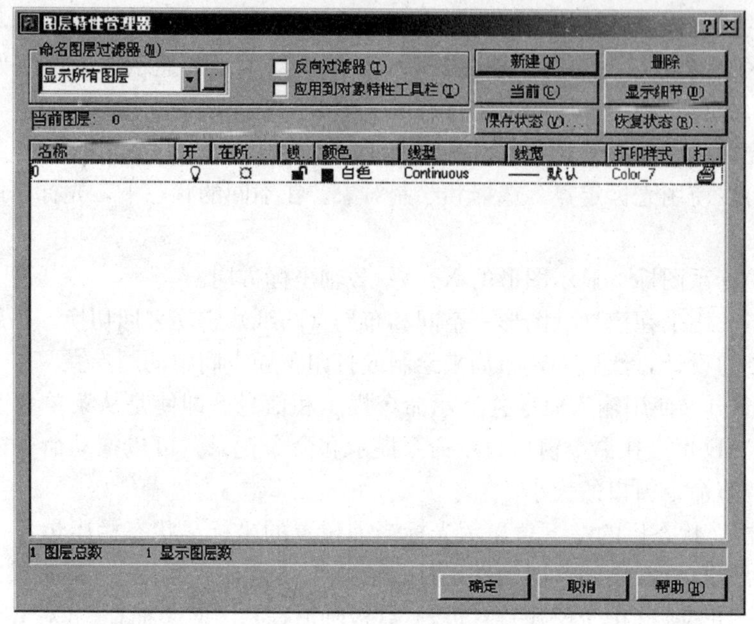

图 13－3　图层特性管理器

3. 图层转换器

图层转换器是专门针对图层结构的 CAD 标准转换工具。图层转换器的打开可以采用如下方法：

菜　单：［工具］→［CAD 标准］→［图层转换器］

工具栏：

命令行：LAYTRANS

图层转换器如图 13－4。其主要功能是转换当前图形文件中的图层名称和层属性，使其与其他图形文件或 DWS 标准文件规定的图层结构一致。其中："转换自"选项组显示图层转换之前当前图形中的图层列表；"转换为"选项组显示标准的图层列表；"图层转换映射"选项组显示已经转换完成的图层列表。转换图层时，在"转换自"选项组选中要转换的图层，在"转换为"选项组选中作为转换目标的标准图层，单击"映射"按钮完成转换。若需要转换的图层与标准图层具有相同名称，可以单击"映射相同"按钮完成同名图层之间的转换。

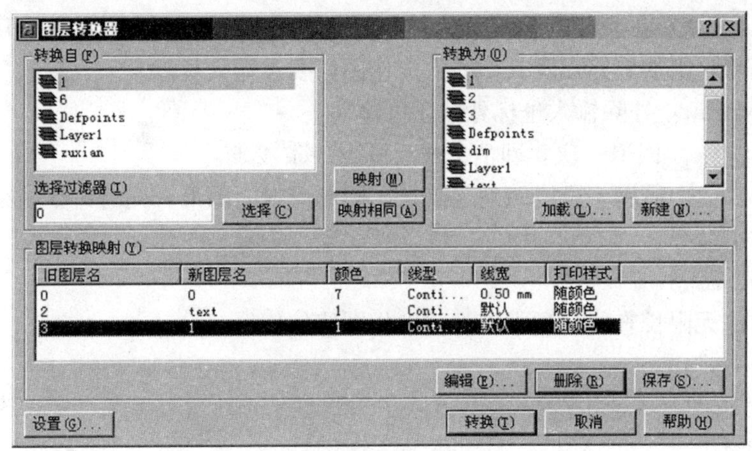

图 13－4　图层转换器

第三节　AutoCAD 二维绘图命令

一、基本图元绘制命令

1. POINT 命令

功能：创建点。

命令打开方式：

菜　单：[绘图] → [点]

工具栏：

命令行：POINT

说明：

系统变量 PDMODE 和 PDSIZE 控制点对象的外观。PDMODE 的值 0、2、3 和 4 将指定一种表示点的图形，如果选择 1，将不显示任何图形。将 PDMODE 值上加 32、64 或 96，还可以选择在点的周围绘制图形。PDSIZE 将控制点图形的大小，PDMODE 系统变量为 0 和 1 时除外。PDSIZE 设置为 0，将按绘图区域高度的百分之五生成的点对象。正的 PDSIZE 值指定点图形的绝对尺寸。负值将解释为视口尺寸的百分比。重新生成图形时将重新计算所有点的尺寸。

2. LINE 命令

功能：创建两个指定坐标点之间的直线。

命令打开方式：

菜　单：[绘图] → [直线]

工具栏：

命令行：LINE

说明：

① 最初由两点决定一直线，若继续输入第三点，则画出第二条直线，依此类推。

② 坐标输入时可用光标指点输入坐标，或用绝对坐标和相对坐标直接输入。

③ 在 From Point：直接打回车表示：若上次作出的是线，则从其终点开始绘图；若最后作出的是弧，则从其终点及其切线方向作图，要求输入长度。

④ 在 To Point：处除输入坐标外，还可输入：

U（Undo）——回退一次，即消去最后画的一条线。

C（Close）——最后一段线回到起始点，即形成封闭图形，同时命令结束。

↙——结束命令。

3. XLINE 命令

功能：创建无限长直线，通常作为辅助作图线使用。

命令打开方式：

菜 单：[绘图] → [构造线]

工具栏：

命令行：XLINE

选项：

① 指定点：用无限长直线所通过的两点定义构造线的位置。

② 水平：创建一条通过选定点的水平参照线。

③ 垂直：创建一条通过选定点的垂直参照线。

④ 角度：以指定的角度创建一条参照线。

⑤ 二等分：创建一条参照线，它经过选定的角顶点，并且将选定的两条线之间的夹角平分。

⑥偏移：创建平行于已知参照线的参照线。

4. MLINE 命令

功能：创建多重平行线。

命令打开方式：

菜 单：[绘图] → [多线]

工具栏：

命令行：MLINE

选项：

① 指定起点：指定多线的第一个顶点。

② 对正：在指定的点之间绘制多线。

③ 比例：控制多线的全局宽度。这个比例不影响线型的比例。

④ 样式：指定多线的样式。

说明：使用 MLEDIT 命令来编辑多线：MLSTYLE 命令创建、加载和设置多线样式。系统变量 CMLJUST 存储当前多线的对正设置；CMLSCALE 存储当前多线的缩放比例；CMLSTYLE 存储当前多线的样式名称。

5. PLINE 命令

功能：创建二维多段线（以前称为多义线），多段线由直线和弧组成，它有一系列附加特性，如线的宽度可以变化（等宽度或锥度）。

命令打开方式：

菜　单：［绘图］→［多段线］

工具栏：

命令行：PLINE

选项：

① 下一点：绘制一条直线段。

② 圆弧：将弧线段添加到多段线中。

③ 闭合：在当前位置到多段线起点之间绘制一条直线段以闭合多段线。

④ 半宽：指定宽多段线线段的中心到其一边的宽度。

⑤ 长度：以前一线段相同的角度并按指定长度绘制直线段。如果前一线段为圆弧，将绘制一条直线段与弧线段相切。

⑥ 放弃：删除最近一次添加到多段线上的直线段。

⑦ 宽度：指定下一条直线段的宽度。

6. CIRCLE 命令

功能：创建圆。

命令打开方式：

菜　单：［绘图］→［圆］

工具栏：

命令行：CIRCLE

选项：

① 圆心：基于圆心和直径（或半径）绘制圆。

② 三点：基于圆周上的三点绘制圆。

③ 两点：基于圆直径上的两个端点绘制圆。

④ 相切、相切、半径（TTR）：基于指定半径和两个相切对象绘制圆。有不止一个圆符合命令中所给条件时，绘制出切点与选定点最近的圆。

7. RECTANG 命令

功能：创建矩形多段线。

命令打开方式：

菜　单：［绘图］→［矩形］

工具栏：

命令行：RECTANG

选项：

① 第一个角点：两个指定的点决定矩形对角点的位置，边平行于当前用户坐标系的 X 和 Y 轴。

② 倒角：设置矩形的倒角距离，以后执行 RECTANG 命令时将使用此值为当前倒角距离，下同。

③ 标高：指定矩形的标高。

④ 圆角：指定矩形的圆角半径。

⑤ 厚度：指定矩形的厚度。

⑥ 宽度：为要绘制的矩形指定多段线的宽度。

8. ARC 命令

功能：创建圆弧。

命令打开方式：

菜　单：[绘图] → [圆弧]

工具栏：

命令行：ARC

圆弧画法：

① 三点画圆弧。

② 起点、圆心、终点；起点、圆心、角度；起点、圆心、弦长画圆弧。

③ 圆心、起点、终点；圆心、起点、角度；圆心、起点、弦长画圆弧。

④ 起点、终点、角度；起点、终点、方向；起点、终点、半径画圆弧。

说明：

① 缺省状态时，以逆时针画圆弧。若所画圆弧不符合需要，可以将起始点及终点倒换次序后再画。

② 如果用回车键回答第一提问，则以上次所画线或圆弧的终点及方向作为本次所画弧的起点及起始方向。这种方法特别适用于与上次线或圆弧相切的情况。

9. ELLIPSE 命令

功能：创建椭圆。

命令打开方式：

菜　单：[绘图] → [椭圆]

工具栏：

命令行：ELLIPSE

选项：

① 椭圆轴的端点：根据两个端点定义椭圆的第一条轴。第一条轴的角度确定了整个椭圆的角度。第一条轴既可定义长轴也可定义短轴。

② 圆弧：创建一段椭圆弧。先创建椭圆，然后输入起始和终止角度确定椭圆弧。

③ 中心点：通过指定的中心点来创建椭圆。

④ 等轴测圆：在当前等轴测绘图平面绘制一个等轴测圆。本选项只有在 SNAP 置为“等轴测捕捉”时才可用。

10. POLYGON 命令

功能：创建正多边形。

命令打开方式：

菜 单：[绘图] → [正多边形]

工具栏：

命令行：POLYGON

选项：

① 正多边形中心：先定义正多边形中心点，然后输入内切圆或外接圆选项和半径画

出正多边形。

② 边：通过指定第一条边的端点来定义正多边形。

二、文本书写

1. STYLE 命令

功能：创建或修改已命名的文字样式以及设置图形中文字的当前样式。

命令打开方式：

菜　单：[格式] → [文字样式]

命令行：STYLE

选项：

输入命令后 AutoCAD 显示文字样式对话框，如图 13－5。

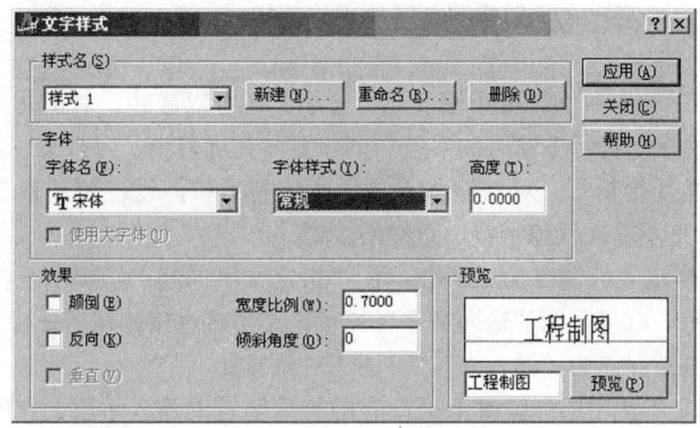

图 13－5 文字样式对话框

① 样式名：列表中包括已定义的样式名并默认显示当前样式。为改变当前样式，可以从列表中选择另一个样式，或者选择“新建”来创建新样式。选择“新建”显示“新建文字样式”对话框并为当前设置自动提供名称“样式 n”（此处 n 为所提供样式的编号）。选择“重命名”显示“重命名文字样式”对话框，输入新名称并选择“确定”后，就重命名了方框中所列出的样式。选择“删除”则删除当前文字样式。

② 字体：修改样式的字体。

其中：“字体名”列出注册的 TrueType 所有字体和 AutoCAD Fonts 目录下 AutoCAD 已编译的所有形（SHX）字体的字体族名；“字体样式”指定字体格式，比如斜体、粗体或者常规字体；“高度”根据输入的值设置文字高度。如果输入 0.0，每次用该样式输入文字时，AutoCAD 都提示输入文字高度，如果输入值大于 0.0，则为该样式设置文字高度；“使用大字体”指定亚洲语言的大字体文件。只有在“字体名”中指定 SHX 文件，才可以使用“大字体”。

③ 效果：修改字体的特性。

其中：“颠倒”是倒置显示字符；“反向”是反向显示字符；“垂直”是垂直对齐显示字符；“宽度比例”是设置字符宽度比例，输入值如果小于 1.0 将压缩文字宽度；“倾斜角度”是设置文字的倾斜角度，输入在－85 到 85 之间的一个值，使文字倾斜。

2. TEXT 命令

功能：创建单行文字。

命令打开方式：

菜　单：[格式] → [文字] → [单行文字]

命令行：TEXT

选项：

① 起点：指定文字对象的起点。

② 对正：控制文字的对正样式。其中："对齐"是通过指定基线端点来指定文字的高度和方向；"调整"是指定文字按由两点和高度定义的方向，布满指定的区域，只适用于水平方向的文字；"中心"是从基线的水平中点到齐文字，此基线是由用户给出的点指定的；其他对齐方式指定方法与"中心"方式相似，这里不一一举出。

③ 样式：指定文字样式。创建的文字使用当前样式。

说明：

① 使用 TEXT 命令可在图形中输入几行文字，还可以旋转、对正文字和调整文字的大小。在"输入文字"提示下输入的字符会同步显示在屏幕中。每行文字是一个独立的对象。要结束一行并开始新行，可在输入最后一个字符后按↙键。要结束文字输入，可在"输入文字"提示下不输入任何字符，直接按↙键。

② 如果上一次输入的命令为 TEXT，在"指定文字的起点"提示下按↙键将跳过高度和旋转角的提示，直接显示"输入文字"提示。文字将直接放在上一行文字的下方。该提示下指定的点也被存储为"插入点"，可用于对象捕捉。

③ 系统提供一些常用的但键盘上又没有的特殊字符的输入手段，它的输入方式靠两个百分号"%%"加以控制，具体格式如下：

%%d—绘制度符号，即"°"

%%p—绘制误差允许符号，即"±"

%%c—绘制直径符号，即"Φ"

%%%—绘制百分号，即"%"。

3. MTEXT 命令

功能：创建段落文字。

命令打开方式：

菜　单：[格式] → [文字] → [多行文字]

工具栏：A

命令行：MTEXT

说明：

① 指定对角点后，显示多行文字编辑器。在"多行文字编辑器"中可以输入文本内容，也可以指定文本和段落的属性。

② 多行文字对象的宽度如果用定点设备来指定点，那么宽度为起点与指定点之间的距离。如果指定的宽度为零，就会关闭文字换行，多行文字对象全部出现在一行上。

三、图案填充

功能：使用指定图案填充封闭区域。

命令打开方式：

菜　单：[绘图] → [图案填充]

工具栏：

命令行：BHATCH

选项：

输入命令后显示“边界图案填充”对话框，如图13—6。

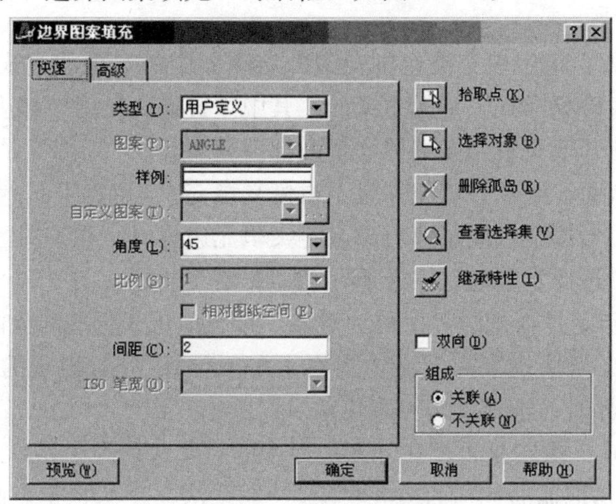

图13—6　边界图案填充对话框

可以使用“快速”选项卡处理填充图案并快速创建一个填充图案。可以使用“高级”选项卡定制创建及填充边界的方式。

“快速”选项卡中：

① 类型：设置图案类型。其中：“预定义”是指定一个预定义的AutoCAD图案，这些图案存储在acad.pat和acadiso.pat文件中，可以控制任何预定义图案的角度和缩放比例，对于预定义的ISO图案，还可以控制ISO笔宽；“用户定义”是基于图形的当前线型创建直线图案，可以控制用户定义图案中的角度和直线间距；“自定义”是指定自定义PAT文件中的一个图案，可以控制任何自定义图案中的角度和缩放比例。

② 图案：列表显示可用的预定义图案，六个最常用的用户预定义图案将出现在列表顶部。只有在“类型”中选择了“预定义”，此选项才可用。双击[…]按钮将显示“填充图案调色板”对话框，从中可以同时查看所有预定义图案的预览图像，有助于用户作出选择。

③ 样例：显示选定图案的预算图像。单击“样例”则显示“填充图案调色板”对话框。

④ 自定义图案：列表显示可用的自定义图案，六个最常用的自定义图案将出现在列表顶部。只有在“类型”中选择了“自定义”，此选项才可用。双击[…]按钮将显示“填充图案调色板”对话框。

⑤ 角度：指定填充图案的角度（相对当前UCS坐标系的X轴）。

⑥ 比例：放大或缩小预定义或自定义填充图案。只有在“类型”中选择了“预定义”或“自定义”，此选项才可用。

⑦ 相对图纸空间：相对图纸空间单位缩放填充图案。使用该选项，很容易就可以做到以适合于布局的比例显示填充图案。该选项仅适用于布局。

⑧ 间距：指定用户定义填充图案中的直线间距。只有在“类型”中选择了“用户定义”，此选项才可用。

⑨ ISO 笔宽：基于选定笔宽按比例缩放 ISO 预定义图案。只有在“类型”中选择了“预定义”，并将“图案”设置为可用的 ISO 图案的一种，此选项才可用。

“高级”选项卡中：

① 孤岛检测样式：指定填充被包围在最外层边界中的对象的方式。如果不存在内部边界，则指定“孤岛检测样式”是无意义的。其中“普通”是由外部边界向里填充。如果碰到内部截面，则断开填充直到碰到另一个内部截面为止。“外部”是由外部边界向里填充。如果碰到内部截面，则断开填充并且不再恢复填充。“忽略”是忽略所有内部对象并让填充线穿过它们。当指定点或选择对象来定义填充边界时，在绘图区域单击右键，然后就可以从快捷菜单中选择“普通”、“外部”和“忽略”选项。

② 对象类型：指定是否把边界保留为对象，以及应用于那些对象的对象类型。

③ 边界集：定义当从指定点定义边界时，AutoCAD 分解出来的对象集合。当使用“选择对象”定义边界时，选定的边界集无效。

④ 孤岛检测方式：指定是否把在外部边界中的对象包括为边界对象。

其中：“填充”是把孤岛包括为边界对象。“射线法”是从指定点画线到最近的对象，然后按逆时针方向描绘边界，这样就把孤岛排除在边界对象之外了。

其他选项还有：

① 拾取点：根据构成封闭区域的现有对象确定边界。

② 选择对象：选择要填充的特定对象。

③ 双向：对于用户定义填充图案，选择此选项将绘制第二组直线，这些直线相对于初始直线成 90 度，从而构成交叉填充。

④ 组成：控制图案填充是否关联。其中：“关联”是指创建关联图案填充。如果图案填充的边界被修改了，则该图案填充也被更新。“不关联”是指创建不关联的图案填充，即图案填充独立于它的边界。

说明：

① 如果在命令提示下输入－bhatch 命令，AutoCAD 将在命令行显示提示，以命令行方式进行图案填充操作。

② BHATCH 命令首先从封闭区域的一个指定点开始，计算一个面域或多段线边界，或者使用选定对象作为边界，从而定义要填充区域的边界，然后使用图案或填充颜色填充这些边界。

③ 绝大多数几何图形的组合都可以使用图案填充，因此，编辑填充的几何图形可能会产生预料不到的效果。如果是这样，则需要删除填充对象，然后重新填充。

④ 如果使用的是预定义的实体填充图案，其边界必须是封闭的，同时不能与其自身相交。另外，如果图案区域包含多个环，这些环也不能相交。这些限制对标准图案填充不起作用。

⑤ 用“外部”和“忽略”填充凹入的曲面会导致填充冲突。

第四节　AutoCAD 辅助绘图功能

一、对象特征点捕捉

在绘图命令运行期间，可以用光标捕捉对象上的几何点，如端点、中点、圆心和交点。捕捉点的步骤如下：

1. 启动需要指定点的命令（例如，LINE、CIRCLE）。

2. 当命令提示指定点时，使用以下方法之一选择一种对象捕捉：

① 单击“标准”工具栏的“对象捕捉”弹出框中的一个工具栏按钮，或者单击“对象捕捉”工具栏中的一个按钮。

② 按住 SHIFT 键并在绘图区域中单击右键，从快捷菜单中选择一种对象捕捉方式。

③ 在命令行中输入一种对象捕捉的缩写（前三个大写字母）。

3. 将光标移动到捕捉位置上，然后单击定点设备（如鼠标）。

常用的捕捉对象有：ENDpoint（端点）、MIDpoint（中点）、INTersection（交点）、APParent intersect（外观交点）、CENter（圆心）、QUAdrant（象限点）、NODe（节点）、INSert（插入点）、PERpendicular（垂足）、PARallel（平行）、TANgent（切点）、NEArest（最近点）、NONe（无）、EXTension（延伸）等。

二、辅助绘图命令

1. OSNAP 命令

功能：打开或关闭自动对象特征点捕捉。

命令打开方式：

菜　单：[工具] → [草图设置] → [对象捕捉]

状态栏：对象捕捉

命令行：OSNAP

说明：

① 如果自动捕捉模式打开，每当正在执行的命令需要指定点时，AutoCAD 会自动捕捉指定模式的特征点，而不必输入模式的缩写字母。

② 捕捉对话框中可以同时选择多个特征点类型。

2. GRID 命令

功能：控制是否在当前视口中显示栅格，以及栅格的间距。

命令打开方式：

菜　单：[工具] → [草图设置] → [捕捉和栅格]

状态栏：栅格

命令行：GRID

快捷键：F7

选项：

① 栅格 X 间距：设置栅格间距的值。指定一个值然后输入 x 可将栅格间距设置为捕捉间距的指定倍数。

② 开：按当前间距打开栅格。

③ 关：关闭栅格。

④ 捕捉：将栅格间距定义为由 SNAP 命令设置的当前捕捉间距。

⑤ 纵横向间距：设置栅格的 X 向间距和 Y 向间距。

说明：

① 栅格仅用于视觉参考，它既不能被打印，也不被认为是图形的一部分。

② 当前捕捉样式为“等轴测捕捉”时，“纵横向间距”选项不可用。

3. SNAP 命令

功能：规定光标按指定的间距移动，通过此命令可以将定点设备输入的点与捕捉栅格对齐。可以旋转捕捉栅格，设置不同的 X 和 Y 间距，或者选择等轴测模式的捕捉栅格。

命令打开方式：

菜　单：[工具] → [草图设置] → [捕捉和栅格]

状态栏：捕捉

命令行：SNAP

快捷键：F9

选项：

① 捕捉间距：指定捕捉栅格间距并激活“捕捉”模式。

② 开：用当前栅格的分辨率、旋转角和模式激活“捕捉”模式。

③ 关：关闭“捕捉”模式但保留值和模式的设置。

④ 纵横向间距：为捕捉栅格指定 X 和 Y 间距。如果当前捕捉模式为“等轴测”，不能使用该选项。

⑤ 旋转：根据图形和显示屏幕设置捕捉栅格的旋转角。旋转角可指定在－90 到 90 度之间。正角度使栅格绕其基点逆时针旋转，负角度使栅格顺时针旋转。

⑥ 样式：指定“捕捉”栅格的样式为标准或等轴测。其中：“标准”是显示平行于当前 UCS 的 XY 平面的矩形栅格，X 和 Y 的间距可以不同；“等轴测”是显示等轴测栅格，此处栅格点初始化为 30 和 150 度角，等轴测捕捉可以旋转但不能有不同的“纵横向间距”值。

⑦ 类型：指定极轴或栅格捕捉类型。

说明：

① 栅格只控制定点设备（鼠标）指定点位置，不影响键盘输入点坐标和捕捉到的特征点。

② 捕捉栅格是不可见的，使用与 SNAP 关联的 GRID 可以显示捕捉栅格点。为此，两栅格的间距要设置为相同或相关的值。

4. ORTHO 命令 功能：正交方式约束光标只在水平或垂直方向上移动（相对于 UCS），并且受当前栅格的旋转角影响。

命令打开方式：

状态栏：正交

命令行：ORTHO

快捷键：F8

5. ISOPLANE 命令

功能：提供绘制正等轴测图的等轴测平面。

命令打开方式：

命令行：ISOPLANE

快捷键：F5

说明：

① 仅在捕捉模式打开并且捕捉样式为等轴测样式时，等轴测平面才会影响光标的移动。如果捕捉样式是等轴测，即使捕捉模式是关闭的，正交模式仍使用对应的一对轴。当捕捉样式为标准时，ISOPLANE 命令不影响光标的移动。当前的等轴测平面还决定由 ELLIPSE 绘制的等轴测圆的方向。

② 左侧平面由一对 90 度和 150 度的轴定义。顶面由一对 30 度和 150 度的轴定义。右侧平面由一对 90 度和 30 度的轴定义。

三、显示控制

AutoCAD 提供了多种显示图形视图的方式。在编辑图形时，如果想查看所作修改的整体效果，那么可以控制图形显示并快速移动到图形的不同区域。可以通过缩放图形显示来改变大小或通过平移重新定位视图在绘图区域中的位置。

按一定比例、观察位置和角度显示图形称为视图。改变视图最常见的方法是选择众多缩放方法中的一种来放大或缩小绘图区域中的图像。增大图像以便更详细地查看细节称为放大；收缩图像以便在更大范围内查看图形称为缩小。缩放并没有改变图形的绝对大小，它仅仅改变了绘图区域中视图的大小。AutoCAD 提供了几种方法来改变视图：指定显示窗口、按指定比例缩放以及显示整个图形。

1. ZOOM 命令

功能：放大或缩小当前视口对象的外观尺寸。

命令打开方式：

菜 单：[视图] → [缩放]

工具栏：实时缩放 窗口缩放 缩放上一个

命令行：ZOOM

选项：① 全部：在当前视口中缩放显示整个图形。在平面视图中缩放到图形界限或当前范围，即使图形超出了图形界限也能显示所有对象。② 中心点：缩放显示由中心点和缩放比例（或高度）所定义的窗口。高度值较小时增加缩放比例，高度值较大时减小缩放比例。③ 动态：缩放显示在视图框中的部分图形。④ 范围：缩放显示图形范围。⑤ 上一个：缩放显示前一个视图。⑥ 比例：以指定的比例因子缩放显示。⑦ 窗口：缩放显示由两个角点定义的矩形窗口框选定的区域。⑧ 实时：利用定点设备，在合适的范围内交互缩放。按 ESC 键或↙键退出，或单击右键激活弹出菜单退出。

2. PAN 命令

功能：移动当前视口中显示的图形。

命令打开方式：

菜 单：[视图] → [平移]

工具栏：实时平移

命令行：PAN

选项：

① 实时平移：光标变为手形光标。按住定点设备上的拾取键可以锁定光标于相对视口坐标系的当前位置。窗口中的图形随光标向同一方向移动。任何时候要停止平移，请按↙键或 ESC 键。

② 按指定位移进行平移：如果在命令提示下输入－pan，PAN 将在命令行上显示选项。可以指定一个点，输入图形与当前位置的相对位移，或者可以指定两个点，在这种情况下，AutoCAD 可以计算出第一点到第二点的位移。如果按↙键，将把“指定基点或位移”提示中指定的值当作位移来移动图形。

3. REDRAW 命令

功能：刷新显示当前视口，删除标记点和由编辑命令留下的杂乱显示内容。

命令打开方式：

菜 单：[视图] → [重画]

命令行：REDRAW

4. REGEN 命令 功能：重生成图形并刷新显示当前视口，它还重新建立图形数据库索引，从而优化显示和对象选择的性能。

命令打开方式：

菜 单：[视图] → [重生成]

命令行：REGEN

第五节 AutoCAD 二维编辑修改命令

一、构造选择集

图形的编辑都需要选择目标，AutoCAD 选择目标的方法有：

- 点选：用光标点选图元。
- W 窗口选（Window）：选窗口对角两点形成窗口，则窗口内所围图元被选中。图元有任何一部分在窗外都不能被选中。
- C 窗口选（Crossing）：选窗口对角两点形成窗口，则窗口内所围图元被选中。只要图元有任何一部分在窗内均被选中。
- BOX 选（BOX）：选窗口对角两点形成窗口，如第二点在第一点右方，则为 W 窗口选，否则为 C 窗口选。
- 最后图元（Last）：选中作图中的最后一个图元。
- 前选择集（Previous）：选中前面构造或修改操作中最后选中的一个选择集。
- 移去（Remove）：在选择集中移去选中的图元。
- 添加（Add）：使用移去选项后，再进入选择图元的操作。
- 返回（Undo）：使刚才一次选图元操作作废。
- WP 窗口选（WPolygon）：与 Window 操作类似，但选择框为任一多边形。
- CP 窗口选（CPolygon）：与 Crossing 操作类似，但选择框为任一多边形。
- 围栏选（Fence）：选择与围栏相交的图元，围栏可以不封闭。

·全部选（ALL）：选中图形文件中的所有图元。包括冻结层和锁定层的图元。

构造选择集时要注意：

① AutoCAD的目标选择可以是上述方法的任意组合。

② 图形的编辑命令构成是：命令操作＋目标选择。AutoCAD提供两种操作方式：

·动名选项：先打入图形编辑命令，然后AutoCAD通常不断提示选择目标。选择目标时可以任选一种方法，选中的目标变成虚线或增亮，同时AutoCAD提示有多少图元被选中，如选中的图元中与前面的选择有重复，AutoCAD还提示多少图元重复。

·名动选项：先选目标，然后打图形编辑命令。选中的目标在图元的关键点处有一小方框。此时也可使用Select命令。

二、图形修改命令

1. ERASE命令

功能：删除图形中的部分或全部图元。

命令打开方式：

菜 单：[修改] → [删除]

工具栏：

命令行：ERASE

2. BREAK命令

功能：选择两点将线、圆、弧和组线断开为两断。

命令打开方式：

菜 单：[修改] → [打断]

工具栏：

命令行：BREAK

说明：

① 断开圆或圆弧时要注意两点的顺序，AutoCAD总是依逆时针断开。

② 第二点不一定要位于图元上。如果第二点位于图元内侧，AutoCAD会自动找到图元上离该点的最近点，如果第二点位于图元外侧，则将第一点与离第二点最近的端点间的部分抹掉。

3. TRIM命令

功能：以某些图元作为边界（剪刀），将另外某些图元不需要的部分剪掉。

命令打开方式：

菜 单：[修改] → [修剪]

工具栏：

命令行：TRIM

选项：

当AutoCAD提示选择剪切边时，按↙键，然后即可选择待修剪的对象。AutoCAD修剪对象将使用最靠近的候选对象作为剪切边。

① 要修剪的对象：指定待修剪对象。AutoCAD重复修剪对象的提示，所以可以修剪多个对象。

② 投影：指定修剪对象时 AutoCAD 使用的“投影”模式。

③ 边：确定修剪对象的位置，是在剪切边的延伸处，还是在与它在三维空间中相交的对象处。

④ 放弃：放弃最近作的一次修改。

4. EXTEND 命令

功能：以某些图元为边界，将另外一些图元延伸到此边界。

命令打开方式：

菜 单：[修改] → [延伸]

工具栏：

命令行：EXTEND

选项：

先选择要延伸到的对象，然后选择：

① 选择要延伸的对象：指定要延伸的对象。

② 投影：指定延伸对象时 AutoCAD 使用的投影模式。

③ 边：确定对象是延伸对边界边的延长部分还是只延伸到在三维空间中实际相交的对象。

④ 放弃：放弃最近作的一次延伸。

5. MOVE 命令

功能：将图元从图形的一个位置移到另一个位置。

命令打开方式：

菜 单：[修改] → [移动]

工具栏：

命令行：MOVE

选项：

移动对象选择完毕后，指定两个点定义了一个位移矢量。该矢量指明了被选定对象的移动距离和移动方向。如果在确定第二个点时按↙键，那么第一个点的坐标值就被认为是相对的 X、Y、Z 位移。

6. ROTATE 命令

功能：将图元绕某一基准点作旋转。

命令打开方式：

菜 单：[修改] → [旋转]

工具栏：

命令行：ROTATE

选项：

旋转对象选择完毕后指定基准点，然后选择：

① 旋转角度：决定对象绕基点旋转的角度。

② 参照：指定当前参照角度和所需的新角度。

7. SCALE 命令

功能：将图元按一定比例放大或缩小。

命令打开方式：

菜 单：[修改] → [比例]

工具栏：

命令行：SCALE

选项：

对象选择完毕后指定基准点（即缩放中心点），然后选择：

① 比例因子：按指定的比例缩放选定对象。大于 1 的比例因子使对象放大，介于 0 和 1 之间的比例因子使对象缩小。

② 参照：按参照长度和指定的新长度比例缩放所选对象。

8. STRETCH 命令

功能：将图形某一部分拉伸、移动和变形，其余部分不动。

命令打开方式：

菜 单：[修改] → [拉伸]

工具栏：

命令行：STRETCH

说明：

使用交叉多边形或交叉窗口对象选择方式选择完毕后，将移动窗口中的端点，而不改变窗口外的端点。其余操作类似 MOVE 命令。

9. LENGTHEN 命令

功能：修改对象的长度和圆弧的包含角。

命令打开方式：

菜 单：[修改] → [拉长]

工具栏：

命令行：LENGTHEN

选项：

① 选择对象：显示对象的长度，如果对象有包含角，则一同显示包含角。

② 增量：以指定的增量改变对象的长度，从选定对象中距离选择点最近的端点处开始定距定数等分；以指定增量修改圆弧的角度，从圆弧的指定端点处开始定距定数等分。如果结果是正值，就拉伸对象；如果是负值，就修剪对象。

③ 百分数：通过指定对象总长度的百分笔设置对象长度。通过指定圆弧总角度的百分比修改圆弧角度。

④ 全部：通过指定固定端点间总长度的绝对值设置选定对象的长度。通过指定总包含角设置选定对象的总角度。

⑤ 动态：打开动态拖动模式。根据被拖动的端点的位置改变选定对象的长度，将端点移动到所需的长度或角度，而另一端保持固定。

10. PEDIT 命令

功能：编辑多段线和三维多边形网格。

命令打开方式：

菜 单：[修改] → [对象] → [多段线]

工具栏：

命令行：PEDIT

选项：

选择多段线后选择：

① 闭合：连接第一条与最后一条线段从而创建闭合的多段线线段。

② 打开：删除多段线的闭合线段。

③ 合并：将直线、圆弧或多段线添加到打开的多段线端点并删除曲线拟合多段线的曲线拟合。合并到多段线的对象，它们的端点必须重合。

④ 宽度：指定整条多段线新的统一宽度。

⑤ 编辑顶点：进入顶点编辑状态，在屏幕上绘制一个“×”以标记第一个顶点。如果已经指定这个顶点的切线方向，还将在这个方向上绘制一个箭头。

⑥ 拟合：创建一条平滑曲线，它由连接各对顶点的弧线段组成。

⑦ 样条曲线：使用选定多段线的顶点作为曲线的控制点或边框。曲线将通过第一个和最后一个控制点，除非原多段线是闭合的。曲线将会拉向其他控制点但并不一定通过它们。边框特定部分中指定的控制点越多，曲线上这种拉拽的倾向就越大。技术上称这类曲线为 B 样条曲线。AutoCAD 可以生成二次或三次样条拟合多段线。

样条曲线与“拟合”选项生成的曲线有很大区别。“拟合”创建的曲线通过每个控制点。这两种曲线与 SPLINE 命令创建的真实 B 样条曲线又有所不同。

⑧ 非曲线化：删除拟合曲线和样条曲线插入的多余顶点并拉直多段线的所有线段。

⑨ 线型生成：生成连续线型穿过整条多段线的顶点。

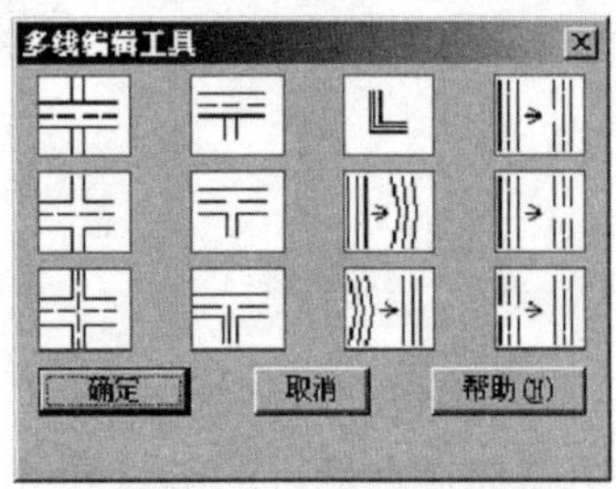

图 13－7　多线编辑工具

11. MLEDIT 命令

功能：控制多线之间的相交情况。

命令打开方式：

菜　单：[修改] → [对象] → [多线]

工具栏：

命令行：MLEDIT

选项：

“多线编辑工具”对话框如图 13－7。

该对话框在四列中显示图像控件。对话框中的第一列处理十字交叉的多线，第二列处理 T 形相交的多线，第三列处理角点结合和顶点，第四列处理多线的剪切或接合。单击任意一个图像控件开始相应操作。

12. EXPLODE 命令

功能：将组合对象分解为对象组件。

命令打开方式：

菜　单：[修改] → [分解]

工具栏：

命令行：EXPLODE

选项：

选择分解对象后选择：

① 所有可分解对象：对象外观可能看起来是一样的，但该对象的颜色和线型可能改变了。

② 块：AutoCAD一次删除一个编组级。如果一个块包含一个多段线或嵌套块，那么对该块的分解就首先显露出该多段线或嵌套块，然后再分别分解该块中的各个对象。

三、图形编辑命令

1. COPY命令

功能：复制对象。

命令打开方式：

菜　单：[修改] → [复制]

工具栏：

命令行：COPY

选项：

要复制的对象选择完毕后选项有：

① 基点和位移：生成单一副本。如果指定两点，将以两点所确定的位移放置单一副本。如果指定一点，然后按↙键，将以原点和指定点之间的位移放置一个单一副本。

② 多重：基点放置多个副本。

2. ARRAY命令

功能：创建按指定方式排列的多重对象副本。

命令打开方式：

菜　单：[修改] → [阵列]

工具栏：

命令行：ARRAY

选项：

要阵列的对象选择完毕后选项有：

① 矩形阵列：指定行数和列数，创建由选定对象副本组成的阵列。如果只指定了一行，则在指定列数时，列数一定要大于二，反之亦然。假设选定对象在绘图区域的左下角，并向上或向右生成阵列。指定的行列间距，包含要排列对象的相应长度。

② 环形阵列：创建由指定中心点或基点定义的阵列，将在这些指定中心点或基点周围创建选定对象副本。如果输入项目数，必须指定填充角度或项目间角度之一。如果按↙键（且不提供项目数），两者均必须指定。

3. MIRROR命令

功能：创建对象的镜像副本。

命令打开方式：

菜　单：[修改] → [镜像]

工具栏：

命令行：MIRROR

说明：

① 要镜像的对象选择完毕后输入镜像线，输入是否删除源对象即可产生镜像。

② 用 MIRRTEXT 系统变量可以控制文字对象的反射特性。MIRRTEXT 默认设置是开，这将导致文字对象同其他对象一样作镜像处理。当 MIRRTEXT 设置为关时，文字对象不作镜像处理。

4. OFFSET 命令

功能：创建同心圆、平行线和平行曲线。

命令打开方式：

菜　单：[修改] → [偏移]

工具栏：

命令行：OFFSET

选项：

偏移对象选择完毕后选项有：

① 偏移距离：在距现有对象指定的距离处创建新对象。

② 通过：创建通过指定点的新对象

5. FILLET 命令

功能：给对象的边加圆角。

命令打开方式：

菜　单：[修改] → [圆角]

工具栏：

命令行：FILLET

说明：

① FILLET 命令给两个圆弧、圆、椭圆弧、直线、射线、多段线、样条曲线或参照线添加一段指定半径的圆弧。如果 TRIMMODE 系统变量设置为 1，FILLET 修剪相交的直线使其与圆角的端点相连。如果被选中的直线不相交，那么 AutoCAD 延伸或修剪它们使其相交。FILLET 也可以给实体的边加圆角。

② 如果要加圆角的两个对象在同一图层上，则在该图层创建圆角。否则，在当前图层上创建圆角。对于圆角的颜色、线宽和线型也是如此。

6. CHAMFER 命令

功能：给对象的边加倒角。

命令打开方式：

菜 单：[修改] → [倒角]

工具栏：

命令行：CHAMFER

选项：

① 第一条直线：指定定义二维倒角所需的两条边中的第一条边，然后选择第二条直线。

② 多段线：对整个二维多段线作倒角处理。

③ 距离：设置选定边的倒角距离。如果将两个距离都设置为零，将延长或修剪相应的两条线以使二者相交于一点。

④ 角度：通过第一条线的倒角距离和第二条线的倒角角度设定倒角距离。

⑤ 修剪：控制是否将选定边修剪到倒角线端点。其中“修剪”选项将 TRIMMODE 系统变量设置为 1，而“不修剪”选项将 TRIMMODE 系统变量设置为 0。

⑥ 方法：控制使用两个距离还是一个距离一个角度来创建倒角。

第六节 AutoCAD 尺寸标注与块操作

一、尺寸标注介绍

1. 尺寸标注概念

AutoCAD 提供了完善的尺寸标注和尺寸样式定义功能。只要指出标注对象，即可根据所选尺寸样式自动计算尺寸大小进行标注。AutoCAD 的基本尺寸标注有：线性、对齐、直径、半径、角度和坐标标注，另外还有旁注线标注等。AutoCAD 的尺寸标注形式完全由尺寸样式（变量）控制，尺寸标注过程中可按特定要求设定尺寸标注样式。

2. DIM 和 DIM1 命令

DIM 和 DIM1 两条命令用于在命令行调用尺寸标注功能。

DIM 与 DIM1 的区别是：DIM1 标注一个尺寸后立即回到命令行状态，DIM 用于标注一系列尺寸。

在“标注:”提示符下能用的几个命令有：UNDO、REDRAW、ZOOM 等，其他命令不能在“标注:”提示符下用。

3. 早期版本尺寸标注模式命令与 AutoCAD2020 命令比较

早期版本标注尺寸要在尺寸标注模式下进行，AutoCAD2020 版支持在命令行提示下直接输入尺寸标注命令。表 13－1 显示了与早期版本尺寸标注模式命令等价的 AutoCAD2020 命令。

表 13－1　与标注模式命令等价的 AutoCAD 命令

标注模式命令	AutoCAD 命令	标注模式命令	AutoCAD 命令
ALIGNED	DIMALIGNED	OVERRIDE	DIMOVERRIDE
ANGULAR	DIMANGULAR	RADIUS	DIMRADIUS
BASELINE	DIMCENTER	RESTORE	DIMSTYLE→恢复
CONTINUE	DIMCONTINUE	ROTATED	DIMLINEAR
DIAMETER	DIMDIAMETER	SAVE	DIMSTYLE→保存
HOMETEXT	DIMEDIT→默认	STATUS	DIMSTYLE→状态
HORIZONTAL	DIMLINEAR→水平	TEDIT	DIMTEDIT
LEADER	LEADER	TROTATE	DIMEDIT→旋转
NEWTEXT	DIMEDIT→文字	UPDATE	DIMSTYLE→应用
OBLIQUE	DIMEDIT→倾斜	VARIABLES	DIMSTYLE→变量
ORDINATE	DIMORDINATE	VERTICAL	DIMLINEAR→垂直

二、标注样式管理

功能：创建或修改标注样式。

命令打开方式：

菜 单：[标注] → [样式] 或 [格式] → [标注样式]

工具栏：

命令行：DIMSTYLE

选项：标注样式是一组已命名的标注设置，这些标注设置用来决定标注的外观。通过创建样式，可以快速方便地设置所有相关的标注系统变量，并且控制任何标注的布局和外观。

AutoCAD 的标注样式管理器如图 13－8。

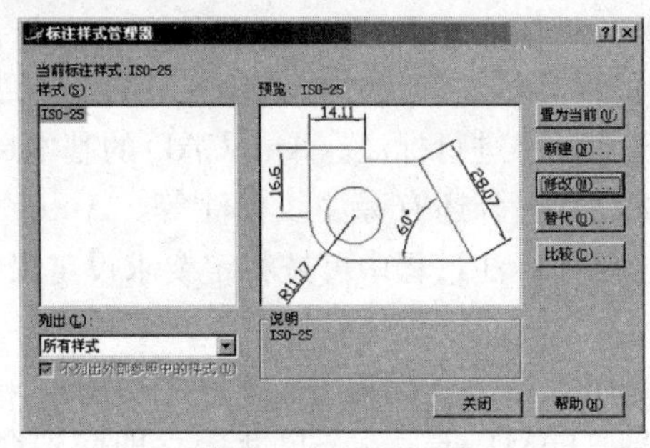

图 13－8 标注样式管理器

用“标注样式管理器”可以预览标注样式、创建新的标注样式、修改现有的标注样式、设置标注样式替代值、设置当前标注样式、比较标注样式、给标注样式重命名、删除标注样式。

① 当前标注样式：显示当前标注样式。AutoCAD 对所有的标注都指定样式。如果不改变当前标注样式，指定 STANDARD 为默认标注样式。

② 样式：显示当前图形的所有标注样式。当显示此对话框时，AutoCAD 突出显示当前标注样式。在“列出”下的选项控制显示的标注样式。要设置别的样式为当前标注样式，可以从“样式”下选择一种样式然后选择“置为当前”。

③ 列出：提供显示标注样式的选项：

④ 新建：显示“创建新标注样式”对话框，在此可以定义新的标注样式。参见“修改标注样式”对话框。

⑤ 修改：显示“修改标注样式”对话框，在此可以修改标注样式。对话框如图 13－9。

⑥ 替代：显示“替代当前样式”对话框，在此可以设置标注样式的临时替代值。对话框的选项与“修改标注样式”对话框的选项相同。

⑦ 比较：显示“比较标注样式”对话框，在此可以比较两种标注样式的特性或浏览一种标注样式的全部特性。

修改标注样式介绍：

单击标注式样管理器中“修改”选项，出现修改标注式样对话框如图 13－9。

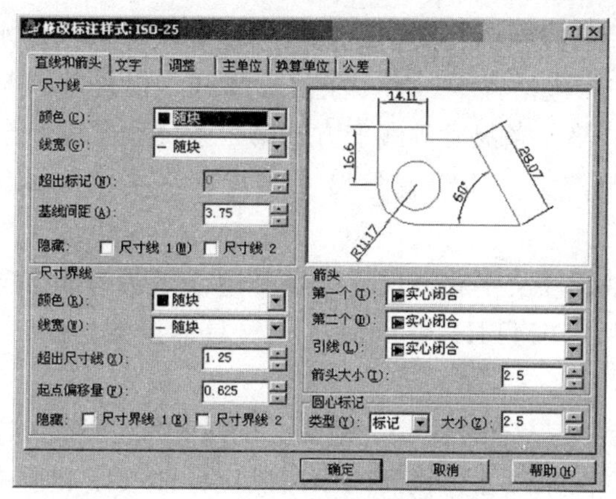

图 13－9　**修改标注样式**

·“直线和箭头”选项卡：设置尺寸线、尺寸界线、箭头和圆心标记的格式和特性。

① 尺寸线：设置尺寸线的特性。其中：“颜色”显示并设置尺寸线的颜色；“线宽”设置尺寸线的线宽；“超出标记”指定当箭头使用斜尺寸界线、建筑标记、完整标记和无标记时尺寸线超过尺寸界线的距离；“基线间距”设置基线标注的尺寸线间的距离，对应系统变量：DIMDLI；“隐藏”是当尺寸一侧尺寸起止符号不需要时给以隐藏，“尺寸线 1”、“尺寸线 2”分别隐藏一侧尺寸起止符号。

② 尺寸界线：控制尺寸界线的外观。其中：“颜色”、“线宽”与尺寸线相同；“超出尺寸线”指定尺寸界线在尺寸线上方伸出的距离，对应系统变量：DIMEXE；“起点偏移量”指定尺寸界线到定义该标注的原点的偏移距离，对应系统变量：DIMEXO；“隐藏”是抑制尺寸界线，“尺寸界线 1”、“尺寸界线 2”分别隐藏一条尺寸界线，对应系统变量：DIMSE1 和 DIMSE2。

③ 箭头：控制标注箭头的外观。也可以为第一条尺寸线和第二条尺寸线指定不同的箭头。其中：“第一个”设置第一条尺寸线的箭头，当改变第一个箭头的类型时，第二个箭头自动改变以匹配第一个箭头，对应系统变量：DIMBLK1；“第二个”设置第二条尺寸线的箭头，对应系统变量：DIMBLK2；“箭头大小”显示和设置箭头的大小，对应系统变量：DIMASZ。

④圆心标记：控制直径标注和半径标注的圆心标记和中心线的外观。其中：“类型”提供三种圆心标记类型选项：标记（创建圆心标记）、直线（创建中心线）、无（不创建圆心标记或中心线）；“大小”显示和设置圆心标记或中心线的大小，对应系统变量：DIMCEN。

·“文字”选项卡：设置标注文字的格式、放置和对齐。

① 文字外观：控制标注文字的格式和大小。其中：“文字样式”显示和设置当前标注文字样式；“文字颜色”显示和设置标注文字样式的颜色；“文字高度”显示和设置当前标注文字样式的高度，，对应系统变量：DIMTXT；“分数高度比例”设置与标注文字相关那部分的比例；“绘制文字边框”在标注文字的周围绘制一个边框。

② 文字位置：控制标注文字的放置。其中：“垂直”控制标注文字沿着尺寸线垂直对正，对应系统变量：DIMTAD，“垂直”包含置中、上方、外部、JIS（按照日本工业标准

放置标注文字)；“水平”控制标注文字沿着尺寸线和尺寸界线的水平对正，对应系统变量：DIMJUST，“水平”包括置中、第一条尺寸界线（沿尺寸线与第一条尺寸界线左对正)、第二条尺寸界线、第一条尺寸界线上方、第二条尺寸界线上方；“从尺寸线偏移”显示和设置当前文字间距，文字间距就是尺寸线与标注文字间的距离，对应系统变量：DIMGAP。

③ 文字对齐：控制标注文字放在尺寸界线外边或里边时的方向是保持水平还是尺寸线平行。对应系统变量：DIMTIH 和 DIMTOH。具体设置包括：水平、与尺寸线对齐、ISO 标准。

- “调整”选项卡：控制标注文字、箭头、引线和尺寸线的放置。

① 调整选项：根据两条尺寸界线间的距离确定标注文字和箭头是放在尺寸界线外还是尺寸界线内。当两条尺寸界线间的距离够大时，AutoCAD 总是把文字和箭头放在尺寸界线之间。否则，根据“调整”选项放置文字和箭头。

② 文字位置：当标注文字从默认位置移动时，设置标注文字的放置。

③ 标注特征比例：设置全局标注比例或图纸空间比例。其中：“使用全局比例”设置指定大小、距离或包含文字的间距和箭头大小的所有标注样式的比例，这个比例不改变标注测量值对应系统变量：DIMSCALE；“按布局（图纸空间）缩放标注”根据当前模型空间视口和图纸空间的比例确定比例因子。

④ 调整：设置其他调整选项。其中：“标注时手动放置文字”忽略所有水平对正设置并把文字放在“尺寸线位置”提示下指的位置；“始终在尺寸界线之间绘制尺寸线”无论是否把箭头放在测量点之外都在测量点之间绘制尺寸线，对应系统变量：DIMTOFL。

- “主单位”选项卡：设置主标注单位的格式和精度，设置标注文字的前缀和后缀。

① 线性标注：设置线性标注的格式和精度。其中：“单位格式”设置除了角度之外的所有标注类型的当前单位格式；“精度”显示和设置标注文字里的小数位置；“分数格式”设置分数的格式；“小数分隔符”设置十进制格式的分隔符，可选择的选项包括句号、逗号和空格；“舍入”设置除了角度之外的所有标注类型的标注测量值的四舍五入规则；“前缀”在标注文字中包含前缀；“后缀”在标注文字中包含后缀；“测量单位比例”设置除了角度之外的所有标注类型的线性标注测量值比例因子，对应系统变量：DIMLFAC；“消零”控制前导和后续零以及英尺和英寸里的零是否输出，对应系统变量：DIMZIN。

② 角度标注：显示和设置角度标注的当前标注格式。其中：“单位格式”设置角度单位格式，包括“十进制度数”、“度/分/秒”、“百分度”和“弧度”；“精度”显示和设置角度标注的小数位数；“消零”不输出前导零和后续零。

- “换算单位”选项卡：设置角度标注单位的格式、精度以及换算测量单位的比例。
- “公差”选项卡：控制公差格式。

三、尺寸标注命令

1. DIMLINEAR 命令

功能：标注线性尺寸。

命令打开方式：

菜 单：[标注] → [线性]

工具栏：

命令行：DIMLINEAR

选项：

① 尺寸界线起点：指定第一条尺寸界线起点，接着指定第二条尺寸界线起点，然后选择："尺寸线位置"是使用指定的点来定位尺寸线并确定绘制尺寸界线的方向，指定位置之后完成尺寸标注；"多行文字"是用来编辑标注文字；"文字"提示在命令行输入新的标注文字；"角度"是指修改标注文字的角度；"水平"创建水平尺寸标注；"垂直"创建垂直尺寸标注；"旋转"创建旋转型尺寸标注。

② 对象选择：选择要标注尺寸的对象。对多段线和其他可分解对象，仅标注独立的直线段和弧段。如果选择了直线段和弧段，直线段或弧段的端点作为尺寸界线偏移的起点。如果选择圆，用圆的直径端点作为尺寸界线的起点。用来选择圆的那个点被定义为第一条尺寸界线的起点。其他选项与前相同。

2. DIMALIGNED 命令

功能：标注对齐线性尺寸。

命令打开方式：

菜 单：[标注] → [对齐]

工具栏：

命令行：DIMALIGNED

选项：

① 尺寸界线起点：指定第一条尺寸界线起点，接着指定第二条尺寸界线起点，然后选择："尺寸线位置"是使用指定的点来定位尺寸线并确定绘制尺寸界线的方向，指定位置之后完成尺寸标注；"多行文字"是用来编辑标注文字；"文字"提示在命令行输入新的标注文字；"角度"是指修改标注文字的角度。

② 对象选择：选择要标注尺寸的对象。对多段线和其他可分解对象，仅标注独立的直线段和弧段。如果选择了直线段和弧段，直线段或弧段的端点作为尺寸界线偏移的起点。如果选择圆，用圆的直径端点作为尺寸界线的起点。用来选择圆的那个点被定义为第一条尺寸界线的起点。其他选项与前相同。

3. DIMRADIUS 命令

功能：标注圆和圆弧的半径尺寸。

命令打开方式：

菜 单：[标注] → [半径]

工具栏：

命令行：DIMRADIUS

选项：

选择圆或圆弧后选项有：

① 尺寸线位置：指定一点，并使用该点定位尺寸线。指定了尺寸线位置之后完成标注。

② 多行文字：显示多行文字编辑器，可用它来编辑标注文字。

③ 文字：提示在命令行输入新的标注文字。

④ 角度：修改标注文字的角度。

4. DIMDIAMETER 命令

功能：标注圆和圆弧的直径尺寸。

命令打开方式：

菜 单：[标注] → [直径]

工具栏：

命令行：DIMDIAMETER

选项同 DIMRADIUS 命令。

5. DIMANGULAR 命令

功能：标注角度。

命令打开方式：

菜 单：[标注] → [角度]

工具栏：

命令行：DIMANGULAR

选项：

① 选择圆弧：使用选中圆弧上的点作为三点角度标注的定义点。圆弧的圆心是角度的顶点，圆弧端点成为尺寸界线的起点。在尺寸界线之间绘制一段圆弧作为尺寸线。尺寸界线从角度端点绘制到与尺寸线的交点。

② 选择圆：使用选中的圆确定标注的两个定义点。圆的圆心是角度的顶点，选择点用作第一条尺寸界线的起点，选择第二条边的端点（不一定在圆上）作为是第二条尺寸界线的起点。

③ 选择直线：用两条直线定义角度。如果选择了一条直线，那么必须选择另一条（不与第一条直线平行的）直线以确定它们之间的角度。

④ 指定三点：使用指定的三点创建角度标注，其中第一个指定点为角度的顶点。

6. DIMBASELINE 命令

功能：从上一个或选定标注的基线处创建线性或角度标注。

命令打开方式：

菜 单：[标注] → [基线]

工具栏：

命令行：DIMBASELINE

说明：

① DIMBASELINE 命令绘制基于同一条尺寸界线的一系列相关标注。AutoCAD 让每个新的尺寸线偏离一段距离，以避免与前一条尺寸线重合。

② 指定第二条尺寸界线的位置后，接下来的提示取决于当前任务中最后一次创建的尺寸标注的类型：标注、线性或角度。

③ 在默认情况下，使用基线标注的第一条尺寸界线作为基线标注的基准尺寸界线。可以通过显式地选择基线标注来替换默认情况，这时作为基准的尺寸界线是离选择拾取点

最近的尺寸界线。

7. DIMCONTINUE 命令

功能：从上一个或选定标注的第二尺寸界线处创建线性或角度标注。

命令打开方式：

菜 单：[标注] → [连续]

工具栏：

命令行：DIMCONTINUE

说明：

① DIMCONTINUE 绘制一系列相关的尺寸标注，如添加到整个尺寸标注系统中的一些短尺寸标注。连续标注也称为链式标注。

② 当创建线性连续尺寸标注时，第一条尺寸界线被省略。接下来的提示取决于当前任务中最后创建的标注类型：标注、线性或角度尺寸标注。

8. LEADER 命令

功能：绘制各种样式的引出线。

命令打开方式：

菜 单：[标注] → [引线]

工具栏：

命令行：LEADER

选项：

绘制一条到指定点的引线段后，继续提示选项如下：

① 指定点：绘制一条到指定点的引线段，然后继续提示下一点和选项。

② 注释：在引线的末端插入注释。注释可以是单行文字或多行文字。

③ 格式：控制引线的绘制方式以及引线是否带有箭头。

④ 放弃：放弃引线上的最后一个顶点。然后重新显示前一个提示。

四、编辑标注文字

功能：移动和旋转标注文字。

命令打开方式：

菜 单：[标注] → [对齐文字]

工具栏：

命令行：DIMTEDIT

选项：

① 指定标注文字的新位置：如果是通过光标来定位标注文字并且 DIMSHO 系统变量是打开的，那么标注在拖动时会动态更新。垂直放置设置控制了标注文字是在尺寸线之上、之下还是中间。

② 左：沿尺寸线左移标注文字。本选项只适用于线性、直径和半径标注。

③ 中心：把标注文字放在尺寸线的中心。

④ 默认（默认）：将标注文字移回默认位置

⑤ 角度：修改标注文字的角度。

五、块操作

1. 块的概念

块是由一系列图元组合而成的独立实体，该实体在图形中的功能与单一图元相同，一起放缩、旋转、移动、删除等，指定块的任何部分都可选中块。

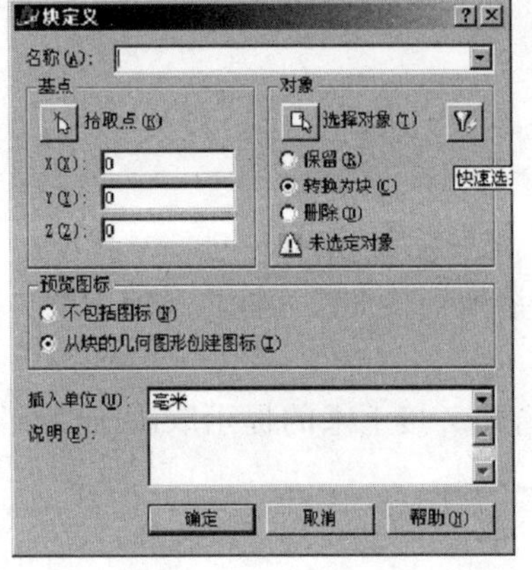

图 13－10　块定义

块可以起一个名字保存于图中。块做成后，可以根据需要随时以任意比例和方向插入图形中的指定位置。块还可单独存盘以供其他图形调用。利用块的这一性质可以制成常用构件库和标准件库。

组成块的图元可以分别处在不同层上，可有不同的颜色和线型。在插入图形后，块的每个图元在原来的图层上画出，并用原来的颜色和线型。以下几种情况属于例外：

① 在实体的 0 层形成的块将插入到图形的当前层，而不是 0 层。

② 以 BYLAYER 或 BYBLOCK 定义的块，其颜色和线型将按当前层或实体的颜色和线型。

2. 块的创建

功能：根据选定的对象来定义块。

命令打开方式：

菜 单：[绘图] → [块] → [创建]

工具栏：

命令行：BLOCK

选项：

命令执行后将显示如图 13－10 的“块定义”对话框。其中选项为：

① 名称：指定块的名称。块名称以及块的定义保存在当前图形中。

② 基点：指定块的基点。默认值是 0，0，0。

③ 对象：指定新块中要包含的对象，以及创建块以后是保留或删除选定的对象还是将它们转换成块的引用。

④ 预览图标：确定是否随块定义一起保存预览图标并指定图标源文件。

⑤ 插入单位：指定把块从设计中心拖到图形中时，对块进行缩放所使用的单位。

⑥ 说明：指定与块定义相关联的文字说明。

说明：

WBLOCK 命令将图形中现有的块保存为独立的.DWG 文件。

3. 块的插入

功能：将当前图形中已定义的或磁盘上已有的图形插入到当前图形中。

命令打开方式：

菜 单：[插入] → [块]

工具栏：

命令行：INSERT

选项：

在当前编辑任务期间最后插入的块成为随后的 INSERT 命令使用的默认块。

① 名称：指定要插入的块名，或指定要作为块插入的文件名。

② 插入点：指定块的插入点。

③ 缩放比例：指定插入块的比例。如果指定负的 X、Y 和 Z 比例因子，则插入块的镜像图像。

④ 旋转：指定插入块的旋转角度。

⑤ 分解：分解块并插入该块的各个部分。

第七节　AutoCAD 三维造型

一、三维造型介绍

AutoCAD 支持三种类型的三维模型：线框模型、表面模型和实体模型。每种模型都有自己的创建方法和编辑技术。

线框模型描绘三维对象的骨架。线框模型中没有面，只有描绘对象边界的点、直线和曲线。可在三维空间的任何位置放置二维（平面）对象来创建线框模型。由于构成模型的每个对象都必须单独绘制和定位，因此，这种建模方式最为耗时。

表面模型比线框模型更为复杂，它不仅定义三维对象的边而且定义面。面模型使用多边形网格定义镶嵌面，由于网格面是平面，所以网格只能近似于曲面。

实体模型是最容易使用的三维模型。可通过创建长方体、圆锥体、圆柱体、球体、楔体和圆环体模型来创建三维对象。然后对这些形状进行布尔运算，找出它们差集或交集部分，结合起来生成更为复杂的实体。也可将二维对象沿路径延伸或绕轴旋转来创建实体。

由于三维建模可采用不同的方法来构造三维模型，并且每种编辑方法对不同的模型也产生不同的效果，因此建议不要混合使用建模方法。不同的模型类型之间只能进行有限的转换，即从实体模型到表面模型或从表面模型到线框模型，但不能从线框模型转换到表面模型，或从表面模型转换到实体模型。

本节主要介绍三维实体模型的造型与修改方法。

二、三维显示控制

1. VPORTS 命令

功能：将绘图区域分为几个部分以便同时显示多个视口。

命令打开方式：

菜　单：[视图] → [视口]

命令行：VPORTS

2. VPOINT 命令

功能：设置图形的三维直观图的查看方向。

命令打开方式：

菜 单：［视图］→［三维视图］→［视点］

命令行：VPOINT

选项：

① 视点：使用输入的X，Y，Z坐标创建一个矢量，该矢量定义了观察视图的方向。视图被定义为观察者从空间向原点方向观察。

② 旋转：使用两个角度指定新的方向。两个角度为新方向在XY平面中与X轴的夹角和与XY平面的夹角。

③ 坐标球和三轴架：显示一个坐标球和坐标架，可以使用它们来定义视口中的观察方向。

3. HIDE命令

功能：重生成三维模型时不显示隐藏线。

命令打开方式：

菜 单：［视图］→［消隐］

命令行：HIDE

4. 有关变量

① 弧面线变量（ISOLINES）：改变弧面线系统变量值，值越大表示弧面线变量越多，曲面越光滑，但运算速度变慢。缺省值为4。

② 图像平滑度变量（FACETRES）：改变图像平滑度系统变量值，值越大表示两条弧面线间的曲面数越多，曲面更加光滑。缺省值为0.5。

③ 消隐显示控制变量（DISPSILH）：控制线框模式下实体对象轮廓曲线的显示，以及实体对象隐藏时是禁止还是绘制网格。缺省值为0。

三、用户坐标系

用户坐标系（UCS）为坐标输入、操作平面和观察提供一种可变动的坐标系。对象将绘制在当前UCS的XY平面上，并且大多数几何编辑命令依赖于UCS的位置和方向。下面主要介绍UCS命令。

功能：设置UCS在三维空间中的方向。

命令打开方式：

菜 单：［工具］→［新建］

工具栏：

命令行：UCS

选项：

· 新建：用下列六种方法之一定义新坐标系。

① 原点：通过移动当前UCS的原点，保持其X、Y和Z轴方向不变，从而定义新的UCS。

② Z轴：用特定的Z轴正半轴定义UCS。指定新原点和Z轴正半轴上新的点。

③ 三点：指定新UCS原点及其X和Y轴的正方向。Z轴由右手定则确定，可以使用该选项指定任意可能的坐标系。第一点指定新UCS的原点，第二点定义X轴的正方向，第三点定义Y轴的正方向。

④ 对象：根据选定三维对象定义新的坐标系。新 UCS 的拉伸方向（Z 轴正方向）与选定对象的一样。

⑤ 面：将 UCS 与选定实体对象的面对正。要选择一个面，在此面的边界内或面的边上单击即可，被选中的面将高亮显示。UCS 的 X 轴将与找到的第一个面上的最近的边对正。

⑥ 视图：以垂直于视图方向（平行于屏幕）的平面为 XY 平面，来建立新的坐标系。UCS 原点保持不变。

⑦ X、Y、Z：绕指定轴旋转当前 UCS。

· 移动：通过平移原点或修改当前 UCS 的 Z 轴深度来重新定义 UCS，但保留其 XY 平面的原始位置不变。修改 Z 轴深度将使 UCS 沿自身 Z 轴的正方向或负方向移动。

· 正交：指定由 Auto CAD 提供的六个正交 UCS 中的一个。这些 UCS 设置通常用于查看和编辑三维模型。

· 上一个：恢复上一个 UCS。Auto CAD 保存在图纸空间创建的最后 10 个坐标系和在模型空间中创建的最后 10 个坐标系。

· 恢复：恢复已保存的 UCS 使它成为当前 UCS。恢复已保存的 UCS 并不建立在保存 UCS 时有效的视图方向。

· 保存：当前 UCS 按指定名称保存。

· 删除：从已保存的坐标系列表中删除指定的 UCS。

· 应用：其他视口保存有不同的 UCS 时将当前 UCS 设置应用到指定的视口或所有活动视口。UCSVP 系统变量确定 UCS 是否随视口一起保存。

列出指定的 UCS 名称，并列出每个坐标系相对于当前 UCS 的原点以及 X、Y 和 Z 轴。

将当前的 UCS 设置为 WCS，WCS 是所有 UCS 的基准，且不能被重新定义。

四、三维实体造型方法

创建实体的方法有三种：根据基本实体形状（长方体、圆锥体、球体、圆环体和楔体）创建实体；沿路径拉伸二维对象创建实体；绕轴旋转二维对象创建实体。

创建实体之后，通过布尔运算可以创建更为复杂的实体。通过圆角、倒角操作或修改边的颜色，可以对实体进行进一步完善。在进行消隐、着色或渲染之前，实体显示为线框。

1. 创建基本形体

① BOX 命令

功能：创建长方体。

命令打开方式：

菜 单：[绘图] → [实体] → [长方体]

工具栏：

命令行：BOX

操作方式：指定底面第一个角点和第二个角点的位置，再指定高度。

② CONE 命令

功能：创建圆锥体。

命令打开方式：

菜 单：[绘图] → [实体] → [圆锥体]

工具栏：

命令行：CONE

操作方式：指定底面的圆心、半径或直径，再指定高度。

③ CYLINDER 命令

功能：创建圆柱体。

命令打开方式：

菜 单：[绘图] → [实体] → [圆柱体]

工具栏：

命令行：CYLINDER

操作方式：指定底面的中心点、半径或直径，再指定高度。

④ SPHERE 命令

功能：创建球体。

命令打开方式：

菜 单：[绘图] → [实体] → [球体]

工具栏：

命令行：SPHERE

操作方式：指定球的中心，再指定球的半径或直径。

⑤ TORUS 命令

功能：创建圆环体。

命令打开方式：

菜 单：[绘图] → [实体] → [圆环体]

工具栏：

命令行：TORUS

操作方式：指定圆环的圆心、半径或直径，再指定管道的半径或直径。

⑥ WEDGE 命令

功能：创建楔体。

命令打开方式：

菜 单：[绘图] → [实体] → [楔体]

工具栏：

命令行：WEDGE

操作方式：指定底面第一个角点和第二个角点的位置，再指定楔形高度。

2. 创建拉伸实体

使用 EXTRUDE 命令，可以通过拉伸（增加厚度）所选对象创建实体。可拉伸闭合的对象包括多段线、多边形、矩形、圆、椭圆、闭合的样条曲线、圆环和面域，不能对三维对象、包含在块内的对象、有交叉或横断部分的多功能段线和非闭合的多段线进行拉伸。

命令打开方式：

菜 单：［绘图］→［实体］→［拉伸］

工具栏：

命令行：EXTRUDE

操作方式：先选择要拉伸的对象，再输入路径或指定的高度值和倾斜角度。

3. 创建旋转实体

使用 REVOLVE 命令，可以将一个闭合对象绕当前 X 轴或 Y 轴旋转一定的角度生成实体，也可以绕直线、多段线或两个指定的点旋转对象。闭合对象包括多段线、多边形、矩形、圆、椭圆和面域，不能对三维对象、包含在块内的对象、具有交叉或横断部分的多段线和非闭合多段线进行旋转。

命令打开方式：

菜 单：［绘图］→［实体］→［旋转］

工具栏：

命令行：REVOLVE

操作方式：先选择要旋转的对象，再指定旋转轴的起点和端点，输入旋转角。

4. 布尔运算创建复合实体

可以通过现有实体的布尔运算创建复合实体。

① UNION 命令

功能：合并两个或多个实体构成一个复合实体。

命令打开方式：

菜单：［修改］→［实体编辑］→［并集］

工具栏：

命令行：UNION

操作方式：选择要复合的多个对象后键入↙。

② SUBTRACT 命令

功能：删除两实体间的公共部分。

命令打开方式：

菜 单：［修改］→［实体编辑］→［差集］

工具栏：

命令行：SUBTRACT

操作方式：先选择被减的对象，键入↙，再选择减去的对象并键入↙。

③ INTERSECT 命令

功能：用两个或多个重叠实体的公共部分创建复合实体。

命令打开方式：

菜 单：［修改］→［实体编辑］→［交集］

工具栏：

命令行：INTERSECT

操作方式：选择要相交的对象后键入↙。

五、三维造型编辑修改

创建三维对象时，可以进行旋转、创建阵列或镜像；创建实体模型后，可以进行圆角、倒角、切割和分割操作，修改模型的外观。其中圆角、倒角命令与二维图形的圆角、倒角命令相同，下面不作介绍。

1. 3DARRAY 命令

功能：创建三维对象的阵列。

命令打开方式：

菜 单：[修改] → [三维操作] → [三维阵列]

命令行：3DARRAY

说明：在三维空间创建对象的矩形阵列或环形阵列，除了指定列数（X 方向）和行数（Y 方向）以外，还要指定层数（Z 方向）。

2. MIRROR3D 命令

功能：创建三维对象的镜像。

命令打开方式：

菜 单：[修改] → [三维操作] → [三维镜像]

命令行：MIRROR3D

说明：在三维空间镜像要指定镜像平面，镜像平面包括：平面对象所在的平面、通过指定点且与当前的 XY、YZ 或 XZ 平面平行的平面、由选定三点定义的平面。

3. ROTATE3D 命令

功能：绕指定的轴旋转三维对象。

命令打开方式：

菜 单：[修改] → [三维操作] → [三维旋转]

命令行：ROTATE3D

说明：在三维空间旋转要指定旋转轴，而不是一个点。

4. SECTION 命令

功能：创建如面域或无名块等与实体的相交截面。

命令打开方式：

菜 单：[绘图] → [实体] → [截面]

工具栏：

命令行：SECTION

操作方式：先选择要创建相交截面的对象，再指定平面。

5. SLICE 命令

功能：切开现有实体，然后移动指定部分生成新的实体。

命令打开方式：

菜 单：[绘图] → [实体] → [剖切]

工具栏：

命令行：SLICE

操作方式：先选择要剖切的对象，再指定剪切平面，最后指定要保留的一半。

6. SOLIDEDIT 命令

功能：编辑实体对象的面、边和体。

命令打开方式：

菜 单：[修改] → [实体编辑]

命令行：SOLIDEDIT

选项：

可以选择由闭合边界定义的面的集合后进行如下编辑。

① 拉伸面：沿一条路径拉伸平面，或者指定一个高度值与倾斜角拉伸。输入一个正值可向外拉伸面，输入一个负值可向内拉伸面。

② 移动面：通过移动面来编辑三维实体对象，只移动选定的面而不改变其方向。

③ 旋转面：通过选择一个基点和相对（或绝对）旋转角度，可以旋转选定实体上的面或特征集合。

④ 偏移面：在一个三维实体上，可以按指定的距离均匀地偏移面。通过将现有的面从原始位置向内或向外偏移指定的距离可以创建新的面。

⑤ 倾斜面：沿矢量方向以绘图角度倾斜面。

⑥ 删除面：从三维实体对象上删除面和圆角。

⑦ 复制面：复制三维实体对象上的面，

⑧ 修改面的颜色：修改三维实体对象上的面的颜色。

也可以选择实体的边后进行如下编辑。

① 修改边的颜色：为三维实体对象的独立边指定颜色。

② 复制边：复制三维实体对象的各个边，所有的边都复制为直线、圆弧、圆、椭圆或样条曲线对象。

另外还可以通过压印圆弧、圆、直线、二维和三维多段线、椭圆、样条曲线、面域、体和三维实体来创建新的面或三维实体。可以将组合实体分割成零件。可以从三维实体对象中以指定的厚度创建壳体或中空的墙体。可以检查实体对象看它是否是有效的三维实体对象。